现代经济作物

绿色生产技术

高广金　胡光灿　雷正玉◎主编

长江出版传媒　湖北科学技术出版社

图书在版编目（CIP）数据

现代经济作物绿色生产技术 / 高广金，胡光灿，雷正玉主编 . —武汉 : 湖北科学技术出版社，2023.9

ISBN 978-7-5706-2738-7

Ⅰ. ①现…　Ⅱ. ①高…　②胡…　③雷…　Ⅲ. ①经济作物—栽培技术—无污染技术　Ⅳ. ① S56

中国国家版本馆 CIP 数据核字 (2023) 第 133397 号

策划编辑：赵襄玲　王小芳
责任编辑：赵襄玲　袁瑞旌
责任校对：秦　艺　　封面设计：曾雅明

出版发行：湖北科学技术出版社
地　　址：武汉市雄楚大街 268 号（湖北出版文化城 B 座 13—14 层）
电　　话：027-87679468　　邮　　编：430070

印　　刷：武汉中科兴业印务有限公司　　邮　　编：430071

710×1000　1/16　15.75 印张　250 千字
2023 年 9 月第 1 版　2023 年 9 月第 1 次印刷
定　　价：48.00 元

《现代经济作物绿色生产技术》
编 委 会

主　　编： 高广金　胡光灿　雷正玉

副 主 编： 王文建　涂军明　曹永胜　高雪刚

参编人员：（按姓氏笔画排序）

丁凤菊　王元进　王向阳　王海萍

文　聃　卢殿友　刘　辉　刘兴乐

刘君权　闫仁凯　孙　阳　李忠清

李雄才　杨志远　杨艳斌　张中南

张世宏　张祖杰　张泰武　陈　义

陈　静　郑青峰　官信林　赵耀鹏

内容简介

本书内容分为六章，第一章介绍了经济作物类型、国内外生产与销售情况，第二章至第六章，分别介绍了油菜籽、花生、芝麻、油莎豆和棉花等经济作物的起源与传播、优势生产区域与产业开发价值、生长发育时期与苗情长势特征、绿色生产与自然灾害防控技术、产品收获贮藏与加工等。本书图文并茂，语言简练，通俗易懂，适合广大农业技术推广服务人员、从事农业的新型职业农民、职业院校培养“一村多名大学生”和农学专业学员的理论知识与实践操作学习。

前　　言

经济作物是具有某种特定经济用途的农作物，亦称工业原料作物，为工业特别是轻工业提供原料。经济作物种类繁多，包括纤维作物、油料作物、糖料作物、水果作物、蔬菜作物、饮料作物、药用作物、嗜好作物、观赏作物等上千种作物。本书着重介绍纤维作物、油料作物和糖料作物。

经济作物在我国农业中占有十分重要的地位。经济作物产品具有特殊的使用价值，许多经济作物产品是人类生存最基本、最必需的生活资料，关系到人们饮食、穿衣等生活质量的提高；经济作物生产的产品，为工业生产提供了重要的原材料，目前我国约40%的工业原料、70%的轻工业原料来源于农业经济作物生产的产品；经济作物产品还是我国农产品出口创汇、增加国民经济收入的来源。

因地制宜，发挥区域生态优势，持续高质量发展经济作物及其加工业，是促进农业增效、农民增收，实施乡村振兴战略的重大举措。如华南地区持续高质量发展糖料、热带水果作物，长江流域和黄淮海地区大力发展油料、园艺、中药材作物，东北地区稳定发展甜菜糖料等作物，西北地区的新疆稳定发展棉花、水果作物。

为了指导抓好经济作物生产，我们组织农业科研、教学、推广和农产品加工方面的科技人员，总结分析了国内外经济作物生产的产品数量、进出口贸易、年度消费及库存情况；较为翔实地阐述了棉花、油菜籽、花生、芝麻和油莎豆等作物的起源与传播，科技创新与技术推广，产业发展与绿色生产，产品收获贮藏与加工转化技术，图文并茂，文字简练，通俗易懂。可供从事经济作物生产、管理与经营的农业科技人员、“一村多名大学生”、高职院校农学专业学生、新型职业农民等，在发展经济作物产业时因地制宜学习与应用。

本书编写过程中，得到了农业农村部门、农业科研、农业院校、农产品加工等相关单位与专家的支持，引用了很多学者的专著及论文资料，在此一并表示感谢！由于编写时间仓促和作者水平有限，书中难免有不完善之处，敬请诸位专家、学者、读者提出宝贵意见，以利纠正。

编者

2023年9月

目　　录

第一章　经济作物生产概况

经济作物(cash crop)是指有某种特定经济用途的农作物，亦称“工业原料作物”“技术作物”。一般指为工业，特别是为轻工业提供原料的作物。我国纳入人工栽培的经济作物种类繁多，包括纤维作物、油料作物、糖料作物、蔬菜作物、水果作物、药用作物、饮料作物、嗜好作物、观赏作物等。

(1) 经济作物的特点。通常具有地域性强、经济价值高、技术要求高、商品率高等特点，对自然条件要求较严格，宜于集中进行专业化生产。

(2) 经济作物的分类。

第一，按其用途可分为九大类:①纤维作物，包括棉花、麻类、蚕桑;②油料作物，包括花生、油菜籽、芝麻、向日葵、胡麻籽(亚麻籽)、苏子、油莎豆、多年生木本油料等;③糖料作物，包括甘蔗、甜菜等;④蔬菜作物，包括根菜类、白菜类、甘蓝类、芥菜类、绿叶菜类、葱蒜类、茄果类、豆类、薯芋类、瓜类等;⑤水果作物，包括苹果、梨子、桃子、柑橘、香蕉等;⑥药用作物，包括人参、灵芝、贝母、天麻、三七、当归、黄芪、枸杞、半夏、藿香、麦冬、黄连、茯苓、白术等;⑦饮料作物，包括茶叶、咖啡、可可等;⑧嗜好作物，包括烟叶等;⑨观赏作物，包括各种花卉等。

第二，按生长所处的温度带可分为三大类:①热带经济作物;②亚热带经济作物;③温带经济作物。

下面着重介绍分布范围广、种植面积多、经济体量大的纤维作物、油料作物和糖料作物的生产概况。

第一节　纤维作物

纤维作物主要是棉花(包括木棉)、麻类(包括黄麻、红麻、大麻、亚麻、苎麻、苘麻、剑麻)、蚕桑等。

一、棉花生产情况

棉花属于双子叶植物纲锦葵目锦葵科棉属，有 4 个栽培棉种，即亚洲棉、非洲棉、陆地棉(又叫细绒棉)、海岛棉(又叫长绒棉)。目前我国种植的主要品种为陆地棉，其次是新疆有一些长绒棉。棉花按物理形态分为籽棉和皮棉，从棉株上采摘下来的棉花叫籽棉，籽棉经过去籽加工后的棉花叫皮棉，通常所称的棉花产量，一般指皮棉产量。

(一) 全球棉花生产情况

据联合国粮食及农业组织(FAO)的统计，全球棉花产量，1930 年为 534 万吨，1940 年为 598 万吨，1951 年为 850 万吨，1960 年为 1024 万吨，1970 年为 1181 万吨，1980 年为 1393 万吨，1990 年为 1852 万吨，进入 21 世纪，棉花产量突破 2000 万吨，其中 2005 年达到 2448 万吨。

全球有 100 多个国家植棉，亚洲和北美洲棉田面积占 80%以上，其中亚洲棉田面积占全球的 60%以上，美洲棉田面积占全球的近 30%。主要产棉国家有印度、美国、巴西、中国、巴基斯坦、乌兹别克斯坦、土耳其、阿根廷、土库曼斯坦、布基纳法索等。

(二) 中国棉花生产情况

中国是世界棉花主要生产国家，种植棉花历史悠久，2000 多年前，我国海南岛上已有一年生草本棉的栽培和加工。

在 20 世纪 30 年代，我国就是全球仅次于美国的第二大产棉国。1990 年全国棉花产量为 450.8 万吨，2000 年为 441.7 万吨，2010 年达到 577 万吨，2020 年为 591 万吨，最近 10 年徘徊在 600 万吨左右，原因是长江流域棉区和黄河流域棉区植棉面积大幅度调减。

(三) 木棉生产情况

木棉(学名：*Bombax ceiba* L.)，是木棉科木棉属落叶大乔木，原产于印度。木棉科约有 20 属 180 多种，广泛分布于全球热带地区，以美洲种类最多，我国原产的木棉科植物只有木棉属 1 个属 2 个种，分别为木棉和长果木棉。我国引种的木棉科植物有 5 个属 10 多个种。

木棉树皮白色，幼树的树干通常有圆锥状和粗刺；分枝平展，掌状复叶，小叶 5～7 片，长圆形至长圆状披针形；花单生枝顶叶腋，通常红色，也有橙红色，直径约 10 厘米，萼杯状，长 2～3 厘米，外面无毛，萼齿 3～5 个，半圆形，花瓣肉质，倒卵状长圆形，花比叶先开放，花期 3—4 月，蒴果为长圆形，密被灰白色长柔毛和星状柔毛；种子多数为光滑的倒卵形，夏季成熟。

木棉分布于印度、斯里兰卡、中南半岛、马来西亚、印度尼西亚至菲律宾、澳大利亚北部和中国。我国木棉分布在热带和亚热带的海南、云南、广东、广西、福建、贵州和四川等省（区）。生长在海拔 1400～1700 米的干热河谷及稀树草原。木棉品种有青皮木棉、大腹木棉、长果木棉、龟纹木棉、美丽异木棉等。

据 FAO 统计，全球木棉生产，1961 年收获面积是 15.5 万公顷，木棉纤维产量为 6.54 万吨；1985 年收获面积达到 29.1 万公顷，总产量 9.54 万吨，以后收获面积逐年减少，到 2015 年，收获面积降为 19.1 万公顷，总产量 9.58 万吨。

二、麻纤维作物生产情况

麻是从各种麻类植物取得的纤维，包括一年生或多年生草本双子叶植物皮层的韧皮纤维和单子叶植物的叶纤维。韧皮纤维作物主要有苎麻、黄麻、青麻、大麻、亚麻、罗布麻和槿麻等。其中苎麻、亚麻、罗布麻等胞壁不木质化，纤维的粗细长短同棉花相近，可做纺织原料，织成各种凉爽的细麻布、夏布，也可与棉、毛、丝或化纤混纺；黄麻、槿麻等韧皮纤维细胞壁木质化，纤维短，只适宜纺制绳索和包装用麻袋等。麻纤维有其他纤维难以比拟的优势：具有良好的吸湿散湿与透气的功能，传热导热快、凉爽挺括、出汗不贴身、质地轻、强力大、防虫防霉、静电少、织物不易污染、色调柔和大方、粗犷、适宜人体皮肤的排泄和分泌等特点。

（一）全球麻纤维作物生产

据 FAO 统计资料，2000 年全球麻和麻纤维产量为 305 万吨，2005 年为 310 万吨，2011 年增长至 386 万吨，2014 年为 374 万吨。亚洲是全球麻和麻纤维主要产区，占全球生产总量的 96.7%，其次是欧洲占全球总量的 1.5%，美洲占 1.1%，非洲占 0.7%。

1. 黄麻

黄麻是椴树科黄麻属，韧皮纤维作物，一年生草本。又名络麻、绿麻。主要用于纺织麻袋、粗麻布等。全球黄麻生产量占麻纤维生产总量的80%以上。

据FAO统计，1961年全球黄麻收获面积为190万公顷、单产13957千克/公顷，总产量265万吨，2005年收获面积124万公顷、单产22385千克/公顷、总产量277万吨，2020年收获面积140万公顷、单产19259千克/公顷、总产量269万吨。

2. 亚麻

亚麻是亚麻科亚麻属植物，地方学名称为胡麻。是一年生草本植物，可分成纤维用亚麻、油与纤维兼用亚麻和油用亚麻三种类型。茎直立，高可达120厘米，上部细软，有蜡质；叶互生，无叶柄，披针状，20～40毫米长，2～5毫米宽；花呈漏斗状或圆碟状，颜色多为蓝色、浅蓝色、蓝紫色、白色，少数也有粉色和红色，花瓣5个，直径15～25毫米；果实为蒴果，种子扁卵圆形，表面平滑有光泽，颜色有褐、棕褐、深褐、浅黄色等，喜凉爽湿润气候。

亚麻是人类最早使用的天然植物纤维，距今已有1万年以上的历史。亚麻是纯天然纤维，由于其具有吸汗、透气性良好和对人体无害等显著特点，越来越被人类所重视。

据FAO统计，全球亚麻纤维生产呈现出面积逐年减少、单产大幅度提高、总产量基本稳定的特点。1961年亚麻纤维丝收获面积204万公顷、单产3413千克/公顷、总产量70万吨，2005年收获面积49万公顷、单产30533千克/公顷、总产量151万吨，2020年收获面积29万公顷、单产34199千克/公顷、总产量98万吨。

（二）中国麻纤维作物生产

中国是麻类纤维作物主产区，种类比较多，有黄麻、红麻、大麻、苎麻、亚麻、苘麻、蕉麻和剑麻等。1971年，全国麻类作物生产面积46.3万公顷、单产990千克/公顷、总产量46万吨，1978年分别为75万公顷、单产1800千克/公顷、总产量135.1万吨，随后几年出现徘徊，1986年种植面积恢复到76万公顷、单产2535千克/公顷、总产量192.7万吨，居历史最高位。1990年种植面积下降为49.5万公顷、总产量109.7万吨，以后逐年减少，到2021年，种植面积仅为5.7万公顷、总产量21.1万吨。

种植的主要麻种是黄麻、红麻，1971 年种植面积为 13.2 万公顷、单产 2070 千克/公顷、总产量 27.3 万吨，1985 年种植面积 99 万公顷、总产量 411.9 万吨，1990 年种植面积 30 万公顷、总产量 72.6 万吨，2000 年调减种植面积为 5 万公顷、总产量 12.6 万吨，2020 年只有种植面积 5 万公顷、总产量 1.9 万吨。

大麻：2020 年种植面积 2.2 万公顷、总产量 12.3 万吨。

亚麻：2020 年种植面积 0.8 万公顷、总产量 4.4 万吨。

苎麻：2020 年种植面积 2.9 万公顷、总产量 5.4 万吨。

第二节　油料作物

油料作物是种子中含有大量脂肪，是用来提取油脂供食用或做工业、医药原料等的一类作物。主要有花生、油菜籽、芝麻、向日葵籽、苏子、油莎豆、蓖麻及油用亚麻（胡麻）、油用大豆、棉花籽等。以及多年生的木本油料植物，如油茶、油棕、核桃、油橄榄、油用牡丹和椰子等。

一、全球油料作物生产情况

全球主要油料作物是油用大豆、油菜籽、花生、向日葵籽、芝麻和亚麻籽等（表 1-1）。

表 1-1　1990—2020 年全球油料作物生产情况

项目	收获面积（万公顷）			单产（千克/公顷）			总产量（万吨）		
	1990 年	2010 年	2020 年	1990 年	2010 年	2020 年	1990 年	2010 年	2020 年
花生	1975	2615	3157	1169	1665	1699	2309	4355	5364
油菜籽	1761	3210	3550	1387	1865	2039	2443	5986	7238
芝麻	613	823	1397	388	525	487	238	432	680
向日葵籽	1704	2307	2787	1333	1364	1802	2271	3146	5023
亚麻籽	445	203	354	656	892	952	292	181	337
大豆	5721	10286	26695	1896	2577	1324	10846	26509	35346

资料来源：联合国 FAO 数据库。

（一）大豆生产

全球大豆生产发展比较快，1990 年收获面积 5721 万公顷、单产 1896 千克/公顷、总产量 10846 万吨；2010 年收获面积 10286 万公顷、单产 2577 千克/公顷、总产量 26509 万吨；2020 年收获面积 26695 万公顷、单产 1324 千克/公顷、总产量 35346 万吨。

大豆主要生产国有美国、巴西和阿根廷。2020 年大豆生产最多的国家是巴西，大豆收获面积 3719 万公顷、单产 3275 千克/公顷、总产量 12180 万吨，其次是美国，收获面积 3331 万公顷、单产 3379 千克/公顷、总产量 11255 万吨，第三位的是阿根廷，收获面积 1672 万公顷、单产 2918 千克/公顷、总产量 4880 万吨。

（二）花生生产

全球花生生产稳步发展，1990 年花生收获面积 1975 万公顷、单产 1169 千克/公顷、总产量 2309 万吨；2010 年收获面积为 2615 万公顷、单产 1665 千克/公顷、总产量 4355 万吨；2020 年收获面积 3157 万公顷、单产 1699 千克/公顷、总产量 5364 万吨。

花生主要生产国家有中国、印度、尼日利亚、美国、苏丹、塞内加尔、缅甸、阿根廷、几内亚、印度尼西亚等。

（三）油菜籽生产

全球油菜籽生产发展比较快，1990 年全球油菜籽收获面积 1761 万公顷、单产 1387 千克/公顷、总产量 2443 万吨；2010 年收获面积 3210 万公顷、单产 1865 千克/公顷、总产量 5986 万吨；2020 年收获面积 3550 万公顷、单产 2039 千克/公顷、总产量 7238 万吨。

全球油菜籽主要生产国家有加拿大、中国、印度、德国、法国、波兰、澳大利亚、乌克兰、俄罗斯、美国和英国等。

（四）向日葵籽生产

全球向日葵籽生产稳步发展，1990 年收获面积 1704 万公顷、单产 1333 千克/公顷、总产量 2271 万吨；2010 年收获面积 2307 万公顷、单产 1364 千克/公顷、总产量 3146 万吨；2020 年收获面积 2787 万公顷、单产 1802 千克/公顷、总产量 5023 万吨。

全球向日葵籽主要生产国家有俄罗斯,向日葵种植面积和总产量分别占全世界的29.1%和28.2%,其次是乌克兰、阿根廷、美国、中国、西班牙、土耳其、罗马尼亚和法国。

（五）亚麻籽生产

全球亚麻籽生产呈现面积调减、单产提高、总产量增加的态势。1990年全球亚麻籽收获面积445万公顷、单产656千克/公顷、总产量292万吨;2010年收获面积203万公顷、单产892千克/公顷、总产量181万吨;2020年收获面积354万顷、单产952千克/公顷、总产量337万吨。

全球亚麻籽主要生产国家有俄罗斯、加拿大、哈萨克斯坦、中国、美国、印度、乌克兰、埃塞俄比亚、英国和法国。

二、中国油料作物生产情况

（一）一年生油料作物

中国油料作物主要有花生、油菜籽、芝麻、亚麻籽(胡麻籽)和葵花籽。全国油料作物生产呈现面积稳定、单产提高、总产量增加的态势。1990年油料作物播种面积1090万公顷、单产1480千克/公顷、总产量1613万吨,2010年播种面积1370万公顷、单产2305千克/公顷、总产量3157万吨,2020年播种面积1313万公顷、单产2732千克/公顷、总产量3586万吨(表1-2)。

表1-2 1990—2020年中国油料作物生产情况

项目		收获面积(万公顷)			单产(千克/公顷)			总产量(万吨)		
		1990年	2010年	2020年	1990年	2010年	2020年	1990年	2010年	2020年
油料作物		1090	1370	1313	1480	2305	2732	1613	3157	3586
其中	花生	291	637	473	2191	3461	3803	637	1514	1799
	油菜籽	550	732	677	1264	1748	2077	696	1279	1405
	芝麻	67	36	29	702	1293	1564	47	46	46
	亚麻籽	70	29	19	761	1072	1485	54	31	28
	葵花籽	71	99	87	1878	2382	2945	134	236	257

资料来源:《中国农村统计年鉴2022》。

花生：2020年收获面积473万公顷、单产3803千克/公顷、总产量1799万吨。主产区是河南、山东、广东、辽宁、四川、湖北、河北、吉林等省。

油菜籽：2020年收获面积677万公顷、单产2077千克/公顷、总产量1405万吨。主产区是湖南、湖北、四川、江西、贵州、安徽、内蒙古、重庆、云南等省(区)。

芝麻：2020年收获面积29万公顷、单产1564千克/公顷、总产量46万吨。主产区是河南、湖北、江西、安徽和湖南等省。

亚麻籽：2020年收获面积19万公顷、单产1485千克/公顷、总产量28万吨。主产区是甘肃、内蒙古、河北、宁夏和山西等省(区)。

葵花籽：2020年收获面积87万公顷、单产2945千克/公顷、总产量257万吨。主产区是内蒙古、新疆、河北、甘肃、山西和陕西等省(区)。

（二）多年生木本油料作物

我国木本油料树种资源丰富，种子含油量在40%以上的有150多种。主要有油茶、油棕、核桃、榛子、油用牡丹、油橄榄、文冠果、长柄扁桃、沙棘果、元宝枫、香榧、毛叶山桐子、杜仲、翅果油树、盐麸木、澳洲坚果、椰子等。

1. 油茶树

油茶是山茶科山茶属植物，在我国已有2300多年的种植历史。油茶果是油茶上结出的成熟种子，含油量高达30%，从中提取的纯天然高级食用植物油，色泽金黄或浅黄，品质纯净，澄清透明，气味清香，味道纯正。中国的油茶籽油产量占全球90%以上。油茶树被称作“东方树”，茶油被称作东方的“橄榄油”，具有较高的营养保健价值。

油茶全身都是宝，油茶果含油量高达30%，榨油后的茶粕可以用来对鱼塘清塘消毒，防治鱼病。经萃取后的茶粕还可以进一步提取皂素，提取皂素后的残渣可用作饲料或肥料。油茶果壳和油茶籽壳含有大量的木质素、半纤维素和纤维素等，在工业上有广泛的用途，可以用来制糖醛、木糖醇、活性炭等。油茶花是丰富的蜜源，其蜜和粉均是营养丰富的食品，并兼有药用价值，药性味苦，性微寒，凉血止血，主治咯血、烫伤。油茶叶可以净化空气，并有药用价值，味微苦，性平，收敛止血，解毒。油茶根可保持水土，涵养水源，根皮可以入药，主治咽喉肿痛、胃痛、牙痛、跌打伤痛、水火烫伤。

油茶是我国特有的木本油料树种，可以利用低山丘陵坡地种植，不与粮食争地，能有效缓解油料供需矛盾和食用油进口压力。全国油茶林基地面积不断增加，2012 年为 5200 多万亩（1 亩≈666.7 平方米），2020 年发展到 7000 多万亩。

2. 油棕树

油棕是棕榈科油棕属乔木，茎高 10 米，叶羽状全裂，簇生茎顶，羽片外折，线状披针形，花雌雄同株异序，雄花序具多个指状穗状花序，花朵密集，苞片长圆形，雄花萼片与花瓣均长圆形，雌花萼片与花瓣均卵形或卵状长圆形，果卵球形或倒卵球形，熟时橙红色，种子近球形或卵球形，花期 6 月，果期 9 月。

油棕是一种原产西非的热带乔木，棕榈油是用棕榈果的果肉榨出的油。这种油脂在史前时期可能就已经在当地人饮食结构中占据一席之地，考古学家曾在公元前 3000 年的古埃及墓葬中发现过大量棕榈油遗迹，说明那时就已经有长距离的棕榈油贸易。工业革命让棕榈油被西方社会广泛采用，成为制造肥皂、人造黄油、蜡烛、机器润滑剂的重要原料，油棕也随之被引种到同属热带的中非、东南亚、太平洋岛国，以及南美洲大陆，成为今日世界上最重要的油料作物之一。

1961—2020 年全球油棕生产情况见表 1-3。如今世界棕榈油主产国是印度尼西亚和马来西亚，产量占全球的 80%。而我国的棕榈油完全依赖进口，近几年每年进口量大约 700 万吨，成为世界第二大棕榈油进口国。

表 1-3　1961—2020 年全球油棕生产情况

年份	1961	1970	1980	1990	2000	2010	2020
收获面积（万公顷）	362.1	326.3	427.7	611.5	1039.5	1950.2	2873.6
单产（千克/公顷）	37658	46362	69815	99591	116278	139034	145614
总产（万吨）	3636	1512.8	2985.9	6090.2	12287.1	27114.8	41843.9

资料来源：联合国 FAO 数据库。

中国的油棕最早的引种是 1926 年，一批华侨将其从东南亚引种到位于热带北缘的海南等地。海南经历了两轮大规模油棕种植。第一轮是 20 世纪

50、60年代，当时食用油严重短缺，国家拨款1亿元引种油棕，在海南、云南等地推广棕榈油生产，到1965年全国种植了65万亩，其中62万亩在海南。由于当时对油棕缺乏认识，引进的是未经选育的低产厚壳种，未能掌握栽培和管理技术、缺乏专业人才等原因，产量难以提升。平均亩产油仅二三十千克，东南亚主产国平均每亩产油270千克。第二轮大规模种植始于20世纪80年代初，一家新加坡公司与海南澄迈的华侨农场合作种植4万亩薄壳种油棕，最终因为管理不善，种植面积不足以实现规模效益最终未正式投产。此外，三亚南滨农场从马来西亚、扎伊尔(今刚果民主共和国)等国引进油棕薄壳种，用于生产性种植与更新，但最终因为效益低，于1991年全面停止了油棕商业化生产。

1998年，国家从保障食用油供应出发，又立项开发油棕，由中国热带农业科学院橡胶研究所组建油棕产业发展课题组，经过多年的努力，选育出了"热油6号""热油40"等一批油棕品种，国家也把油棕写入了生物质能源发展规划，提出在盐碱地、荒草地、荒坡地等边际土地上建设3000万亩非粮能源原料生产基地。但是，都因为生产和加工成本高等原因，而未能实现规模化发展。

3. 核桃树

核桃是胡桃科胡桃属植物，又名胡桃、羌桃等。核桃与杏仁、腰果、榛子并称为世界四大坚果。

核桃的原产地在欧洲东南部(德国、意大利)及亚洲西部(伊朗)一带。当今世界生产核桃的国家有47个，分布六大洲。2020年，全世界核桃收获面积102.14万公顷、单产32544千克/公顷、总产量352.40万吨(表1-4)。

表1-4 1961—2020年全球带壳核桃生产情况

年份	1961	1970	1980	1990	2000	2010	2020
收获面积(万公顷)	16.14	15.89	17.39	41.05	59.22	101.01	102.14
单产(千克/公顷)	30908	41186	45747	21713	21729	27511	32544
总产(万吨)	49.71	65.50	79.54	89.05	128.67	277.89	352.40

资料来源：联合国FAO数据库。

核桃年产万吨以上的国家有23个，其中以中国、美国、伊朗、土耳其四国居多。从世界栽培产量来看，以亚洲、欧洲、北美洲和中美洲最高，亚洲居领先地位。中国核桃产量（2005年FAO资料）居世界首位（49.907万吨），美国居第二位（32.199万吨），伊朗第三位（15万吨）。出口核桃万吨以上的有美国和墨西哥，出口千吨以上有8个国家。美国及欧洲各国出口带壳核桃比重较大，而亚洲国家出口核桃仁的比重大。

我国核桃已有2000多年的栽培历史。在华北、西北、华中、华南、华东等地均有栽种，常生于海拔400～800米。20世纪40年代，全国核桃年产量不足5万吨，50年代中期上升到10万吨，60年代下降至4万～5万吨，70年代回升至7万～8万吨，80年代12万吨，2005年增至49.907万吨。云南核桃产量稳定在全国第一位，占全国产量的20%左右（铁核桃），依次为山西、陕西、四川、河北、甘肃。核桃是中国传统出口商品，1921年核桃出口量达6710吨，20世纪60年代初，我国核桃取代印度核桃打入英国市场，进而又占领了德国市场，曾一度和法国、意大利鼎足而三，出口量占国际市场的40%～50%。20世纪70年代初，美国已开始实现核桃品种化生产，以外观整齐、品质优良而逐渐占领部分国际市场，到20世纪80年代后期，由于我国核桃实生繁殖，品质优劣混杂，大小不均，外观性状欠佳，难与美国抗衡，致使出口量急剧下降，至20世纪90年代末，带壳核桃几乎被挤出国际市场。

4. 榛子树

榛子为榛科榛属灌木和小乔木，栽培历史悠久。榛果为世界四大坚果（核桃、榛子、杏仁、腰果）之一，具有较高的营养价值，不但含有较高的蛋白质和氨基酸，还含有抗癌化学物质紫杉醇。榛子果仁含油量47%～68%，含蛋白质23%，含脂肪56%～65%，含淀粉6.6%，还含有维生素A、维生素B、维生素E，以及铁、钙等矿物质元素。由榛子提取的制剂，具有消炎、防腐和扩张血管的作用，用于治疗高血压、动脉粥样硬化、肝脏及肾脏疾患。榛果可生食或炒食，也可作为精美蛋糕和高档补品的重要原料，香脆浓郁的口感深受消费者喜爱，市场需求逐年增长。

世界榛产业分布在欧洲、亚洲和美洲，主要集中在北纬35°～45°。据FAO统计数据，2020年世界榛子总产量为107.23万吨，其中亚洲占81%，欧洲占12%,美洲占7%(表1-5)。

表1-5 1961—2020年全球有壳榛果生产情况

年份	1961	1970	1980	1990	2000	2010	2020
收获面积(万公顷)	29.94	32.33	42.01	45.75	50.03	60.74	101.52
单产(千克/公顷)	6088	11885	10025	12258	13509	14072	10562
总产(万吨)	18.23	38.43	42.11	56.08	67.58	85.47	107.23

资料来源:联合国FAO数据库。

世界榛子生产国家31个,产量前10位生产国依次是土耳其、意大利、阿塞拜疆、美国、智利、中国、格鲁吉亚、伊朗、西班牙和法国,这十个国家的总产量占世界总产量的97.5%,其中第一生产大国土耳其,产量占世界总产量的69.0%。中国榛子产量仅占世界总产量的2.6%,单产水平最高,是世界平均水平的1.9倍。

世界榛子贸易包括榛仁和带壳榛。据FAO统计,2020年榛仁出口总量为28.5万吨,平均出口单价为6.5美元/千克;带壳榛子的出口总量3.96万吨,平均出口单价为3.7美元/千克。榛仁第一大出口国是土耳其,出口量19.3万吨,占世界出口总量的67.7%。榛仁的进口国主要集中在德国和意大利,进口量占世界进口总量的48%。带壳榛子的第一大出口国是美国,出口量占世界出口总量的54.7%,第一大进口国是中国,进口量1.7万吨,占世界进口总量的46.9%。

我国榛果生产的野生榛林,主要分布在东北、内蒙古和华北地区,以平榛为主,由于野生榛果小,果壳厚,产量低,多为零星采集。20世纪70年代,我国科研人员开始引种欧洲榛,80—90年代,以平榛为母本,欧洲榛为父本,选育出了平欧杂交种榛,俗称"大榛子",兼具有平榛抗性强和欧榛果个大、丰产、出仁率高的特点,1999年通过品种审定,并开始推广,现已成为我国主要的栽培品种。目前,市场上的国产榛子,2/3的为野生榛,即小榛子,1/3的为平欧榛,即大榛子。大榛子生产主要集中在东北三省,据中国经济林协会榛子分会统计,2019年辽宁、黑龙江、吉林大榛子的产量占全国产量的75%。

2019年，我国榛收获面积13824公顷，总产量29318吨。

5. 油用牡丹

牡丹是芍药科、芍药属植物，为多年生落叶亚灌木。植株高1～2米，老树可达3米。枝条从地面丛生而出，分枝粗而短，节部和叶痕明显，肉质根系，无横生侧根。叶互生，纸质，通常为二回三出复叶，具长柄。总叶柄长约11厘米，斜伸；小叶长卵形，缺刻少，边缘上卷。花单瓣型，花瓣1～3轮，5～15片，宽大平展，花大而香。牡丹果为蓇葖果，密生黄褐色毛，种子黑色，8月上中旬成熟。植株四年生以上一般亩产牡丹果250千克以上，精细管理亩产可达400千克以上。牡丹籽出油率20%以上，牡丹籽油不饱和脂肪酸含量达92%以上，是优质食用油。营养成分见表1-6～表1-9。

表1-6　牡丹籽仁脂肪酸组成分析结果(%)

棕榈酸 C16∶0	硬脂酸 C18∶0	油酸 C18∶1	亚油酸 C18∶2	亚麻酸 C18∶3
5.96	1.35	25.00	26.32	40.93

表1-7　牡丹籽无机元素含量分析结果

单位：毫克/百克

钾(K)	钠(Na)	钙(Ca)	镁(Mg)	铜(Cu)	锌(Zn)	铁(Fe)	锰(Mn)	铝(Al)	镍(Ni)
589.32	3.97	85.54	152.41	1.00	1.55	0.91	0.60	0.21	0.09

表1-8　牡丹籽维生素含量分析结果

单位：毫克/百克

尼克酸	维生素 B_2	维生素 B_6	β-胡萝卜素	维生素 A	维生素 D_3	维生素 E
1.46	0.21	0.25	0.22	0.81	0.26	0.88

表1-9　牡丹籽糖类含量分析结果

单位：毫克/百克

多糖	四糖	三糖	二糖	葡萄糖	总糖
5.634	0.478	0.625	6.094	0.286	12.847

资料来源：中国林业科学院分析中心分析报告。

从分析结果可以看出，牡丹籽含有多种对人体有益的营养物质，是一种极好的天然营养保健食品源，其蛋白质、脂肪酸、钾、钙、镁、磷、硒等元素及维生素 B_2、维生素 B_6、胡萝卜素含量高。尤其是牡丹籽油所含不饱和脂肪酸高达 92%以上，其中 α-亚麻酸占 40%以上，是目前常用植物油所不具备的，营养价值远远超过被称为"人类健康之油"的橄榄油。美国食品与药品管理委员会(FDA)确认亚麻酸的 13 项功能为：降血脂和降血压，增强自身免疫，预防糖尿病，防治癌症，减肥，防脑卒中和心肌梗死，清理血中有害物质和防治心脏病，缓减更年期综合征，提神健脑增强注意力和记忆力，辅助治疗多发突发性硬化症，辅助治疗类风湿性关节炎，用于皮肤癣或湿疹，预防与治疗便秘、腹泻和胃肠综合征。

牡丹原产于我国，是特有的传统木本名贵花卉，素有"花中之王"的美称，有悠久的栽培史。根据最近全国牡丹征评国花办公室专组人员调查，全国各省(市、区)均有牡丹种植，大体分为野生种、半野生种及园艺栽培种几个类型。牡丹品种按地域可分为 4 个种群，即中原牡丹、西北牡丹、江南牡丹和西南牡丹。目前形成的主要栽培区域有山东菏泽，河南洛阳，安徽亳州、铜陵市，四川彭州，甘肃兰州、临夏，北京，陕西汉中等。全国牡丹栽培面积最大、品种最多的主要集中在山东省菏泽市牡丹区的牡丹乡，连片面积 3 万多亩，品种 600 多个。

中国是世界上牡丹重要栽培、科研、消费、出口大国，在世界牡丹产业发展中具有举足轻重的作用。以前牡丹仅作观赏和药用，如今伴随着牡丹深加工产品的开发，牡丹产业已由过去花期观赏的单一模式，逐步转变为深层次、多领域的花用、油用、食品用等综合开发利用，牡丹企业和研究牡丹的高校及科研机构已遍布全国各地。

近年来，国家大力倡导发展木本油料作物，油用牡丹是国家新兴战略产业，受到国家及社会的重视。油用牡丹种植面积逐年增加，2014 年，国务院办公厅颁布了《国务院关于加快木本油料产业发展的意见》，将油用牡丹与油茶、核桃等木本油料一起列入了发展规划，我国油用牡丹产业发展速度急速增长。2013 年全国油用牡丹种植面积 75.24 万亩，2019 年增加到 378.18 万亩，年均增长率达 30%以上。

油用牡丹种植区域分布广泛，尤其是近几年作为极具开发潜力的木本油料作物，在全国大范围得到快速推广，主要分布在山东、河南、陕西、山西、甘肃、安徽、四川等地，其中山东省种植面积最大，超过100万亩，河南省种植面积90多万亩，陕西省80多万亩。

油用牡丹一年四季都具有利用价值，春季观光赏花，夏秋收获牡丹籽，秋冬销售牡丹苗，油用牡丹的这一生理特性为其产业发展提供了无限空间潜能。

6. 油橄榄

油橄榄是木犀科、木犀属常绿乔木，世界著名的木本油料树种。油橄榄原产于地中海沿岸地区。花为总状花序，腋生或对生，一个花序存20～30朵小花，常为两性花、完全花，但常有雄蕊败育后雌性花及雌蕊败育的雄性花、不完全花，完全花比率高、自花授粉也较高，但大多数品种具有自交不亲和性，自花授粉率结实率低。油橄榄果实为核果，平均单果重5.8克。叶为单叶对生，叶片形状为卵圆形或披针形。一年抽两次梢，春梢3、4月，夏梢7、8月，夏梢为来年的主要结果枝。油橄榄花芽分化一般在初花期2个月前形成，要经过一定的低温才能完成。花期较短，4月中下旬现蕾，5月开花，盛花期5～8天，有两次落花落果期，果实生长在5—8月，5月初果实迅速生长，8月果实生长定型，早熟品种9月下旬可成熟，晚熟品种延迟到11月下旬到12月下旬。鲜果果肉含量为70.63%～83.90%，含水量为51.59%～71.27%，果实含油量25%左右，果肉干基油脂含量43.44%～57.50%，含油酸60%～80%、亚油酸8%～15%、棕榈酸7%～11%、硬脂酸2%～3%，亚麻酸含量较低，总叶绿素含量为47.74～191.39微克/克，类胡萝卜素为9.75～50.25微克/克，果实纯水提取物中的总黄酮含量较60%乙醇提取物中的高。

橄榄油稳定性好，属不干性油，色泽淡黄、清亮透明，维生素含量高。一般可储存数年，不变质、不变味，消化率在94%左右。果渣中还含有三萜类、黄酮类等有效成分，在医药保健品和化妆品行业具有广阔的应用前景。油橄榄富含橄榄苦苷、羟基酪醇、山楂酸、黄酮等多酚抗氧化物，对人体具有抗肿瘤、延缓衰老、增强心血管功能等重要的生理保健功能，还具有良好的抑菌作用，是天然食品防腐剂。油橄榄含有比较高的油酸（单不饱和脂肪酸）及一定比例的多不饱和脂肪酸，能激化胰酶的活力，使油脂降解而被肠黏膜吸收，因此长期食用油橄榄有助于减少胃酸、防止发生胃炎，提高肠、胃、脾、肝和胆管的功能，预防胆结石，减少胆囊炎的发生。油酸含量高达70%，可降低低密度脂蛋白胆固醇，而维持高密度脂蛋白胆固醇，易于人体吸收，不易沉积在人体心血管壁上。

油橄榄为亚热带树种，是地中海气候典型植物，原产于小亚细亚，地中海沿岸，目前在全世界亚热带范围内均有种植。2019年全球油橄榄种植面积为15867.30万亩，油橄榄总产量1946.45万吨（表1-10）。

表1-10 2015—2019年全球油橄榄生产情况

年份	2015	2016	2017	2018	2019
面积（万亩）	15177.30	15418.65	14335.35	15729.60	15867.30
总产量（万吨）	2056.25	2025.11	2105.31	2188.17	1946.45

资料来源：联合国FAO数据库。

油橄榄主要集中分布于地中海沿岸的希腊、意大利、西班牙等国家，2019年欧洲地区油橄榄产量为1055.26万吨，占全球总产量的54.21%；非洲地区油橄榄产量为478.81万吨，占比为25.06%；亚洲地区油橄榄产量为309.01万吨，占比15.88%；美洲地区油橄榄产量为85.75万吨，占比4.41%；大洋洲油橄榄产量为8.62万吨，占比0.44%（表1-11）。

表1-11 2015—2019年全球油橄榄产量分地区数量

单位：万吨

年份	2015	2016	2017	2018	2019
亚洲	293.69	297.54	360.98	271.01	309.01
非洲	435.96	383.68	346.29	447.53	478.81
美洲	69.68	61.64	82.65	71.76	85.75
欧洲	1248.47	1251.57	1303.13	1388.90	1055.26
大洋洲	8.45	8.68	12.26	8.97	8.62

资料来源：联合国FAO数据库。

全球橄榄油产量，2016年为249万吨，2017年为329万吨，2018年为317万吨，2020年为313万吨。

1964 年初，阿尔巴尼亚政府向我国赠送 1 万株油橄榄树苗，我国最先是在广西、云南、贵州、四川、浙江、湖北等地 16 个点进行试种。经过 50 多年的引种试验研究，确定了 3 个一级适生区和 4 个二级适生区。一级适生区为白龙江低山河谷区、金沙江干热河谷区、长江三峡低山河谷区。二级适生区为秦岭南坡汉水流域上游地带、四川盆地边缘地带、以昆明为中心的滇中地带、长江中下游亚热带区。1998 年，国际橄榄油理事会绘制的《世界油橄榄分布图》上，第一次标上了中国的名字。目前全国油橄榄栽培面积 2.68 万公顷，总株数超过 3000 万株，年产鲜果近 4000 吨，主要集中在四川、甘肃、云南、重庆、陕西等地，以四川栽培面积最大。我国橄榄油总体产量不高，主要依赖进口，2020 年我国橄榄油进口量达 49863.03 吨(表 1-12)。进口来源国非常集中，2020 年自西班牙进口橄榄油 4.47 万吨，占全国进口总量的 89.58%。

表 1-12　2016—2020 年中国橄榄油进出口量

年份	2016	2017	2018	2019	2020
进口量(吨)	38624.94	37150.91	36089.44	50419.62	49863.03
出口量(吨)	376.27	117.28	79.67	112.98	98.36

资料来源：中国海关。

第三节　糖料作物

糖料作物主要是甘蔗和甜菜。

一、甘蔗生产情况

甘蔗在植物学上属于禾本科，甘蔗属，共有 6 个种，其中有 3 个是原始栽培种，即热带种、中国种和印度种，有 2 个野生种以及 1 个“蔬菜型”的肉质花穗野生种。热带种是从大茎野生种进化而来的，中国种和印度种是热带种与细茎野生种的天然杂交种。甘蔗品种的分类：按蔗茎的大小划分，可分为大茎种、中茎种和小茎种；按糖分高低划分，国际上通常认为蔗汁糖分在 15%

以上的为高糖，在12%～15%的为中糖，低于12%的为低糖；按茎色深浅划分，可分为青皮蔗、紫（红、黑）皮蔗和白皮蔗等；按成熟期迟早划分，可分为早熟种、中熟种和迟熟种。

（一）全球甘蔗生产

甘蔗主要分布在北纬33°至南纬30°之间，其中以南北纬25°之间面积比较集中。全世界现有植蔗制糖的国家和地区90多个，年产糖量100万吨以上的国家有巴西、印度、古巴、墨西哥、中国、巴基斯坦、美国等。

2010年全球甘蔗收获面积2365万公顷、单产70951千克/公顷、总产量167792万吨，2020年收获面积2647万公顷、单产70643千克/公顷、总产量186972万吨（表1-13）。

表1-13 2010—2020年全球甘蔗生产情况

项目	收获面积（万公顷）		单产（千克/公顷）		总产（万吨）	
年份	2010	2020	2010	2020	2010	2020
全世界	2365	2647	70951	70643	167792	186972
巴西	908	1001	79045	75604	71746	75712
印度	418	479	70019	77347	29230	37050
泰国	101	183	68155	40868	6881	7497
巴基斯坦	94	117	52368	69534	4937	8101
墨西哥	70	78	71627	69424	5042	5395
澳大利亚	39	37	80198	82646	3123	3028
美国	35	37	93360	66496	3254	2465
哥伦比亚	36	38	69895	85401	2482	3275
危地马拉	24	25	95107	112940	2231	2835
印度尼西亚	44	42	60925	68760	2660	2891

资料来源：联合国FAO数据库。

（二）中国甘蔗生产

近几十年来，我国蔗糖业取得了很大的发展。甘蔗播种面积从 1949 年的 11 万公顷，发展到 2010 年的 162 万公顷、单产 65271 千克/公顷、总产量 10598 万吨，2020 年播种面积调减为 135 万公顷、单产提高到 79890 千克/公顷、总产量稳定在 10812 万吨（表 1-14）。甘蔗主产地区有广西、云南、广东、海南和江西等省（区）。

表 1-14　1990—2020 年中国甘蔗生产情况

年份	1990	1995	2000	2005	2010	2015	2020
面积（万公顷）	101	113	119	135	162	148	135
单产（千克/公顷）	57118	58133	57626	63970	65271	72528	79890
总产量（万吨）	5762	6542	6828	8664	10598	10706	10812

资料来源：《中国农村统计年鉴 2022》。

二、甜菜生产情况

甜菜是双子叶植物亚纲、黎科、甜菜属。甜菜属里包含 14 个野生种和一个栽培种。根据栽培用途，将栽培种分为根用甜菜、叶用甜菜、饲用甜菜和糖用甜菜。以糖用甜菜的经济价值最高，栽培面积最大。其块根肥大，有楔形、圆锥形、纺锤形和锤形四种根形，二年生，根重量常在 500～1000 克，最大的块根重可达 2000 克以上。块根含糖量因品种和栽培条件而异，一般为 14%～18%，最高的可达 22%以上。

（一）全球甜菜生产

现在世界上除大洋洲和南极洲外的其他大陆地区有 40 多个国家与地区种植甜菜，绝大多数在北纬 30°～60°的北温带，以欧洲种植最多，其次是北美洲及亚洲，南美洲最少。

2010 年全球甜菜收获面积 469 万公顷、单产 48653 千克/公顷、总产量 22836 万吨，2020 年甜菜收获面积 444 万公顷、单产 55987 千克/公顷、总产量 25297 万吨。种植甜菜较多的国家有俄罗斯、法国、美国、德国、土耳其、乌克兰、波兰、埃及、英国等（表 1-15）。

表 1-15 2010—2020 年全球甜菜生产情况

项目	收获面积(万公顷)		单产(千克/公顷)		总产(万吨)	
年份	2010	2020	2010	2020	2010	2020
全世界	469	444	48653	55987	22836	25297
俄罗斯	92	92	24093	36999	2226	3392
法国	38	42	83059	62238	3187	2620
美国	47	46	2906	3050	2906	3050
德国	36	39	64352	24140	2343	2862
土耳其	33	34	54593	68458	1794	2303
乌克兰	49	22	27945	41592	1375	915
波兰	21	25	48358	57627	997	1417
埃及	14	26	58276	49493	784	1304
英国	12	11	55088	53823	653	598

资料来源:联合国 FAO 数据库。

(二) 中国甜菜生产

我国是世界甜菜主产区之一,甜菜产量占世界总产量的 20%左右。1949 年甜菜播种面积 1.6 万公顷、单产 11955 千克/公顷、总产量 19.1 万吨,1983 年播种面积 54.4 万公顷、单产 16890 千克/公顷、总产量 918.2 万吨,1990 年播种面积 67 万公顷、单产 21668 千克/公顷、总产量 1453 万吨,之后 30 多年来,甜菜面积逐年调减,2000 年播种面积 33 万公顷、单产 24518 千克/公顷、总产量 807 万吨,2010 年播种面积 19 万公顷、单产 38018 千克/公顷、总产量 705 万吨,2020 年播种面积 21 万公顷、单产 56307 千克、总产量 1198 万吨(表 1-16)。甜菜主要生产地区有内蒙古、新疆、河北、甘肃和黑龙江等省(区)。

表 1-16 1990—2020 年中国甜菜生产情况

年份	1990	1995	2000	2005	2010	2015	2020
面积(万公顷)	67	70	33	21	19	10	21
单产(千克/公顷)	21668	20132	24518	37524	38018	52751	56307
总产量(万吨)	1453	1398	807	788	705	509	1198

第二章　现代油菜绿色生产技术

油菜是油用十字花科芸薹属植物的通称，凡是原以采食茎叶为主而后收籽榨油的通称为油菜。

油菜是一种古老的油料作物，是当今世界上主要的油料作物，遍布于全球100多个国家，主要分布在亚洲、欧洲、美洲，以及大洋洲和非洲。中国是油菜原产地和栽培历史最悠久的国家之一，油菜面积、总产量一直位居各国之首，近年被加拿大超越，目前仍占世界的20%左右，是我国最主要的植物油来源，也是提高复种指数、农田生产效益，以及用地与养地相结合，培养提升地力的一种良好作物。

第一节　油菜起源与生产发展

一、油菜起源与传播

（一）油菜起源

一般认为油菜有两个起源中心：第一个是以中国和印度及中东一带为主的亚洲起源中心，是芸薹或白菜型油菜的起源地；第二个是以北欧和地中海沿岸为主的欧洲起源中心，是甘蓝、芸薹、黑芥和甘蓝型油菜的起源地。

1. 中国油菜

中国种植油菜历史悠久，在距今8200年前的甘肃秦安大地湾一期遗址，及距今7000年前的陕西西安半坡新石器时代遗址里，均发掘出已炭化的油菜籽残骸。在距今2200年前的湖南长沙马王堆西汉古墓出土有保存完好的芥菜籽，种皮黑色，圆球形，直径多在1.5毫米左右，有明显的种脐和网纹，与现今栽培的油菜籽完全相同。

中国古书中也有大量有关油菜的记载。《夏小正》(约前 1046)有“正月采芸,二月荣芸”的记述,“芸”即为后世栽培的白菜型油菜,意指农历正月开始采摘菜薹,二月油菜开花。公元前 239 年《吕氏春秋》中提到当时油菜种植地区“菜之美者,阳华之芸”。2 世纪东汉服虔《通俗文》记述:“芸薹谓之胡菜。传说塞外有芸台戎,始种此菜,故名。”汉末《名医别录》谈到芥菜型油菜已有青芥、紫芥、白芥、南芥、旋芥、花芥、石芥七类品种,并称“食有辛辣味”的重要特征。北魏贾思勰的《齐民要术》(544)中记述芥菜型油菜“种芥子及蜀芥、芸薹取子者,皆二三月好雨泽时种,早者畦种水浇,五月熟而收子”。《新唐书》记载西藏有芜菁种植。

油菜的名称,首次出现在宋代苏颂等编著的《图经本草》(1061)中说到菜籽油的多种用途,饼粕还可以做肥料。明代李时珍的《本草纲目》(1578)中考证古代栽培的芸薹乃今油菜也,冬月多种此菜,能历霜寒,种自胡菜。

2. 欧洲油菜

欧洲是甘蓝型油菜的故乡,在北欧西海岸。在瑞士苏黎世的“瑞士湖居”文化遗址中,发现了青铜器时代(公元前 3000 多年前)的甘蓝型油菜的原始类型种子。著名植物学家第康道尔在《农艺植物考源》一书中推测认为,这种原始型油菜种子可能是由阿利安的克勤族人自亚洲带到欧洲去的。现今在荷兰、英国以及北欧海岸可以找到他的野生类型。

(二) 油菜分类

1. 中国油菜传播路径

据古籍记载,青海、甘肃、新疆、内蒙古、西藏一带,可能是中国油菜栽培最早的地区,后逐步在黄河流域发展,再传播到长江流域广为种植。我国古代栽培的都是白菜型和芥菜型油菜,现今广泛栽培的甘蓝型油菜,是 20 世纪 30 年代中期和 50 年代先后由日本和欧洲引入的番油菜或西洋油菜,先在长江流域推广,80 年代初又引入黄淮海地区种植。

2. 日本油菜传播路径

日本古代的白菜型和芥菜型油菜,大约是在公元前从中国或朝鲜半岛传入,1878 年甘蓝型油菜从欧洲引入日本。

3. 印度油菜传播路经

印度是白菜型油菜的起源地之一，公元前2000—前1500年的梵文著作中，已有种植白菜型品种"沙逊"的记载，印度东北部的芥菜型油菜由中国引入。

4. 欧洲油菜的种植

欧洲各国，大约在公元13世纪才开始种植油菜，到16—17世纪，才有比较广泛的栽培。

5. 美洲和大洋洲油菜的种植

美洲、大洋洲和其他地区，种植的油菜，分别由亚洲和欧洲两个起源中心传播出去的，栽培历史较短。

二、油菜类型与育种

（一）油菜类型

油菜为十字花科芸薹属的栽培种。根据植物学形态特征和农艺性状，可将油菜分为白菜型、甘蓝型、芥菜型及埃塞俄比亚芥菜四种类型，后者种植面积少，世界上大多数国家只种植前三种类型的油菜(图2-1)。

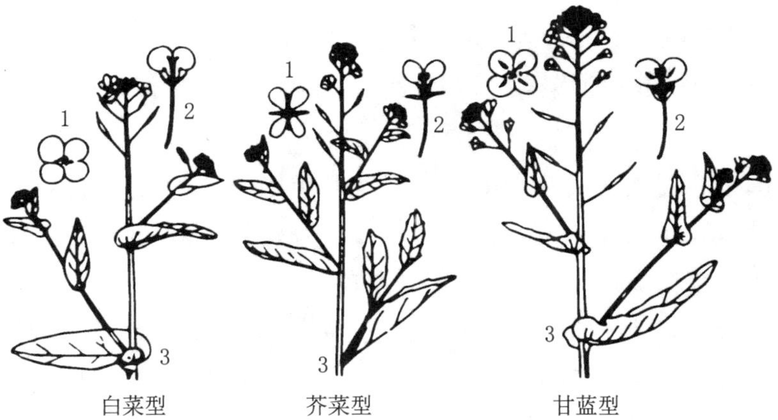

1. 花的横切面　2. 花的纵切面　3. 薹茎叶

图2-1　油菜三大类型的薹茎叶与花序

1. 白菜型油菜

白菜型油菜是油菜三大类型之一，学名 *Brassia campestris* L. 。包括原产中国的芸薹和油白菜，中国又称小白菜、矮油菜、甜油菜等。白菜型油菜株体较矮小，一般春性品种幼苗直立，冬性品种株型匍匐，半冬性品种介于二者之间。

该类型还可分为两个种。

(1) 北方小油菜(*B. campestris* L.)。古代文献中称为芸薹，株型矮小，分枝少，茎秆细，基叶不发达，叶椭圆形，有明显琴状缺刻，且多刺毛，薄被蜡粉。主根常膨大，入土较深，抗寒、耐旱、耐瘠、抗病力弱、生产潜力小、稳产性差。代表品种有耙齿蔓、关油 3 号等。

(2) 南方油白菜(*B. campestris* var. *chinensis* Mak.)。古代文献中称为菘菜，其外形很像普通小白菜，是普通小白菜的一个油用变种。株型中等，分枝性强，茎秆较粗，苗一般半直立或直立。叶片较宽大，色淡，中脉较肥厚，叶全缘或波状，一般不具琴状缺刻。主根不膨大，支根细根较多。一般耐涝、耐瘠、抗病力差。代表品种有泰县油菜、洞口甜油菜等。

2. 甘蓝型油菜

甘蓝型油菜(*Brassica napus* L.)是油菜三大类型之一，学名 *Brassica napus* L. ，是由芸薹(aa，$n=10$)与甘蓝(cc，$n=9$)通过自然种间杂交后双二倍化进化而来的一种复合种。欧洲是它的起源地，在中国，又称日本油菜、欧洲大油菜、洋油菜、番油菜等。因其叶形和株型与甘蓝酷似，故名。染色体组为 aacc，$n=19$。

中国于 20 世纪 30 年代由朝鲜、日本和英国引进的，已广泛分布于中国各地，尤以长江流域各省油菜主产区分布最为集中。世界上以欧洲偏北部各国和加拿大西部草原地区的偏南部分布较多。

甘蓝型油菜是三种油用油菜(白菜型油菜、芥菜型油菜、甘蓝型油菜)中籽粒产量最高的种类，目前在我国长江中下游流域大量种植，是我国重要的油料作物。甘蓝型油菜不仅可生产食用油，而且其饼粕富含蛋白质，也可作为动物饲料。

甘蓝型油菜株体较大，发育中等，生育期较长。苗期株型因品种不同而异，冬性强的欧洲品种，株型匍匐性强，越冬时生长点下陷，能耐低温；春性强的亚洲品种，直立性强，主根发育中等，支细根较发达。基叶叶形椭圆或长椭圆，伸长基茎叶出现明显的琴状缺刻。薹茎叶披针形，都不具琴状缺刻；薹茎叶半包茎着生，是甘蓝型油菜显著的共同特点之一。叶质似甘蓝，叶肉组织较致密，叶面被或不被蜡粉。叶色常绿、淡绿、浓绿呈蓝绿。叶面平滑不被刺毛，或在苗期少被刺毛，成长叶无刺毛。分枝性较强，原产欧洲的甘蓝型油菜分枝部位一般较高，株高中等或较高。花较大，黄色，花瓣平滑，部分皱缩，重叠呈覆瓦状或侧叠状。花序中间花蕾着生位置高于开放花朵，开花时花药一般内向开裂或半内向开裂，自交亲和性强，自交结实率高，一般70%以上，属常异花授粉作物，但可分离出正交不亲和系。角果果皮组织发育中等，过熟果皮易开裂，在中国西北干旱地区尤为显著。种子较大，一般千粒重3.5～4.5克。种皮蝉褐或红褐，少数土黄色。种皮表面网纹浅，不具辛辣味。种子含油量高，一般35%～45%，最高可达65%以上。

3. 芥菜型油菜

芥菜型油菜，也叫高油菜、辣油菜。是十字花科芸薹属芥菜的油用变种。多个发源地，中国是原产地之一。

植株高大，分枝多，继承了芥菜张牙舞爪的气势；籽粒细小，多为金黄色或暗红色，含油量高；叶片有明显的长柄，而且叶面皱缩长满刺毛和淡淡的蜡粉。

花朵小而稀，花瓣窄小且相互分开；种子有明显辣味，不像其他两种油菜的种子，它磨成末就是黄芥末。

具有耐瘠性强等特点，所以过去在西南和西北多种。致命弱点就是产量低，目前其种植面积已越来越小（表2-1）。

表2-1　三种类型油菜主要农艺形状表

类型	甘蓝型油菜	白菜型油菜	芥菜型油菜
染色体数	$2n=38$	$2n=20$	$2n=36$
株高	较高	较矮	较高
叶色	蓝绿；有蜡粉	深绿至淡绿	深绿或紫绿

续表

类型	甘蓝型油菜	白菜型油菜	芥菜型油菜
薹茎叶柄	无柄，半抱茎	无柄，全抱茎	有柄，不抱茎
基部叶型	基部叶有琴状裂片	椭圆、光滑	有小裂片
花形、花色	花瓣大、黄色	较大、黄至深黄	花瓣小、淡黄或白黄
自交结实率	60%以上	15%～25%	70%～80%
角果	较长，皮呈褐色	较肥大，果缘皮色黄、黄褐	细而短，果皮黄、红、褐
种子千粒重	种子大，3～4 克	种子小，3 克左右	种子小，1～2 克
种子含油率	35%～45%	35%～45%	30%～35%
生育期	170～230 天	150～200 天	160～210 天

（二）油菜育种

1. 世界油菜育种

世界油菜育种科学发展的历史，大致上分为 4 个阶段。

第一阶段，在 20 世纪 20—30 年代，欧洲的德国和瑞典、亚洲的日本等国，先后开展了油菜育种研究。

第二阶段，大致上在 20 世纪 40—60 年代，在欧洲，德国和瑞典，先后开展了油菜现代育种研究，育成了一批甘蓝型油菜新品种；在加拿大，分别由阿根廷和波兰引进甘蓝型和白菜型春油菜，逐年扩大种植面积；在亚洲，日本开创了甘蓝型油菜育种的先声，通过品种间和种间杂交，育成农林番号的甘蓝型油菜品种 40 多个。中国是 1935 年前后，引进了甘蓝型日本油菜和欧洲油菜，仅在局部地区栽培，未开展育种研究。在 20 世纪 50 年代前期，以调查、征集和评选地方油菜品种为主，将评选出来的优良品种，就地繁殖、推广，如湖北省的浠水白、麻城白果甜油菜，四川省的矮油菜、七星剑，湖南省的洞口甜油菜，浙江省的金华红籽，江苏省的苏州藏菜、泰兴油菜，新疆的拜城黄油菜，贵州的牛耳朵，云南昆明高稞等。1954 年在长江流域开始试种并逐步推广日本“胜利油菜”，直至 20 世纪 60—70 年代。同时，在全国开展甘蓝型油菜育种工作，并在生产上推广应用，使油菜籽亩产由 30 千克，提高到 40～50 千克。

第三阶段，大致上在20世纪60—80年代，是开展油菜品质育种和杂种优势利用的时期。加拿大油菜专家，从德国饲料用油菜品种（芥酸含量为6%～50%，变幅很大）中，选择出芥酸含量接近零的材料，从而育成了无芥酸的自交系，是世界上第一个采取遗传改良得到的油菜品质育种成果。以此为基础，1964年，育成了世界上第一个无芥酸甘蓝型油菜品种。20世纪60年代后期，波兰专家发现早期育成的甘蓝型春油菜品种硫苷含量只有普通品种的1/10，这是世界上低硫苷含量的唯一种源。加拿大于1974年育成了世界上第一个甘蓝型油菜双低品种，1977年育成了第一个白菜型双低品种。

在中国，1943年浙江大学农学院孙逢吉教授在《中华农学会报》上，发表第一篇"芸薹属之杂种优势"。1965年四川省农业科学院刘光辉等，在白菜型油菜中首先发现胞质雄性不育材料，并开展了三系配套研究；此后全国各育种单位都相继开展了甘蓝型杂交油菜的育种研究。1972年，华中农学院傅廷栋教授，发现了甘蓝型胞质雄性不育材料波里马，次年将自由授粉的种子分发给全国各地。1976年湖南省农业科学院崔德䜣等首次实现了波里马三系配套。1985年陕西省农垦科教中心李殿荣研究员，育成了甘蓝型杂交油菜品种秦油2号，在华北和长江流域推广，是国际上第一个大面积应用于生产的油菜杂交种。中国农业科学院油料研究所贺源辉研究员，通过复合杂交育成了甘蓝型油菜中油821，突出特点是高产、稳产、抗病、适应广，因而在全国迅速推广。

第四个阶段，是20世纪90年代至今，围绕低芥酸、低硫苷、高含油量、优质、高产、多抗等，广泛开展育种研发与应用。1992年，华中农业大学傅廷栋等育成了我国第一个通过审定的低芥酸甘蓝型不育系亲杂交油菜华杂2号、双低杂交油菜华杂3号；中国农业科学院油料作物研究所王汉中育成了中油杂1号以及中双4号、华双3号等品种。到2020年底，中国已育成的双低优质油菜新品种达1000多个，居世界领先地位。

2. 中国油菜品种推广

我国油菜资源十分丰富，但油菜育种起步较晚。20世纪50—70年代，在长江流域油菜产区，大面积推广的油菜品种是农家白菜型、芥菜型老品种，以及从日本引进的甘蓝型"胜利油菜"品种。胜利油菜比白菜型和芥菜型油菜品种增产30%～50%，全国年推广种植面积达800多万亩，成为世界上继欧洲、加拿大之后的第三大甘蓝型油菜产区。但是，由于我国油菜种植制度是一年两熟或三熟，而欧洲和美洲是一年一熟制，引进的甘蓝型油菜品种生育期长，不适合我国一年多熟制要求。因此，全国各地科研单位先后系统开展了早熟高产油菜育种，经过20年的努力，育成了具有我国代表性的甘蓝型油菜新品种甘油3号、甘油5号、川油9号、华油8号、云油9号、宁油7号、湘油5号、南阳41、西南302等品种，在各地区大面积推广，逐步取代胜利油菜。

从20世纪50—70年代末，我国油菜育种是以产量和熟期为育种目标，育成白菜型、芥菜型和甘蓝型品种200多个，在生产上大面积推广的甘蓝型品种30多个，推广面积在百万亩以上的有10余个新优品种，其中推广最广、面积最多的是中油821，从而使我国成为世界上甘蓝型油菜面积最大的国家。

20世纪80—90年代，我国主要推广双低油菜品种，如华双1号、华双2号、华双3号、华黄1号、中双2号、中双4号、华油杂3号、华油杂4号、中油杂1号等品种。尤其是中双4号，是中国农业科学院油料作物研究所，用中油821×中双2号培育成的半冬性、甘蓝型油菜品种，1993年通过湖北省品种审定，平均亩产量比对照中油821增产8%～10%，芥酸含量小于1%，饼粕硫苷含量13微摩尔/克，菜籽含油率42%，原种菜籽中芥酸含量接近于0，饼粕蛋白质含量超过37%，抗菌核病、抗冬春季低温寒潮能力强。

进入21世纪，我国油菜育种迈入了新的里程碑，育成了一大批油菜籽亩产量200千克以上、含油量40%以上、芥酸含量1%以下、饼粕硫苷含量低于30微摩尔/克的优质油菜品种。

中国农业科学院油料作物研究所育成了油菜籽含油量超过50%的高油品种中油杂19；华中农业大学育成了抗根肿病品种，如华油杂62R、华双5号R品种、中油811、华油杂160R等。

3. 油菜品种简介

(1) 高油酸品种。有华油2129、华油2101、中油808、中油814等。

华油2129：GPD油菜(2018)420416，是华中农业大学用H05A×甲F31选育而成的甘蓝型杂交油菜品种。国家冬油菜新品种试验，长江下游区株高157.5厘米，分枝数9.7个，单株有效角果数308.5个，每角粒数20.15粒，千粒重为4.61克。生育期227天。湖北省油菜主产区和湖南省常德的多点试验中,生育期213天。油酸含量为75.5%,属于高油酸油菜品种。硫苷含量25.69微摩尔/克,含油量46.07%。低感菌核病,高抗病毒病,抗寒性较强、抗裂荚较强、抗倒性强。第一生长周期亩产182.8千克,比对照秦优10号增产5%;第二生长周期亩产177.95千克,比对照秦优10号增产0.9%。

华油2101:GPD油菜(2019)420208,是华中农业大学用中双11×D126选育而成的甘蓝型半冬性常规种。全生育期215天。苗期半直立,叶片中等绿色,顶叶中等大,叶片长度中等,苗期长势强。花瓣中等黄色,长度中等,侧叠状。籽粒黑褐色。株高165厘米,第一次有效分枝6.5个,单株有效角果数237.7个,每角粒数22.5粒,千粒重4.53克。食用油芥酸含量0.15%,硫苷含量25.59微摩尔/克,含油量48.5%。低感菌核病,高抗病毒病,抗寒性较强,抗裂角,抗倒性强。第一生长周期亩产167.45千克,比对照华杂9号减产5.5%;第二生长周期亩产174.26千克,比对照华杂9号减产5.0%。

中油808:GPD油菜(2021)420059,是中国农业科学院油料作物研究所用H08CA×ZYP96选育而成的甘蓝型半冬性化学诱导雄性不育两系杂交种。高油酸。苗期半直立,叶片中等绿色,叶片长度中等,叶片宽度中等;有裂片,裂片数量8.0;叶柄长度长;主茎蜡粉少,主茎花青苷显色弱;开花期中,果身长度中等,角果姿态上举;籽粒颜色黑褐色。在长江下游地区平均全生育期220天,与秦优10号相当。株高177.07厘米,分枝部位66.12厘米,一次有效分枝数8.46个,单株有效角果数378.4个,每角粒数21.76粒,千粒重4.03克,油酸含量75.85%。食用油芥酸含量0.0777%,硫苷含量21.69微摩尔/克,含油量45.78%。抗病毒病,低感菌核病,抗倒性强。第一生长周期亩产173.15千克,比对照秦优10号减产4.59%;第二生长周期亩产205.02千克,比对照秦优10号增产1.32%。

中油814:是中国农业科学院油料作物研究所用H08CA×ZY4943选育而成的甘蓝型半冬性化学诱导雄性不育两系杂交种。苗期生长势较强,幼苗半直立,叶中等绿色,有裂叶,花瓣黄色。在2019—2021年长江中游区油菜新品种联合试验中,两年平均亩产181.71千克,比对照华油杂12号增产1.83%,亩产油量85.89千克,比对照华油杂12号增产8.53%。平均全生育期207天,株高178.0厘米,分枝部位91.4厘米,有效分枝数6.4个,单株有效角果数 209.7 个，每角粒数 20.5 粒，千粒重 3.99 克。品质经农业农村部油料及制品质量监督检验测试中心抽样检测，油酸含量 75.6%，芥酸含量 0.0172%，硫苷含量 21.73 微摩尔/克，含油量 47.27%。抗病毒病，低抗菌核病，抗倒性强。

(2) 抗根肿病品种。有华油杂 62R、华双 5 号 R、华油杂 160R、中油 811 等。

华油杂 62R：GPD 油菜（2018）420213，是华中农业大学用 2063A×05-P71-2R 选育而成的甘蓝型油菜半冬性波里马细胞质雄性不育系杂交种。在湖北省、安徽省冬油菜主产区秋播种植全生育期 219 天，在陕西省春播种植全生育期 141 天。苗期长势中等，半直立，叶片缺刻较深，叶色浓绿，叶缘浅锯齿，无缺刻，蜡粉较厚，叶片无刺毛。花瓣大、黄色、侧叠。平均株高 177 厘米，一次有效分枝数 8 个，单株有效角果数 299.5 个，每角粒数 21.2 粒，千粒重 3.77 克。食用油芥酸含量 0.45%，硫苷含量 29.68 微摩尔/克，含油量 41.46%。低感菌核病，中抗病毒病，对根肿病 4 号生理小种具有免疫抗性，抗倒性强。第一生长周期亩产 200 千克，比对照华油杂 62 增产 100%；第二生长周期亩产 190 千克，比对照华油杂 62 增产 111%。

华油杂 160R：GPD 油菜(2019)420214，是华中农业大学、武汉联农种业科技有限责任公司用 RG430A×627CR 选育而成的甘蓝型半冬性核不育三系杂交种。在冬油菜生态区全生育期 216 天左右，株高 178 厘米左右。苗期半直立，顶裂叶中等大，叶色绿色，有蜡粉，叶片长度中等，侧叠叶 2 对以上，裂叶深中等，叶脉明显。花瓣黄色，花瓣长度中等，宽中等，呈侧叠状；种子黑褐色。一次有效分枝数 7.5 个左右，中等分枝类型，单株有效角果数 298 个左右，每角粒数 22 粒左右，千粒重 3.89 克左右。硫苷含量 21.68 微摩尔/克，含油量 47.55%。低感菌核病，抗病毒病，抗寒性较强、抗裂荚性中等、抗倒性强。第一生长周期亩产 198.73 千克，比对照华油杂 12 号增产 3.13%；第二生长周期亩产 195.24 千克，比对照华油杂 12 号增产 3.14%。

中油 811：GPD 油菜(2021)420061，是中国农业科学院油料作物研究所用中双 11CA×H028 选育而成的甘蓝型半冬性化学诱导雄性不育两系杂交种。苗期半直立，叶片中等绿色，叶片长度中等，叶片宽度中等；有裂片，裂片数量 8.5 个；叶柄长度中等；主茎蜡粉少，主茎花青苷显色弱；开花期中，果身长度长，角果姿态上举；籽粒颜色黑褐色。在 2018—2020 年湖北省油菜品种区域试验中，两年平均亩产 231.83 千克，对比照华油杂 9 号增产 0.05%，亩产油量 101.26 千克，比对照华油杂 9 号增产 1.63%。平均全生育期 214 天，比对照华油杂 9 号晚熟 1 天。株高 198.25 厘米，分枝部位 115.5 厘米，一次有效分枝数 6.03 个，单株有效角果数 196.15 个，每角粒数 19.88 粒，千粒重 3.39 克。品质经农业农村部油料及制品质量监督检验测试中心抽样检测，芥酸含量 0.02%，硫苷含量 21.01 微摩尔/克，含油量 43.68%。抗病毒病、根肿病(4 号生理小种)，低感菌核病，抗倒性较强。

(3) 适宜油蔬两用品种。有中油杂 19、中油 98D、中双 9 号等。

中油杂 19：GPD 油菜(2017)420053，是中国农业科学院油料作物研究所用中双 11 号×zy293 选育而成的甘蓝型半冬性化学诱导雄性不育两系杂交种。全生育期 230 天。幼苗半直立，裂叶，叶缘无锯齿，叶片绿色，花瓣黄色，籽粒黑褐色。株高 162.7 厘米，一次有效分枝数 6.57 个，单株有效角果数 277.7 个，每角粒数 22.3 粒，千粒重 4.09 克。菌核病发病率 28.5%，病指 16.15，病毒病发病率 5.09%，病指 2.83，低抗菌核病、抗病毒病；抗倒性强。芥酸含量 0.15%，硫苷含量 21.05 微摩尔/克，含油量 49.95%。第一生长周期亩产 192.94 千克，比对照秦优 10 号增产 0.31%；第二生长周期亩产 197.75 千克，比对照秦优 10 号增产 1.11%。

(4) 优质高产品种。有中油杂 39、华油杂 158、华油杂 82、金油杂 6 号、华油杂 50、圣光 168、大地 199、中双 11 等。

中油杂 39：GPD 油菜(2020)420123，是中国农业科学院油料作物研究所用中双 11CA×5DH2900 选育而成的甘蓝型半冬性化学诱导雄性不育两系杂交油菜品种。苗期生长势较强，幼苗半直立，叶中等绿色，有裂叶，花瓣黄色。平均全生育期 205 天。株高 183.08 厘米，分枝数部位 93.65 厘米，一次有效分枝数 6.43 个，单株有效角果数 210.23 个，每角粒数 22.60 粒，千粒重 3.23 克，单株产量 14.85 克。食用油芥酸含量 0.03%，硫苷含量 21.23 微摩尔/克，含油量 47.42%。低感菌核病，抗病毒病，抗倒性强。第一生长周期亩产 198.81 千克，比对照华油杂 9 号增产 10.1%；第二生长周期亩产 236.22 千克，比对照华油杂 9 号增产 0.1%。

华油杂 158：GPD 油菜(2019)420029，是华中农业大学用 8000A×Bing409 选育而成的半冬性甘蓝型杂交油菜品种。苗期直立，叶缘绿色，叶浅缺刻，叶片中等长度，叶色浅绿色；主茎绿色，花瓣中等黄色，花瓣分离；角果上举，中等偏长，籽粒黑褐色。生育期 239 天，花期 28 天，株高 155.37 厘米，分枝部位 34.80 厘米，有效分枝 7.78 个，单株有效角果数 341.38 个，每角粒数 21.10 粒，千粒重 3.95 克。食用油芥酸含量 0.09%，硫苷含量 13.00 微摩尔/克，含油量 47.63%。低抗菌核病，抗病毒病，抗寒性较强；抗倒性较强；耐湿性较强。第一生长周期亩产 212.28 千克，比对照平均增产 5.36%；第二生长周期亩产 164.63 千克，比对照平均增产 14.71%。

金油杂 6 号：GPD 油菜(2019)420002，是湖北国科高新技术有限公司、华中农业大学用浙油 28×1-641 选育而成的半冬性甘蓝型杂交油菜品种。苗期直立，叶缘绿色，叶浅缺刻，叶片中等长度；主茎绿色，花瓣中等黄色，花瓣分离；角果上举，中等偏长；籽粒褐色。生育期 221 天，株高 149.89 厘米，有效分枝 7.02 个，单株有效角果数 298.43 个，每角粒数 20.28 粒，千粒重 4.29 克，单株产量 20.27 克。硫苷含量 22.31 微摩尔/克，含油量 46.49%。低感菌核病，抗病毒病，抗寒性中等；耐湿性强；抗倒性强。第一生长周期亩产 186.93 千克，比对照秦优 10 号增产 14.7%；第二生长周期亩产 183.00 千克，比对照秦优 10 号增产 8.5%。

圣光 168：GPD 油菜(2019)420111，是华中农业大学、武汉联农种业科技有限责任公司用 RG430A×Y522R 选育而成的甘蓝型半冬性核不育三系杂交种。在春油菜生态区全生育期 126 天左右，在冬油菜生态区全生育期 205 天左右，株高 178.6 厘米左右。苗期半直立，顶裂叶中等大，叶色绿色，有蜡粉，叶片长度中等，侧叠叶 2 对以上，裂叶深中等，叶脉明显。花瓣黄色，花瓣长度中等，宽中等，呈侧叠状；种子黑褐色。一次有效分枝数 7.2 个左右，中等分枝类型，单株有效角果数 320.7 个左右，每角粒数 20.9 粒左右，千粒重 4.06 克左右。食用油芥酸含量 0.06%，硫苷含量 34.43 微摩尔/克，含油量 48.68%。低抗菌核病，抗病毒病，抗寒性强、抗裂荚性中等、抗倒性强。第一生长周期亩产 222.90 千克，比对照华油杂 9 号增产 9.8%；第二生长周期亩产 195.37 千克，比对照华油杂 9 号增产 8.2%。

大地 199：GPD 油菜(2017)420056，是中国农业科学院油料作物研究所、武汉中油科技新产业有限公司、武汉中油大地希望种业有限公司用中双 11CA×R11 选育而成的半冬性甘蓝型杂交种。在长江中游和长江下游地区平均全生育期分别为 209 天和 227 天。苗期植株生长习性半直立，叶片颜色中等绿色，叶片裂片数量 7～9 片，叶缘缺刻程度中等。花瓣相对位置侧叠，中等黄色。角果果身长度较长，角果姿态平生。在长江中、下游地区平均株高 157.19 厘米，分枝部位高度 60.66 厘米，有效分枝数 7.04 个，单株有效角果数 264.33 个，每角粒数 19.53 粒，千粒重 4.51 克。硫苷含量 21.80 微摩尔/克、含油量 48.67%。低感菌核病，抗病毒病，耐旱、耐渍性强，抗寒性中等，抗倒性强。第一生长周期亩产 205.69 千克，比对照秦优 10 号增产 10.2%；第二生长周期亩产 176.49 千克，比对照秦优 10 号增产 10.9%。

(5) 油菜薹品种。有硒滋圆 1 号、硒滋圆 2 号、狮山油菜薹等。

硒滋圆 1 号：是王汉中院士团队依托所发掘的优异种质资源，利用聚合杂交、小孢子培育、分子标记辅助选择等现代育种手段，成功育成全球首个硒高效蔬菜杂交种硒滋圆 1 号。硒滋圆 1 号具有极强的硒富集能力，在全国多个非富硒土壤种植其油菜薹硒含量 0.01～0.07 毫克/千克，还具有高钙、高维生素 C、高氨基酸和高锌的特性，营养丰富、颜色翠绿、口感脆嫩，医疗保健功效开发潜力巨大。硒滋圆 1 号播种后 2 个月即可采摘，一次种植可采摘 3～4 茬，亩产菜薹可达 600～800 千克，配套密植栽培措施可实现更高产。

硒滋圆 2 号：是在硒滋圆 1 号品种基础上选育的专用菜用杂交种，相比于硒滋圆 1 号，硒滋圆 2 号具有更早薹、硒富集能力更强的两大优势。

狮山油菜薹：是武汉蔬博农业科技有限公司、华中农业大学、武汉市农业科学院蔬菜研究所联合研发，充分发挥产学研一体化优势，是国内首个专门用于食用的薹用油菜新品种，也是国内首个薹用油菜杂交新品种。根据农业农村部食品质量监督检验测试中心（武汉）检验结果，狮山油菜薹维生素 C 含量高达 858.6 毫克/千克。

三、油菜生产与贸易

（一）全球油菜产销

1. 全球油菜生产

油菜作为全世界主要的植物油源和饲料源，进入 21 世纪以来，发展速度很快。据联合国粮农组织（FAO）数据库资料，1950—1980 年，30 年间世界油菜籽总产量增长148%；1980—1993年，又增长了1.6倍；1990—2018年，油菜籽种植面积由2.56亿亩，发展到5.64亿亩，翻了一番多，油菜籽总产量由2430万吨，增加到7500万吨，单产由每亩95千克，提高到140千克以上（表2-2）。

表2-2 世界油菜籽生产情况

年份	面积（亿亩）	总产量（万吨）	单产（千克/亩）	年份	面积（亿亩）	总产量（万吨）	单产（千克/亩）
1971	1.2700	660	52	2010	4.8144	5985	124
1990	2.5626	2430	95	2011	5.0671	6270	124
1991	2.9784	2722	91	2012	5.1128	6506	127
1992	3.1041	2614	84	2013	5.4700	7267	133
1998	3.7323	3240	92	2015	5.2169	7117	136
1999	4.0392	4100	102	2016	4.8762	6809	140
2000	3.8766	3953	102	2017	5.3388	7637	146
2003	3.3866	3400	100	2018	5.6370	7500	140

资料来源：联合国FAO数据库。

油菜主产国家有30多个，主要分布在亚洲、欧洲和美洲，以及大洋洲，其中生产数量较多的国家有中国、加拿大、印度、法国、德国、澳大利亚、乌克兰、波兰、英国、美国；油菜籽单产水平较高的是英国、法国、德国、波兰，亩产量在200千克以上；其次是乌克兰、加拿大、美国和中国，亩产量在135～176千克（表2-3）。

2. 全球油菜籽贸易

油菜籽出口较多的国家有加拿大、法国、澳大利亚、德国、美国，出口油菜籽数量分别占全球出口总量的36%、20%、15%、6%和2%。

油菜籽进口较多的国家有中国、日本、德国、比利时、美国和英国，进口油菜籽数量分别占全球进口总量的27%、20%、13%、7%和3%。

表 2-3　1990—2022 年世界油菜籽主产国家生产数据

国家	1990 年		2010 年		2022 年	
	面积（万亩）	单产（千克/亩）	面积（万亩）	单产（千克/亩）	面积（万亩）	单产（千克/亩）
世界	25626	95	48144	124	53246	136
中国	8255	84	11054	118	10147	138
加拿大	3945	84	10287	124	12488	156
印度	7050	60	8370	79	11250	81
法国	1040	194	2198	219	1671	197
德国	1085	200	2192	260	1437	246
澳大利亚	110	104	2543	75	3051	75
乌克兰			1295	114	545	153
波兰	690	174	1418	157	1472	203
英国	596	207	963	232	570	182
美国	45	145	870	128	1092	144

资料来源：联合国粮农组织（FAO）统计。

（二）中国油菜籽生产

1. 中国油菜产区划分

我国油菜以长江、黄淮流域生产为主，以六盘山和太岳山为界线，大致分为冬油菜和春油菜两大产区。六盘山以东和延河以南、太岳山以东为冬油菜区；六盘山以西和延河以北、太岳山以西为春油菜区。

（1）冬油菜区。集中分布于长江流域各省及云贵高原。种植面积约占全国油菜总面积的 90%，总产量约占全国总产量的 90%以上。冬油菜又分 6 个亚区，分别为华北关中亚区、云贵高原亚区、四川盆地亚区、长江中游亚区、长江下游亚区和华南沿海亚区。其中四川盆地、长江中游、长江下游三个亚区是冬油菜的主产区，均以水稻生产为中心，实行油—稻、稻—稻—油的一年两熟或三熟制。

（2）春油菜区。种植面积产量均只占全国油菜的 10%左右。春油菜分为 3 个亚区，分别为青藏高原亚区、蒙新内陆亚区和东北平原亚区。

2. 中国油菜生产

在20世纪50—70年代,种植面积稳定在2500万亩,1975年超过3000万亩,1980年发展到4266万亩,1985年上升到6741万亩,1990年达到8255万亩,1995年突破1亿亩,达到1.0361亿亩,2000年发展到1.12416亿亩,一直持续到2015年。2016—2019年,下降至9874.5万亩(表2-4)。

表2-4 中国油菜籽生产情况(1978—2020)

年份	面积(万亩)	总产量(万吨)	亩产(千克)	年份	面积(万亩)	总产量(万吨)	亩产(千克)
1978	3910.0	186.8	48	2010	10974.0	1278.8	116.5
1980	4266.0	238.4	56	2015	10541.5	1385.9	131.5
1985	6741.3	560.7	83	2016	9934.2	1312.8	132.1
1990	8255.1	695.8	84	2017	9979.5	1327.4	133.0
1995	10361.0	977.7	94.4	2018	9825.9	1328.1	135.2
2000	11241.6	1138.1	101.2	2019	9874.5	1348.5	136.6
2005	10917.7	1305.2	119.5	2020	10147	1404.9	138.0

资料来源:1978—1995年为《中国农村经济统计资料(1949—1996)》,2000—2020年为《中国农村统计年鉴2021》。

2019年油菜生产面积在200万亩的有13个省市区,其中稳定在1000万亩以上的有四川、湖南、湖北三个省,四川省油菜面积为1827.8万亩,油菜籽总产量296.45万吨;湖南省种植面积1833.3万亩,总产量208.01万吨;湖北省种植面积1399.5万亩,总产量211.35万吨(表2-5)。

表2-5 2019年油菜主产省生产情况

省市	面积(万亩)	总产量(万吨)	亩产(千克)	省市	面积(万亩)	总产量(万吨)	亩产(千克)
江苏	238.7	50.45	211.4	四川	1827.8	296.45	162.2
内蒙古	369.3	38.98	105.6	贵州	746.6	77.25	103.5
安徽	535.5	87.28	163.0	云南	384.2	54.10	140.8

续表

省市	面积（万亩）	总产量（万吨）	亩产（千克）	省市	面积（万亩）	总产量（万吨）	亩产（千克）
江西	724.5	68.87	95.1	陕西	263.9	37.26	141.2
湖北	1399.5	211.35	151.0	甘肃	262.4	35.61	135.7
湖南	1833.3	208.01	113.5	青海	218.7	28.66	131.0
重庆	375.3	49.89	132.9				

资料来源:《中国农村统计年鉴 2020》。

（三）湖北省油菜生产

湖北省地处长江中游，气候、土壤、耕作制度都比较适合油菜生产。20世纪 50—70 年代，油菜种植面积在 200 多万亩，1985 年发展到 542 万亩，1990 年达到 1116.5 万亩，2000 年突破 1700 万亩，最高年是 2004 年，面积 1779.2 万亩，总产量 235.1 万吨，亩产 132.1 千克(表 2-6)。

表 2-6 湖北省油菜籽生产情况

年份	面积（万亩）	总产量（万吨）	亩产（千克）	年份	面积（万亩）	总产量（万吨）	亩产（千克）
1978	247.9	10.7	43.2	2010	1634.2	220.4	134.9
1980	263.7	11.6	44.0	2015	1605.8	226.0	140.7
1985	542.1	41.1	75.8	2016	1475.4	211.1	143.1
1990	1116.5	70.9	63.5	2017	1456.8	213.2	146.3
1995	1258.2	146.2	116.2	2018	1399.5	205.3	146.7
2000	1738.4	192.4	110.7	2019	1407.5	211.4	150.2
2004	1779.2	235.1	132.1	2020	1551.6	241.1	155.4
2005	1768.0	219.2	124.0				

资料来源:《湖北农村统计年鉴 2021》。

油菜生产大县 35 个，2021 年油菜面积超过 20 万亩的有 21 个县市区，其中面积最多的是监利市，达到 115 万亩，其次是仙桃市 80.7 万亩，沙洋县 70.9 万亩，天门市 57.7 万亩，公安县 51.8 万亩，钟祥市 52.4 万亩(表 2-7)。

表 2-7　湖北省油菜大县生产情况

县市	2004 年			2021 年		
	面积（万亩）	总产（吨）	亩产（千克）	面积（万亩）	总产（吨）	亩产（千克）
监利	83.4	90546	108.6	115.0	137578	119.6
仙桃	79.8	128775	161.4	80.7	122930	152.3
沙洋	59.9	102960	171.9	70.9	122828	173.2
天门	90.7	98410	108.5	57.7	91738	159.0
公安	60.2	99092	164.6	51.8	103961	200.7
钟祥	60.2	89183	148.1	52.4	85102	162.4
黄梅	37.3	46653	125.1	46.1	71423	154.9
洪湖	31.2	55016	176.3	39.4	79406	201.5
咸安	26.1	27897	106.9	40.1	44053	109.9
武穴	32.2	52515	163.1	39.7	67143	169.1
赤壁	23.6	19558	82.9	33.4	38332	114.8
蕲春	22.1	24130	109.2	23.2	44959	193.8
当阳	37.2	57514	154.6	35.6	52972	148.6
阳新	26.9	21393	79.5	28.1	42045	149.6
浠水	40.3	53841	133.6	35.5	55980	157.7
麻城	34.5	38107	110.5	28.7	45888	159.9
京山	28.0	40123	143.3	26.9	45449	169.0
大冶	26.2	26262	100.2	26.8	42170	157.4
潜江	54.0	93323	172.8	23.6	37600	159.3
掇刀	37.9	59267	156.4	22.9	35732	156.0
石首	33.9	47539	140.2	26.5	44186	167.0

资料来源:《湖北农村统计年鉴 2022》。

第二节　油菜的生育进程与产量形成

一、油菜的生育期与器官构成

（一）油菜的生育期

油菜从播种到成熟，所需要的时间，因油菜不同类型、品种、地区自然条件和播种期早迟等相差很大。白菜型品种全生育期150～200天，芥菜型品种160～210天，甘蓝型品种170～230天。湖北省对甘蓝型油菜品种熟期划分标准大致为：5月5日以前成熟的为早熟，5月6—10日成熟的为中熟，5月11日以后成熟的为晚熟。

油菜的一生是自种子萌发到新的种子成熟的全过程。可划分为发芽出苗期、苗期、蕾薹期、花期和角果发育成熟期，各个阶段的生长发育特点各不相同。

1. 发芽出苗期

指油菜播种到幼苗子叶出土平展经历的时期。

油菜种子无明显休眠期，成熟的种子播种后条件适宜即可发芽。种子发芽最适宜温度为25℃，低于3～4℃或高于36～37℃都不利于发芽。一般5℃以下需20多天才能出苗，16～20℃时3～5天即可出苗。发芽以土壤水分为田间最大持水量的60%～70%较为适宜，种子需吸水达自身干重60%左右。油菜发芽需氧量较高。

种子吸水膨大后，胚根先突破种皮，幼根深入表土2厘米左右时，根尖生长出许多白色根毛。胚芽向上伸长，幼茎直立于地面，两片子叶张开，颜色由淡黄转绿，达到出苗期。

2. 苗期

油菜从幼芽出苗到现蕾的一段时期为苗期。

此期是冬油菜生育期中最长的一个时期，如长江流域甘蓝型中熟品种苗期为120天左右，约占全生育期的一半。常根据其生育差异再划分为苗前期和苗后期。一般从出苗至开始花芽分化为苗前期，是营养生长期；开始花芽分化至现蕾为苗后期，在旺盛的营养生长的同时，伴随着生殖器官的生长与发育。也有按冬至作为划分苗前期和苗后期的界线。但是上述两种方法都不便于观察操作，按花芽分化始期划分，虽然比较准确，但是田间观察直观性差，且需要损苗观察；按冬至节气划分，又因受品种、播期及气候等影响，预测准确性差。生产上以第一片短柄叶展开作为分界线，既直观又比较准确，是一种较好的形态鉴别方法。

苗前期，为营养生长期，主要是生长根系、缩茎、叶片等营养器官。子叶平展后的5天左右，开始长出第一片真叶，气温在20℃时4～6天长出一片真叶。长江流域冬季气温低，油菜叶片有明显的停滞生长阶段，称为越冬期。越冬前的油菜叶片数与油菜籽产量呈明显的正相关，俗语有“年前多长一片叶，年后多生一个枝，每亩多收十斤籽”。苗后期，为营养生长与生殖生长并进阶段，营养生长仍占绝对优势，主根膨大，幼苗健壮，分化较多的有效花芽，有利于壮苗早发，安全越冬，打好高产基础。

3. 蕾薹期

从现蕾至初花的一段时间，称为蕾薹期。

长江流域冬油菜甘蓝型中熟品种蕾薹期30天左右，是油菜一生中生长最快的时期。茎或分枝的顶端分化成花蕾，茎的伸长称为抽薹。至于是先现蕾还是先抽薹，因油菜的类型不同有少许差异，甘蓝型半冬性油菜一般在现蕾之前基部茎段，已开始缓慢延伸，现蕾后主茎加速生长，节间明显可见，当主茎高达10厘米时进入抽薹期。蕾薹期的长短主要受此期温度的影响，过长或过短均不利于油菜的高产。

油菜蕾薹期是营养生长与生殖生长并进时期，仍以营养生长为主，表现在主茎伸长、增粗，叶片面积迅速增大，到主茎开花时主茎上的叶片全部出齐，短柄叶腋一次分枝不断发生；根系继续伸展，活力增强。生殖生长由弱转强，花蕾不断分化发育长大，花芽数迅速增加，至始花期达最大值。

蕾薹期是搭好丰产架子的关键时期，要求达到春发、稳长、枝多、薹壮。冬油菜一般初春后气温5℃以上时现蕾，10℃以上时迅速抽薹。温度高则主茎生长太快,易出现茎薹纤细、中空和弯曲现象;温度低于0℃则易裂薹和死蕾。

4. 开花期

油菜始花到开花结束阶段,称为开花期。又分为初花期、盛花期、终花期,即田间有25%的植株开花为初花期,75%以上的花序开花为盛花期,75%以上的花序完全谢花为终花期。

初花期主茎上的叶都长齐,叶片数最多,叶面积达到最大;盛花期根、茎、叶等营养生长基本停止,主茎下部的叶片功能几乎全部丧失。生殖生长转入主导地位,表现在花序不断伸长,边开花边结角果,因而此期为决定角果数和每果粒数的重要时期。

开花期需要12～20℃的温度,最适宜温度为14～18℃,气温在10℃以下开花数量显著减少,5℃以下不开花,低温易导致花器脱落,产生分段结实现象。温度高于30℃时虽开花,却结实不良。相对湿度为70%～80%,低于60%或高于94%都不利于开花,降雨会显著影响开花结实。开花期为油菜对土壤水分反映的临界期,缺水会影响开花或花器脱落。

5. 角果发育成熟期

指终花到角果种子成熟的一段时期。

此期一般30～35天,叶片逐渐衰亡,光合器官逐渐被角果取代,角果体积增大,幼胚发育,种子体积膨大,油分和其他营养物质快速积累,是决定粒数、粒重的时期。

此期需要适宜的温度为20℃,日均温度在15℃以下中晚熟品种不能正常成熟,温度过高则易造成逼熟现象,种子千粒重不高,含油量降低。昼夜温差大和日照充足有利于提高产量和含油量。土壤水分以田间最大持水量的70%为宜,田间渍水或过于干燥易造成早衰,产量和含油率降低。

不良的气候条件、缺硼等,会导致植株物质不能有效地转移至角果,易造成油菜开花受精不良、角果发育不完善,出现花器脱落或萝卜角(一个角果籽粒数在5粒以下),进而在叶腋又出现分枝、现蕾、开花的现象,称为油菜翻花(表2-8、图2-2)。

表 2-8 油菜生长发育进程

萌发	出苗	苗前期	苗后期	现蕾	抽薹	始花	盛花	终花	灌浆成熟
发芽出苗期		苗期		蕾薹期		开花期			角果成熟期
营养生长期			营养和生殖生长并进期，营养生长为主			由营养和生殖生长两旺转为以生殖生长为主			生殖生长期
>3～5 天		80～120 天		30～50 天		20～30 天			约 30 天
9 月、10 月		10 月、11 月	12 月、1 月	2 月		3 月上旬至 4 月上旬			4 月中旬至 5 月上旬

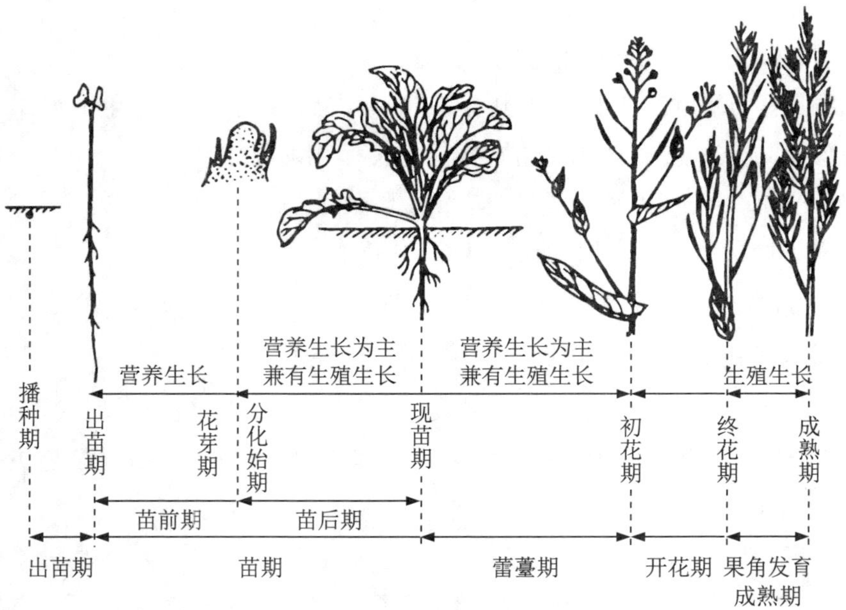

图 2-2 油菜生育进程示意图

（二）油菜的器官构成

油菜的器官包括种子、根、茎、叶、花、角果等。

1. 种子

种子是油菜的储藏器官，也是繁殖器官。油菜种子为圆形，较小，千粒重 3 克左右，大粒种子可达 4.5 克以上。种皮颜色有褐色或黄褐色、黄色。种子由种皮、胚乳和胚三部分组成。胚位于种子中央，由胚根、胚芽和子叶组成，两片子叶占种子比重的大部分，种子在土壤中萌发，胚根伸入土壤形成根系，下胚轴伸长将两片子叶顶出土，所以，油菜属双子叶植物。胚芽随着生育进程依次分化出叶、茎等器官。胚外包裹了一层由较多的蛋白质组成的胚乳遗迹大细胞。再外面就是由基层细胞组成的表皮，表皮通常有一层排列整齐的薄壁细胞色素层，若这层色素淡或无，就可见黄色的胚乳、子叶等内部结构，这类油菜又称为黄籽油菜，与含油量的高低呈正相关。油菜种子的主要成分有水分、脂肪、蛋白质、糖类、维生素、矿物质、植物固醇、植酸、多酚、磷脂和色素等，是人类栽培油菜收获的重要利用器官，是形成油菜产业的物质基础。

2. 根

油菜属直根系，其根由主根、侧根、支根和细根所组成。移栽油菜根系则像须根系。根的作用主要是吸收养分和水分。直根可伸入 100 厘米以上的深土层，支系根分布在 20～30 厘米的耕作层。根系水平拓展范围为 40～50 厘米，也有大到 100 厘米宽度的。适度干旱和深施肥、重施磷肥有利于根系的向下分布。油菜根系发育的好坏直接影响到叶片数和叶面积，根深才能叶茂，壮苗必先壮根，渍害正是通过抑制根系的发育而造成危害的。此外，根还具有支撑油菜植株的作用。

3. 茎

油菜的茎分为根茎和主茎。伸长的下胚轴成为幼茎，到第一片真叶展开时就不再伸长，并随着幼苗生长而变粗、木质化。一般从子叶节以下，至开始发生侧根的这段幼茎成为根茎。根茎是根到茎的过渡阶段，其粗细、长短、直立状态是决定油菜抗倒性和产量高低的重要因素。油菜主茎由下到上分为缩茎段、伸长茎段和薹茎段。缩茎段位于主茎基部，节间短缩密集，圆形无棱，着生长柄叶。冬油菜有明显的缩茎段，而春油菜则不明显。油菜的缩茎段节间一般不伸长，若油菜苗期阴雨寡照、密度过大或者移栽不及时，则缩茎段就伸长，俗称高脚苗，不利于抗倒和夺高产。主茎中部成为伸长茎，着生短柄叶。薹茎段位于主茎上部，顶端着生主花序轴，节间依次变短，着生无柄叶。

茎是油菜的养分运输和贮藏的主要器官，绿色的茎也能够进行光合作用合成养分。营养生长期为肉质茎，长大变粗，贮藏养分；始花后干物质迅速增加，逐渐充实，不断积累贮藏物质；角果发育成熟期，茎秆贮藏的物质逐渐分解转移至角果，供种子发育充实，自身木质化、空心化。

茎组织由外向内由表皮、皮层和中柱组成，主要是通过皮层的细胞分裂达到增粗的目的。茎的粗细与着生的一次有效分枝、每株角果数等产量性状有密切关系。茎中的纤维素含量及构成对油菜的支撑作用有很大的影响。

油菜的每一叶腋都有 1 个腋芽，腋芽的节间伸长形成分枝。着生在主茎上的分枝叫第一次分枝，由第一次分枝的腋芽发育形成的分枝称为第二次分枝，依此类推。油菜属无限分枝、无限花序型，生产上就单位面积来计算并不是分枝越多，产量就越高，很多下部分枝因得不到光照和养分而成为无效分枝，油菜倒伏以后又分出的枝，开花结果遇高温通常瘪子多。油菜的分枝习性决定了油菜的植株形态，下生分枝型的株型呈丛生状；上生分枝型的株型呈扫帚形；匀生分枝型的株型则呈扇形（图 2-3）。

图 2-3　油菜的分枝习性

4. 叶

叶是油菜进行光合作用，合成油菜生长所需的大部分营养，也是进行蒸腾作用和呼吸作用，提供物质运输动力的主要器官，分为子叶和真叶。种子出苗，胚乳部分长成子叶，子叶储藏的养分是初期油菜生长的营养来源，也能进行光合作用制造养分。油菜子叶以上的胚轴伸长形成茎，茎各节点着生的叶叫真叶，分为长柄叶、短柄叶和无柄叶，由下向上依次分化而出。油菜一生分化的真叶多达 30 多片，不同时期分化出不同类型的叶片，所合成的养分贮藏在茎、根中。每片叶片都有分化、生长、衰老的过程，并逐步脱落。油菜叶片的大小、颜色、缺刻、刺毛、蜡质柄的长短、叶脉等均是区分不同品种的重要形态标记(图 2-4)。

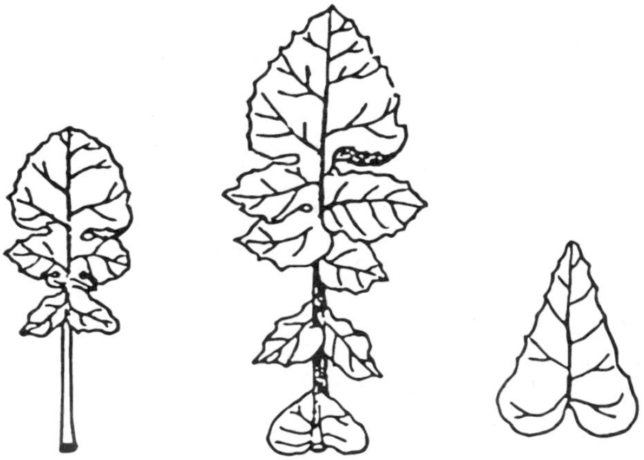

图 2-4　甘蓝型油菜的 3 种叶型

5. 花

油菜的花由外向内依次为花柄、花萼、花冠、雄蕊、雌蕊、蜜腺等，为雌雄同花。花柄着生在花轴上，发育成果柄。花萼由 4 片完全分离且狭长的萼片所组成，蕾期呈绿色，花期其色泽逐渐转淡呈黄绿色。花冠由 4 枚花瓣组成，花瓣下部较窄，呈带状，上部较宽，色黄或淡黄，也有白色，其外形及排列形状(分离或重叠)、色彩是鉴别品种的重要依据。花冠完全展开后呈“十”字形，所以油菜属十字花科。雄蕊由四长两短共 6 枚组成，又称四强雄蕊。每枚雄蕊由细长的花丝顶着两瓣花药组成，花药囊状利于花粉(雄性生殖细胞)发育，细长的花丝确保花药高过雌蕊利于授粉。花药萎缩败育、花丝不伸长是雄性不育系的典型特征。雌蕊由子房、花柱和柱头组成，细长，瓶状。子房位于基部，由两个心皮组成（也有变异为多个的，称为多室油菜），内面胚珠受精后发育成种子，子房发育成果实。柱头是接受花粉并决定花粉萌发与否与质量好坏的重要器官，最后和花柱一起发育成果喙。蜜腺位于花朵基部雌蕊与子房之间，共4枚，呈绿色。位于两个短雄蕊下面的蜜腺，蜜汁丰富；而位于两对长雄蕊下面的蜜腺，不分泌蜜汁。油菜属于常异花授粉作物，通常是雌蕊接受同一朵花的雄蕊受精结实，但一般接受同一品种的不同花的花粉或不同品种的花粉也可以结实。有的品种雌蕊接受同一朵花的花粉而不能正常结实，这种现象称为自交不亲和性，是利用杂种优势的一种重要途径。

一株油菜的许多花组成花序，油菜属总状无限花序。在一定的条件下，油菜花序可以无限分枝，开花。生产上的油菜一般有近千朵花，其中主花序上有100多朵，这是考察品种产量潜力的重要指标。

6. 角果

雌蕊受精发育成角果，由下到上依次是果柄、果身和果喙。果喙由花柱和柱头发育而来，一般为角状，故油菜的果成为角果，也有像平头等其他的形状，可以据此鉴别不同品种，特别是有些雄性不育系的果喙具有明显特征。果身由子房发育而来，一般为2室，少见3室或多室，由果柄与花轴相连。果柄由花柄发育而来，一个果柄上着生1个果身，有见2个或3个，成为复果油菜。果柄与花序轴连接的角度大小及角果的着生方向，分为直生型（果柄与花序轴呈近似90°角，果身与花序轴呈垂直状）、斜生型（果柄与花序轴呈40°～60°角，角果在花序轴上呈斜上着生）、平生型（果柄与花序轴呈20°～30°角，角果向上生长，果身与花序轴近于平行）和垂生型（果柄与花序轴所成角度大于90°，果身下垂），这是区分油菜品种的重要标志。

角果既是着生种子，形成产量的重要器官，同时角果本身也是重要的光合器官，其合成营养直接提供种子发育所需。选择合适的角果着生形态的品种，通过栽培技术形成合适的角果冠层，提高角果的光合利用效率是夺取油菜高产的重要途径。

二、油菜温光反应特性

油菜能顺利地完成生长周期，需要一定的外界环境条件，这是油菜长期适应不同地区的生态条件所形成的特性。同一品种生长周期的长短，则主要与油菜从营养生长进入生殖生长的迟早有关，使生殖生长开始迟或早的主要因素是苗期的温度和光照条件。这种在长期系统发育过程中，形成的对一定温度光照条件的感应性称油菜的感温性和感光性。

（一）油菜的感温性

油菜一生中必须经历一段较低的温度条件，才能完成花芽分化，实现由营养生长阶段向生殖生长阶段的转变，进入到现蕾和开花结实。否则就停留在营养生长阶段。根据不同的油菜品种的感温特性，可以分为 3 种类型。

1. 冬性型

这类品种对低温要求严格，于 0～5℃条件下，经过 20～40 天才能进入生殖生长。冬油菜中的晚熟、中晚熟品种属于这一类，如甘蓝型晚熟品种跃进油菜、胜利油菜，及中晚熟双低品种中双 2 号等。

2. 半冬性型

这类品种要求一定的低温条件但对低温要求不严格，一般在 3～5℃条件下，经 20～30 天，即可通过感温阶段开始生殖生长。一般冬油菜中熟、早中熟品种属此类，如很多甘蓝型品种秦油 2 号、中油 821、湘油 11 号、华杂 2 号、华杂 3 号等，以及长江中下游中熟白菜型品种均属此类。

3. 春性型

这类品种可在较高温度下通过感温阶段。一般 5～15℃条件下，15～20 天甚至更短的时间，即可通过感温阶段，开始生殖生长。冬油菜的极早熟，早熟品种和春油菜品种均属此类，包括我国华南地区白菜型及甘蓝型极早熟品种，西南地区白菜型早中熟和早熟品种及西北地区的春油菜品种等。如甘蓝型早熟品种黔油 2 号、甘蓝型春油菜品种陇油 1 号（高油分，低芥酸）、白菜型早熟品种门油 4 号，以及白菜型早中熟品种青油 3 号（低芥酸）等。

（二）油菜的感光性

油菜发育中还必须满足其一定长光照的要求，才能现蕾的特性是油菜的感光性。油菜是一种长日照作物，不同品种的感光性与其地理起源和原产地生长季节中白昼的长短有关，一般将油菜不同的品种分为两种类型。

1. 强感光型

春油菜在开花前经历的光照强，故一般对光照长度敏感，开花前需经过14～16小时平均日照长度。

2. 弱感光型

冬油菜在开花前一般经历的光照较短，故对长光照不敏感，花前需经历的平均日长为11小时。

（三）油菜温光反应特性在生产实际中的应用

1. 引种

所引进的品种能否适应当地的自然气候条件与品种本身的温光特性关系很大。如将我国北方冬性强的冬油菜引到南方种植，因不能满足其低温要求，所以发育慢，成熟迟，甚至不能抽薹开花。反之若将西南地区春性强的冬油菜品种向北方引种，需注意播种期，秋播过早则发育快，易早薹早花。一般长江中下游中熟品种可互相引种，而西南、华南春性较强的品种，则不适应引入长江中下游种植，但可以引入华南等省，西南半冬性品种可引入长江中下游栽培。

2. 品种的选择与搭配

在不同的气候条件及作物栽培制度下必须选用不同特性的品种。一般来说，甘蓝型油菜在我国大部分地区种植能够高产稳产，但在春油菜产区尤其是西部高寒地区仍以种植芥菜型和白菜型油菜较多，特别是生育期短的白菜型早熟品种，以适应春种夏收或夏种秋收。在长江流域三熟制地区，则必须选用早中熟或中熟的半冬性品种，两熟地区则可以选用中晚熟，苗期生长慢的冬性品种，以利争取更高的产量。在华南沿海地区由于冬季气温高，只有春性型生育期短的品种才能正常发育，而且该地区春季雨水较多不利于油菜结果、成熟及收获，适宜栽培白菜型和极早熟的甘蓝型的品种（如泸州5号）。

3. 栽培管理

不同感温性的品种，播种期的选择有一定的差异。春性强的品种应适当迟播，若秋季过早播种会发生早薹早花，易遭冻害；而冬性强的品种应适时早播，以利用冬前时间促进其营养生长，壮苗越冬，以利于高产。春性品种发育快，田间管理应提早进行，否则营养不足，产量不高。

三、油菜的产量形成及高产途径

（一）油菜产量的构成因素

油菜的产量是由单位面积上的角果数、每果粒数和粒重三个因素所构成，三者之积则为单位面积产量。

$$\text{油菜单位面积产量(千克)} = \text{单位面积角果数} \times \text{每果粒数} \times \frac{\text{千粒重}}{1000(\text{克}) \times 1000}$$

在构成产量的3个因素中，以单位面积的角果数变异最大，不同栽培条件常能相差1～5倍，因此它是大面积生产中调节潜力最大的产量因素，并且与产量形成一定的比例关系，基本上为1万个角果可以获得0.5千克种子。每果粒数和粒重变异幅度则较小，不同栽培条件下，相差最多不超过1倍，若为同一品种，则变量更小，一般每果粒数变化范围在10%以内，千粒重在5%以内。不过当产量上升到一定程度，单位面积角果数已达到较高水平时，每果粒数与粒重对产量的影响则不可忽视。

（二）产量构成因素的形成

1. 单位面积角果数

单位面积角果数是单位面积株数和单株角果数的乘积，因而单位面积角果数的增加依赖于两者的提高。

（1）单位面积的株数。即密度，一般来说通过增加密度来提高产量，效果是比较明显的。但增加密度有一定限度，超过一定的密度，特别是在肥沃的土壤上，产量不仅不能提高，甚至得到相反的效果。因此应根据品种、气候、土壤、栽培水平等确定适宜的种植密度。

（2）单株角果数。主要由主花序角果数、一次分枝角果数及二次分枝角果数构成。其中一次分枝角果数是主要的，约占全株角果数的70%。因此增加单株角果数应以增加一次分枝数与每个分枝上的角果数为主。适时早播，培育壮苗，合理密植与施肥都可提高成枝率，而提高每枝上的角果数除了上述方面外，还应防止蕾、花、角果的脱落。

2. 每角粒数

油菜的每角粒数与每角胚珠数多少，胚珠受精率和结合子发育率有关。每角胚珠数的多少除与品种特性有关外，胚珠分化期间的植株长势和栽培条件也有很大影响，整株花的胚珠数约在现蕾前至开花期决定。天气晴朗适于昆虫活动，或养蜂传粉，人工辅助授粉都有利于提高胚珠受精率。每果结合子发育率与油菜后期长势和栽培条件好坏有关。

3. 粒重

油菜籽粒养分来源于 3 个方面：薹、枝、叶绿色部分的光合产物（约占 20%），绿色角果光合产物（约占 40%）和植株体内贮藏的物质（约占 40%）。因此要增加粒重，必须保证油菜开花后叶片、茎枝和角果皮有较旺盛的光合能力和保持根系的活力，使籽粒获得充足的营养。

目前较多的研究结果表明，在中低产田应主攻角果数，在高产和更高水平，则有主攻果粒数、粒重。在目前生产条件下，要获得每亩 150～200 千克的高产，必须每亩有角果数 300 万～400 万个，每角果有 20 粒以上的种子，千粒重 3.5 克左右。

（三）油菜高产途径

1. 油菜冬发高产途径

油菜在冬季生长有大有小，幼苗有 5～6 片绿叶越冬、叶面积指数 0.4 以上，苗架像饭碗般大小的叫冬养类型；幼苗有 7～8 片绿叶，叶面积指数 0.8 左右，苗架像菜碗般大小的叫冬壮类型；幼苗有 9～10 片绿叶，叶面积指数 1.5 以上，苗架似钵子般大小，开盘直径在 30 厘米以上者，称冬发类型。一般条件下，冬养油菜亩产量 100 千克左右，冬壮油菜为 150 千克左右，冬发油菜可达 200 千克左右，因而冬发曾是 20 世纪 80 年代油菜重要的高产途径。冬发技术改变了我国以前油菜小苗越冬的状况，并且在研究中发现，在 6～12 片叶范围内，越冬植株每增加 1 片叶，年后亩产量提高 15.4 千克；最大叶长在 10～39 厘米范围内，越冬期每增加 l 厘米，年后提高产量 3.7 千克；最大叶宽在 5～19 厘米范围内，越冬期每增加 1 厘米，年后产量增加 10.4 千克，应用冬发技术，需采用甘蓝型中熟品种，移栽 6～7 片叶的大壮苗，80% 的肥料在冬前施用，其中底肥约占 50%，并注意防止菌核病。

2. 油菜秋发高产途径

油菜在秋末开盘发棵称秋发。即油菜在11月底有绿叶9～10片，叶面积指数1.5～2，每亩植株干重150千克以上；而到越冬前(12月底)，植株绿叶达12～13片(四川13～14片)，叶面积指数2.5～3，每亩植株干重250千克以上，这种油菜称为秋发生长型油菜。秋发油菜具有光能利用率和生物产量高，角果数多，肥料利用率高，抗寒性强等特点。经系统研究表明，在长江中上游两熟制地区，秋发油菜亩产量200千克以上，长江下游为225千克以上，比冬发型增产30%。秋发栽培也需选用增产潜力大，抗性强，高产稳产的中迟熟甘蓝型双低良种，应比冬养型提早播种10天以上，10月上中旬移栽4～6片叶壮苗。经综合评述模型的优化解析结果，秋发栽培育苗移栽模式为：9月5—10日育苗，苗龄29～35天，密度8000～10000株/亩。大田直播模式为：9月下旬至10月上旬播种，每亩留苗密度2.5万～3万株。每亩施氮素(N)15.7～17.5千克，五氧化二磷(P_2O_5)为7.2～7.5千克，产量可达220千克以上。秋发高产技术主要适合于长江中上游地区推广，近年来已发展到江西、安徽、浙江、江苏等省。这项技术在冬发的基础上，进一步打破了长期存在的油菜栽培要安全越冬，开春促发的概念，使油菜的产量有了大的突破。

第三节 油菜栽培技术

一、播种前准备

(一)制订油菜种植计划

1. 依据区位优势制订种植面积计划

制订油菜种植面积计划时，需要考虑国家对发展油菜生产的宏观政策，市场对油菜籽的供求状况，以及当地发展油菜生产的区位优势，因地制宜地制订出切实可行的种植计划。

湖北省地处长江中游的江汉平原腹地，既是全国油菜的主产区、高产区，又是最早推广普及双低优质油菜生产区，区位优势十分明显。80%的基本农田适宜油菜生产，尤其是江汉平原、鄂东丘陵及鄂北岗地，生态条件、耕作制度、种植习惯等，都比较适宜发展油菜生产。除沿江滨湖地区的低洼渍涝、稻虾共作水田，以及山区冷浸烂泥田，都可以种植油菜，注意恰当安排好与其他越冬作物小麦、马铃薯、蔬菜等种植田块的布局。

2. 依据生产条件制定产量指标

在制定油菜生产产量指标时，要依据当地的自然气候、土壤性质、劳动力和农业机械动能、物质投入等条件，做到以地定产。

(1) 生态条件。首先要考虑气象条件。气温、降水、日照是否适宜油菜生长发育，满足甘蓝型优质高产油菜品种所需的条件。其次是土壤肥力。是土壤物理、化学和生物学特性的综合反映。土壤肥力有自然肥力和人为肥力，这里所说的土壤肥力，指的是在耕作、施肥、灌溉及其他技术措施等人为因素影响作用下，所产生的耕作化过程而形成的肥力。全省耕地土壤按其性状和肥力划分，上等和中等肥力的土壤占耕地面积 76.3%，大面积土壤肥力水平，都有亩产油菜籽 200 千克左右的能力，一部分高肥力的可达 250 千克以上。

(2) 种植条件。油菜种植方式比较多，有育苗移栽、大田直播，包括翻耕整地直播、免耕直播，在直播方式上，又有机械条穴播种、无人机播种、器械喷播和人工撒播等。育苗移栽和大田翻耕整地机械条穴播种，是高产的种植方式，油菜籽亩产量可达 200 千克以上；无人机播种、器械喷播和人工撒播，是轻简化生产的种植方式，每亩可产油菜籽 200 千克左右；大田免耕直播是抗灾保产能的种植方式，每亩可收获油菜籽 100～150 千克。

3. 依据生产效益制定投入成本

据《中国农村统计年鉴 2022》全国种植业产品成本与收益资料，2021 年，全国油菜籽亩均产量 135.2 千克，合计产值 823.7 元，总成本 926.9 元，其中生产成本 805.7 元，(包括物质与服务费 262.5 元、人工成本 543.3 元)，土地成本 121.2 元，净利润－103.2 元。

提升油菜生产效益的主要措施，一是依靠科技，提高单位面积产量，增加产值收入；二是节本增效，推广机械化、轻简化，降低生产成本，尤其是节省人工投入;三是综合开发,三产融合发展,提升经济效益。

(二)优选适宜种植区域

根据油菜生产对生态条件的要求,以及农业环境条件对油菜作物的适应程度等,进行综合分析,将湖北省油菜划分为四大种植区。

湖北省 2021 年油菜籽面积 1641 万亩,总产量 251.8 万吨,亩产 153.4 千克。

1. 江汉平原油菜区

包括荆州市,荆门市的沙洋、东宝、掇刀,仙桃,天门,潜江,武汉市蔡甸、江夏、汉南、东西湖,孝感市汉川、云梦、应城,咸宁市嘉鱼,宜昌市当阳、枝江等,是全省油菜面积最大、总产量最多、单产居高的优势区。2021 年,油菜面积 708 万亩,油菜籽总产量 116.2 万吨,亩产 165 千克。

2. 鄂东油菜区

包括黄冈市、黄石市、咸宁市(不含嘉鱼)、鄂州市、武汉市的黄陂、新洲,孝感市的孝南、孝昌、大悟等,是全省第二大优势生产区。2020 年,油菜面积 504 万亩,油菜籽总产量 74.6 万吨,亩产 148 千克。

3. 鄂北油菜区

包括襄阳市(除南漳、谷城、保康),荆门市的钟祥、京山,孝感市的安陆等。生态气候条件比较好,尤其是油菜开花至成熟期间的温、光、水适宜,昼夜温差大,病虫害极轻,有利于油菜籽灌浆结实,产量高、品质优。2020 年,油菜面积 175 万亩,油菜籽总产量 29.0 万吨,亩产 169 千克。

4. 鄂西山地油菜区

包括恩施州、十堰市、襄阳市的南漳、谷城、保康,宜昌市(不含当阳、枝江),神农架林区等。2020 年,油菜面积 251 万亩,油菜籽总产量 31.4 万吨,亩产 128 千克。

(三)优选适宜油菜良种

1. 优良品种

应具备 5 个方面的主要条件:一是丰产性,在一定条件下种植,能够获得比较高的产量;二是优质性,所生产的产品品质较优,油菜籽达到双低标准,符合加工要求；三是抗逆性，能够抵抗或较耐当地不良天气和油菜菌核病等主要病害；四是适应性，能够满足当地气候条件下种植制度的需要；五是稳定性，种子遗传性状相对稳定，形态特征和生物学特性一致。

各地可因地制宜选用中油杂28、大地199、中油杂19、华油杂62、圣光128、利油杂1号、T2159、天油杂283、华919、利油618、阳光2009、文油99、中双11号、希望699。同时，积极示范华油杂28、阳光50、农油杂007、田油杂002、冈油28等新品种以及高油酸品种。在根肿病易发风险区，优先示范华油杂62R、中油811、华油杂160、华双5R、圣光165R等抗根肿病新品种。严禁使用转基因种子，严禁从根肿病疫区调种。

2. 选种原则

选择合适的油菜品种，是夺取优质高产高效的基础。生产上要根据不同的条件、栽培目的等，选择适宜当地推广种植的品种。一般要把握好以下几项原则。

（1）优质化原则。随着城乡居民生活水平的提高，产品加工综合利用，市场上已普及了双低油菜品种。双低油菜是指油菜籽中芥酸含量低，菜籽饼中硫苷含量也低的油菜品种。

（2）安全性原则。长江流域冬油菜甘蓝型品种的生育期比较长，其间遭遇的外界逆境较多，选择品种时要充分考虑安全性。一是生育期，要选择甘蓝型中熟、中迟熟品种，慎重选择偏早熟的品种，容易导致早薹早花而减产；二是抗寒性，选择抗耐冬季低温冷冻、春季寒潮低温能力强的品种；三是耐湿性，春季多连阴雨，影响油菜根系发育，宜选择抗渍耐湿性强的品种；四是抗病性，油菜菌核病是油菜产区的主要病害，要选用抗（耐）病能力强的品种。

（3）综合用途原则。油菜主要是油用，近年来随着乡村振兴等需要，各地不断开发菜用、饲用、蜜用、肥用、景观用等综合利用、不同用途选用相应的油菜品种。油用要选择高含油的品种，菜用选择分枝习性好、菜薹早生快发、薹叶叶柄短叶片小、口感香、甜、脆的品种。景观用选择颜色深、亮度高、色泽艳和性能优的黄色、米黄、橙黄、黄央斑、白色、紫色、乌紫色、红色、玫红、极玫红、砖红、锅红、深粉色等不同花色的品种，组配成大田种植图案，利于乡村旅游观光。到2022年，江西农业大学已选育成56种彩色油菜花。饲用选择菜籽饼硫苷含量低于30微摩尔/克的品种，饼粕可以作为畜禽的配合饲料。另外，用作青饲料、绿肥的可选择生物产量和干物质含量高的品种。

（四）搞好种子处理

1. 种子晾晒

油菜种子已进入商品化时代，不论是杂交油菜，还是常规油菜品种的种子，都是由种业公司经过严格的种子生产、精选、加工程序，采取小包装进入市场销售。种植农户适当提前10天左右购买种子，放在通风避光处保管，播种前2～3天，选晴天将种子包装袋打开，把种子放在席子上晾晒1天，切忌在高温的太阳直射下、水泥地上暴晒。种子晾晒能够杀死种子表皮上面的病菌，又能提高发芽率、田间出苗率、成苗率，有利于培育壮苗。

2. 药剂拌种

针对地下害虫、土传病害和种子传染病，在播种时进行药剂拌种。可选用75%的敌克松可湿性粉剂500～1000倍液浸种，或25%炭特灵可湿性粉剂拌种预防油菜根肿病，也可采用根必治和五氯硝基本进行拌种。可选用种卫士、高巧、适乐时、锐胜等药剂拌种或包衣。

防虫可用3%辛硫磷或毒死蜱颗粒剂1～1.5千克，与油菜种子及2～3千克干细土混匀，随拌随播种，可有效防治地下害虫、油菜苗期蚜虫等。

机械条播或无人机播种的，可将药剂与种子混拌均匀，种皮上全部粘上药剂，晾2小时左右即可装机播种。

二、整地播种

（一）油菜对土壤的要求

油菜是根系发达，枝叶繁茂的作物，需要土层深厚、肥沃疏松、水分适宜的土壤条件，才能使生长发育良好，获得高产。油菜对土质要求不严格，质地较差的土壤，通过深耕、增施肥料等良好的耕作栽培技术，也能获得高产。对土壤酸碱度要求不严格，在pH值5～8都可以适应，而以弱酸性或中性最为有利，这是我国南方地区大多数酸性水田，油菜快速发展的重要基础条件。

油菜也能忍受盐碱环境、在含盐量0.20%～0.26%的土壤上能正常生长。土壤通气性好与差，对油菜生长发育影响很大，油菜最忌土壤僵板不透气，若土壤板结，播种时种子不能发芽，出土易烂种，幼苗期植株易发生僵化死苗，移栽时不易发新根，幼苗生长缓慢甚至死亡。

（二）翻耕施肥

1. 整地

前茬作物收获后，土壤墒情适宜时，用拖拉机深耕 20～25 厘米，将秸秆深埋土中，炕土晒垡，尤其是前茬水稻田，水分散失慢，切忌湿耕湿整。

如果遭遇到秋季连阴雨，或前茬水稻收获迟，影响翻耕整地，可采取旋耕整地，先施肥，后旋耕两遍，第二遍时开沟定厢，厢面宽 200 厘米为宜。

2. 施肥

(1) 油菜的需肥特性。据研究，油菜对氮、磷、钾的需要量比稻、麦作物多，长江流域甘蓝型油菜，亩产油菜籽 150～200 千克产量水平，每生产 100 千克油菜籽需吸收纯氮 8～11 千克、五氧化二磷 3～5 千克、氧化钾 8.5～12.8 千克，比例大致为(1∶0.4)～(0.5∶1)。

氮素：油菜各器官的形成和发育，细胞内原生质、叶绿素和某些维生素等物质的形成都离不开氮素。油菜的一生都需要氮素营养，油菜抽薹前叶片的氮素含量最高，开花期茎成为氮素代谢中心的过渡器官，开花后角果成为氮素代谢的最主要器官。缺氮时植株矮小，叶片瘦小，分枝少，角果数、籽粒数、籽粒重减少，花期缩短，产量降低。抽薹至初花是需氮临界期，此时缺氮，对油菜生长影响最大。氮素过多会增加油菜籽的蛋白质含量，但会降低油菜籽的含油量。

磷素：磷能增强细胞质的黏性和弹性，促进根系发育，增强油菜抗寒、抗旱能力，并能促进种子早熟，提高菜籽油含量。油菜是对磷素较为敏感的作物，要求土壤速效磷含量在 10～15 毫克/千克土，小于 5 毫克/千克土则出现明显缺磷症状。缺磷植株根系小，叶片小而厚，茎秆细，分枝少，花芽分化迟缓，开花推迟，甚至花序发育不良。油菜根系能分泌大量有机酸溶解难溶性磷。

钾素：钾素能有效提高纤维素的含量，促进植物体机械组织的发展，增强抗倒性和抗病性。钾还能提高细胞液浓度和渗透压，增强抗寒性。当土壤速效钾低于 50 毫克/千克土时，必须增施钾肥。油菜缺钾时幼苗呈匍匐状，叶片叶肉部分出现“烫伤状”，叶面凸凹不平，导致叶片弯曲呈弓状，松脆易折和焦枯脱落；茎枝细小，机械组织不发达，易折断倒伏。

硫素：油菜对硫的吸收仅次于氮钾而接近或略大于磷的需求。严重缺硫时植株矮小，只有正常大小的一半，茎变短并趋向木质化。施用含硫肥料，特别是后期供硫充足可促进植株开花结果及籽粒饱满度，有利于提高油菜籽产量和含油量。过量施硫则明显提高蛋白质和硫苷含量。氮硫配合对提高油菜籽产量和含油量有显著作用。

硼素：硼能促进植株对磷的吸收和分配，对叶绿素的形成和稳定性都有良好的作用；硼影响核酸代谢以及生长素的合成和转运，对分生组织有很大的影响；硼是花粉生殖细胞的分化，子房和胚珠的发育、分化、受精过程，胚芽和胚乳发育等必需的元素。油菜花器官发育对硼极敏感，初花至成熟的吸收硼量占总量的 87%左右。土壤水溶性硼含量在 0.3 毫克/升以下为严重缺硼，缺硼严重时出现大量“花而不实”现象，或花瓣枯干皱缩，不能开花，减产严重。

(2) 油菜各生育期需肥。油菜在不同生育时期对氮磷钾三要素的量，苗期历经 100 多天，积累干物重虽只有 20%，但吸收三要素的量却相对较多；蕾薹期是吸肥最多的时期(特别钾元素)，也是吸肥强度最大的时期；开花结角期积累干物质最多，除对磷的吸收强度明显较大外，氮和钾的吸收量相对较少。

3. 用地与养地

油菜是用地养地作物，生长过程中需肥较多，不但要吸收氮、磷、钾大量营养元素，而且对硼素敏感，对硫素的吸收量也很多。

油菜又是养地作物，生产过程中，通过落叶、落花、茎枝秆粉碎还田，加上菜籽饼回田，大约相当于施肥量的 80%养分，归还于土壤，保持土壤养分平衡。

(三) 适期播种

播种期是确定油菜产量和选择田间管理方式的最主要因素，同时也是决定田块种植模式实现周年高效生产的重要因素。

1. 播种期

长江流域冬油菜的播种时期弹性比较大，但具体到不同的种植模式和栽培方式，则适宜的播种期比较窄。湖北省油菜产区的播种范围在8月下旬至10月中旬。

(1) 依据种植区域定播期。山区秋季气温下降比较快，宜在8月下旬播种；江汉平原及丘陵地区，宜在9月下旬播种；鄂北岗地两熟制地区，前茬作物收获迟，宜在9月下旬至10月上旬播种。

(2) 依据种植方式定播期。旱地两熟制地区，前茬作物芝麻、玉米、豆类等成熟收获腾茬早的地块，油菜宜在9月上中旬播种；水田两熟制地区，与中稻连作的，宜在9月下旬至10月上旬播种；与一季晚稻或双季晚稻连作的，宜在10月下旬播种。

2. 播种量

根据不同的播种方式、土壤质地、墒情确定播种量。

(1) 依据播种方式定用种量。机械条播方式，播种均匀，每亩用种量300克为宜；飞机播种、人工撒播每亩用种量300～500克为宜。

(2) 依据土壤质地定用种量。沙壤土、整地质量比较好，每亩用种量300克；土质黏重、土垡大、墒情差的每亩用种量500～600克。

(3) 依据品种特性定用种量。杂交油菜品种，植株生长势强，分枝较多，每亩用种量300克左右为宜；常规油菜品种，植株较矮，分枝数少，单株生产潜力较小的，每亩用种量500克左右。

三、田间管理

油菜播种后，就要搞好草害、病虫害、冻害、渍害的预防，因苗调控等田间管理。

(一) 化学除草

油菜田草害是影响高产的因素之一，尤其是直播种植田块，杂草种类多、数量大、危害重。

1. 播前除草

翻耕整地前或油菜播种前10～15天，选用灭生性除草剂，杀灭田块内所有杂草。每亩用10%的草甘膦水剂500～600毫升，兑水50千克进行喷雾，防除田间杂草。

2. 苗前除草

油菜播种后，随即用触杀性除草剂，喷施在土壤表面，以形成一层药膜，待杂草萌发出苗接触到药膜即可被杀死。可选用15%精稳杀得乳油50毫升或高效盖草能乳油30毫升、90%禾耐斯乳油45～60毫升，均兑水40～50千克，均匀喷雾于土表，防治新生杂草。

3. 苗期除草

油菜苗期除草，应选用选择性除草剂，如以禾本科杂草为主的田块，应掌握在杂草三叶期左右，每亩选用10.8%高效盖草能乳油20～25毫升，或6.9%威霸乳油30毫升、12.5%拿捕净机油乳剂80～100毫升、10%禾草克乳油50～70毫升、15%精稳杀得乳油45～60毫升；以繁缕等阔叶杂草为主的田块，每亩可选用30%好实多乳油50毫升，或高特克25～30毫升；单、双子叶杂草混生的田块，可在油菜苗五叶期，选用17.5%快刀乳油100～120毫升、14%双锄乳油100～120毫升、17.5%油草双克60～75毫升，以上除草剂均兑水40～50千克喷雾于杂草茎叶上。

（二）培育壮苗

1. 防旱防渍

油菜出苗期，常会遇到干旱或连阴雨天气，根据天气预报，及时搞好抗旱或排渍管理。

(1) 浇水抗旱。9月中下旬至10月上旬，正是秋高气爽，降雨较少时段，要根据土壤墒情，进行浇水抗旱保苗。可采取顺厢沟窜灌浇水，不能淹没厢面，随灌随排。

(2) 防涝排渍。秋季遇到连阴雨天气，要及时清理田间厢沟、腰沟和围沟，达到沟直底平，雨注田间无渍水，同时搞好田外排水渠的清挖，确保排水畅通。

2. 合理密植

根据品种特性、土壤肥力、当地气候特点、耕作制度、病害发生情况等因素综合考虑,在大田单位面积上种植保留适宜的株数。

(1) 移栽油菜。计划亩产油菜籽 200～250 千克,收获密度依据肥力水平而定,肥力水平高的每亩 1.0 万株左右;中等肥力水平每亩 1.3 万株左右;肥力水平低的每亩 1.5 万株左右。

(2) 直播油菜。油菜直播种植,是现今推广的一种轻简化栽培技术,播种量较大、田间苗数多是普遍现象。要夺取高产,必须做到早间苗、定苗,合理密植,培育壮苗是关键。一般亩产油菜籽 200 千克左右,高肥力田块,个体健壮,单株生产力比较高,每亩可留苗 1.5 万～1.8 万株;中等肥力田块,要发挥个体与群体相结合的优势,挖掘高产潜力,每亩留苗 2.0 万株左右;肥力水平低的田块,植株个体优势差,靠群体取胜,每亩留苗 2.5 万株左右。

3. 因苗调控

(1) 看苗追肥。油菜生育期长,历经秋、冬、春三个季节,200 多天生长发育时期,苗情变化比较大,因此在油菜重要的生长转折时期,做到看苗、看地、看天分期施好追肥,培育早发壮苗。

早施苗肥:苗期是生长叶片的重要时期,此期为氮素代谢的高峰期,需要量较多,容易缺乏。一般在底肥较充足的情况下,长江流域冬油菜产区,在油菜苗 6 片真叶期,看苗追施苗肥,每亩施尿素 3～4 千克。

稳施薹肥:油菜开始现蕾抽薹时,若叶色淡黄或发紫,甚至全株带紫色,薹茎细的宜早施、多施。通常在 1 月中下旬施用,每亩施尿素 7～8 千克。对生长健壮、叶色青绿的可少施、迟施,一般在 1 月下旬至 2 月上旬施肥,每亩施复合肥 5～6 千克。薹肥可增加越冬绿叶数、一次分枝数、角果数,增产效果明显。

巧施花荚肥:对植株个体与群体长势差、花期尚未封行,叶色淡绿或发黄的油菜地,可在开花初期,每亩追施 3～4 千克尿素;对长势比较正常的油菜田,每亩用 100 克硼砂+200 克的磷酸二氢钾兑水 40 千克,若用无人机可兑水 5～10 千克均匀喷雾。可提高授粉结实率,增角、增粒、增粒重,促进增产和提高品质。

(2) 化学调控。油菜化学调控技术比较成熟,在苗期或蕾薹期,喷施多效唑或烯效唑控制旺长、培育壮苗及防止早薹早花。

苗期调控：在油菜苗生长到4～5片叶，每亩用15%多效唑粉剂50克，或20%烯效唑40克兑水30～40千克喷雾，可有效控制高脚苗，培育矮壮苗。注意均匀喷施，切忌重喷。

蕾薹期调控：对播种偏早、秋冬季雨水适宜、生长旺盛的油菜田，可在12月份，每亩用15%多效唑25克或5%烯效唑20克兑水40千克均匀喷雾，可抑制基部茎节长度，增加茎秆粗度，增强抗寒能力。

（三）防治病虫害

1. 油菜病害

现已发现油菜病害有30多种，其中生产上常发生的主要有菌核病、病毒病、霜霉病等，尤其是菌核病，发生普遍，危害严重，是当前油菜生产中一个突出问题。

（1）菌核病。油菜菌核病是一种世界性的病害。在欧洲油菜发病较重，一般损失5%～10%，严重时可达50%。我国所有油菜产区均有发生，以长江流域和东南沿海地区最为严重，一般年份发病率为10%～30%，流行年份严重田块可高达80%以上，产量损失5%～30%。

发病症状：该病自油菜苗期到近成熟期均可发生，以终花期以后发病最盛。病菌能侵染油菜地上各个部位，尤以茎秆发病受害后造成的损失最重。①苗期受害后，染病植株首先在接近地面的根茎与叶柄上形成红褐色斑点，后转为白色，病斑绕茎后，病组织变软腐烂，长出大量白色絮状菌丝，后期长出黑色菌核，幼苗死亡。②成株期受害，茎、叶、花、角果及种子均可感病，以茎部受害最重。茎与分枝发病，初呈水渍状，浅褐色，椭圆形，后发展成长椭圆形、菱形、长条形绕茎大斑，稍凹陷，中部白色，边缘褐色。湿度大时病部软腐，表面生出白色絮状霉层（菌丝体），后变为灰白色，边缘深褐色。组织腐烂，髓部消解，皮层破裂，维管束外露呈纤维状，病茎遇风易折。剖视病茎，可见黑色鼠粪状颗粒，即病菌的病核。③叶片发病，多自植株下部的老叶开始，初为暗青色水渍状斑块，后扩展为圆形或不规则形大斑，灰褐色或黄色，有2～3种不同颜色轮层，中央黄褐或灰褐色，中层暗青色，外围淡黄色。潮湿时病斑迅速扩展，全叶腐烂，上面生出白色菌丝；干燥时病斑破裂穿孔。④花瓣感病，产生水渍状暗褐色无光泽小点，后整个花瓣为暗黄色，水渍状，容易散落。潮湿时可长出白色菌丝，迅速腐烂。散落到其他部位或邻近植株的病花瓣可进一步引起新的危害。⑤角果发病，初期形成水渍状褐色斑，后变白色，边缘褐色。潮湿时全果变白腐烂，长有白色菌丝，后形成黑色菌核。⑥种子发病，表面粗糙，无光泽，灰白色，皱秕，出油率降低。

病原：病原属子囊菌门核盘菌属核盘菌。菌核黑色，鼠粪状或球形、不规则形，成熟菌核外皮黑色，髓部粉色至米黄色，为疏丝组织组成。在老熟的营养菌丝上或菌核的子囊盘原基突破表皮萌发时，可产生小分生孢子。分生孢子圆形，无色，成链状，在病害循环中不起作用。

温度为 5～30℃时均可形成菌核，适宜温度为 15～25℃。菌核萌发产生子囊盘柄的适宜温度为 10～20℃，产生子囊盘最适温度为 15～18℃；子囊孢子发芽的温度范围为 5～30℃，最适 5～10℃。

此菌能寄生 64 科 225 属的 396 种植物，以十字花科、菊科、豆科、茄科、伞形科和蔷薇科植物为主，在我国该菌自然寄主有 36 科 214 种植物，其中除油菜外，还有向日葵、大豆、花生等。

防治技术：油菜菌核病的防治，应以农业措施为主，药剂防治为辅的综合防治策略。①选用抗病品种。在甘蓝型油菜中以分枝部位稍高，分枝角度较小的品种抗病性强。生产上可因地制宜选用适合当地种植的抗病品种。②农业防治。采取合理轮作，科学施肥，中耕培土，清沟排渍，摘除老叶等，均可有效降低病菌侵染概率，减轻病害发生。③药剂防治。重点对长势好的油菜田块，在油菜开花期，叶病株率达到 10%左右，茎病株率在 1%以上为宜。可选用 40%菌核净、50%多菌灵、50%异菌脲、40%灭病威、70%甲基硫菌灵、50%速克灵、50%氯硝铵和 50%扑海因等。选晴天，露水干后，采用无人机喷药，喷药一般间隔 7～10 天 1 次，根据田间病情，可喷施 2～3 次。

(2) 油菜病毒病。油菜病毒病又称花叶病，是油菜的重要病害。全国各油菜产地均有发生，一般流行年份，产量损失在 10%左右，重病区流行年份产量损失可达 20%～30%。早期感染的病株，可导致严重矮化，不能抽薹，或抽薹后不能正常结荚，或结荚稀少，且籽粒皱秕，无光泽，影响品质。

症状：油菜病毒病的症状表现因油菜品种类型和毒源种类相同，以及感病早迟有很大差异。甘蓝型油菜不同生育时期感病症状。①苗期受害。主要表现有黄斑型和枯斑型两种症状。枯斑在老龄叶上出现，然后向新生叶发展，主要为点状枯斑和黄色斑块。枯斑常伴随叶脉坏死，有时候叶片皱缩畸形。②抽薹期感病。新生叶片多出现系统性褪绿，小斑点、圆斑点较多，看上去呈“花叶”状，严重时叶片皱缩。③成株期感病。植株茎秆上的症状主要表现为条斑。病斑初为褐色至黑褐色梭形斑，后逐渐纵向发展成条形枯斑，病斑相互愈合连接后常导致植株半边或全株枯死，后期病斑纵裂。④抽薹后感病。在叶柄、叶脉、花薹和荚上也可表现褐色条斑，荚常扭曲，叶片早枯脱落，病株易死亡。

病原：油菜病毒病的病毒源种类较多，主要毒源有芜菁花叶病毒、黄瓜花叶病毒、烟草花叶病毒和油菜花叶病毒四种，其中以芜菁花叶病毒为主。

发病因素：油菜病毒病的发生危害与油菜类型和品种的抗病性、蚜虫发生数量和迁飞频率以及毒源植物和气象因素等关系密切。带毒蚜虫吸毒传毒是导致油菜病毒病发生流行的关键因素。尤其是桃蚜、萝卜蚜和甘蓝蚜发生危害重时，在田间迁飞频率高，反复吸毒传播，从而导致病毒病的发生流行。①油菜品种类型。不同油菜类型和同一类型不同品种，病毒病的发生危害表现有明显差异。通常甘蓝型油菜较白菜型和芥菜型油菜抗性较好，一般表现为抗病，部分品种表现高抗。②蚜虫数量与迁飞。带毒蚜虫吸毒传毒是导致油菜病毒病发生流行的关键因素。毒源植物上蚜虫数量多，带毒率高，在油菜苗期，带毒蚜虫迁飞到油菜苗上传毒，造成苗期发病，田间蚜虫发生数量多，尤其是桃蚜、萝卜蚜和甘蓝蚜发生危害重时，在田间迁飞频率高，反复吸毒传播，从而导致病毒病的发生流行。③油菜播种期。一般早播油菜发病重，迟播发病轻。播种越早，毒源植物上的带毒蚜虫往油菜上迁飞的时间也相应早些，传毒吸毒的频率亦相应高，因此发病重。

防治措施：①选用抗病品种。一般甘蓝型油菜品种抗性较强，选用双低优质油菜品种。②适期播种。因地制宜适期播种，既防病，又不影响油菜与前后茬作物的种植。重病区干旱年份切忌早播，应掌握在 9 月下旬至 10 月上旬为宜。③治蚜防病。选用 50%灭蚜净和三氟氯氰菊酯（功夫）等；根据有翅蚜对某些颜色的忌避或趋性，可在油菜田插黄色诱蚜板，诱集迁飞蚜虫。

2. 防治虫害

(1) 菜蚜。危害油菜的菜蚜主要有甘蓝蚜、桃蚜、萝卜蚜，是同翅目蚜虫科。蚜虫寄主多，桃蚜的寄主全世界已记录的有350余种，除危害十字花科蔬菜外，还危害菠菜，茄科的马铃薯、茄子、番茄，黎科、蔷薇科植物；萝卜蚜的寄主已知有30余种，除十字花科外，也可危害莴苣。

危害特点：蚜虫对油菜的危害可分为直接和间接危害。菜蚜成虫和若虫常群集在叶背及心叶，刺吸汁液，造成受害叶片褪绿、变黄、萎蔫、卷缩；嫩茎和花梗受害，多呈畸形，影响抽薹、开花和结实。间接危害是其排泄物（蜜露）可诱发霉污病的发生，影响叶片的光合作用，更重要的还能传播多种十字花科蔬菜病毒病。

防治技术：在幼苗5叶期前，或抽薹开花初期，每亩可选用10%吡虫啉可湿性粉剂20克、或50%抗蚜威可湿性粉剂25克、25%吡嗪酮可湿性粉剂15克、10%大功臣可湿性粉剂10克、1.8%阿维菌素乳油、5%氯氰菊酯乳油、2.5%溴氰菊酯乳油25毫升，兑水喷雾。

(2) 小菜蛾。小菜蛾属鳞翅目菜蛾科，世界性害虫，主要危害甘蓝、油菜、萝卜等十字花科植物。我国各地都有分布，以长江中下游各省危害严重。

危害特点：初龄幼虫潜入叶片上下表皮间，仅取食叶肉，留下表皮，在菜叶上形成一个个透明的斑，俗称开天窗；3～4龄幼虫可将菜叶食成孔洞和缺刻，严重时可将全叶吃光，仅留主脉。

防治技术：①农业防治，避免十字花科作物周年连作；油菜收获后及时处理残株败叶消灭大量虫源；耕翻土地，可消灭一部分在表土或枯叶残株内的越冬幼虫，减少虫源；适当灌水，增大田间湿度，抑制害虫，促进菜苗生长。②物理防治，针对小菜蛾趋光性，在成虫发生期，可放置黑光灯诱杀，杀虫灯放置要高出油菜苗30厘米；每块田设置2～3个小菜蛾性诱芯诱盆，诱杀成虫。③药剂防治，抓住卵孵化盛期或二龄幼虫发生期施药，并注意轮换交替用药，或用复配农药。可选用杀螟杆菌（每克含活孢子100亿个以上）、青虫菌或Bt乳剂等生物农药制剂500～800倍液喷雾；1.8%阿维菌素2000倍液或阿维菌素和苏云金杆菌的复配制剂、甲维盐类水分散粒剂、5%氟虫脲或5%啶虫隆1500倍液，或5%氟虫腈、10%虫螨腈悬浮剂2000倍液、25%灭幼脲或20%杀铃脲悬浮乳剂800倍液、10%氯氰菊酯类2000倍液常规喷雾。

(3) 菜粉蝶。又名菜青虫，属鳞翅目、粉蝶科，为世界性害虫。已知寄主植物有9科35种，嗜食十字花科植物，特别偏爱厚叶片的油菜、甘蓝等。

危害特点：初龄幼虫仅食叶肉，被害叶片出现透明小孔，二龄以后分散危害，将叶片吃成网状或缺刻；严重危害时，叶片几乎被吃尽，仅留较粗的叶脉和叶柄；幼虫排出粪便污染菜叶，影响蔬菜品质；危害造成伤口还有利于软腐病病菌的侵入，引起病害的流行。

防治技术：①农业防治；②生物防治，第一代菜粉蝶卵高峰释放赤眼蜂2～3次，第二、三代可采用长效蜂卡和田间笼放蜂；③药剂防治，可选用每毫升含活孢子100亿个以上的Bt制剂800～1000倍液喷雾，施用时间比化学农药提前2天左右。施药适期一般掌握在卵高峰后7天左右，或二龄幼虫高峰期；常用化学农药每亩可用2.3%高渗苦参碱水剂50毫升、1.8%阿维菌素乳油25毫升、20%灭幼脲1号、25%灭幼脲3号乳油50毫升、10%氯氰菊酯、20%杀灭菊酯乳油25毫升等加水喷雾。

（四）防抗灾害

1. 防抗冻害

（1）油菜冻害特点。油菜冻害主要发生在越冬期间，以及早春遇到强寒潮低温。当气温降至－5～－3℃时，油菜就会遭受冻害，－8～－7℃受害较重。冬性强的品种能抗（耐）－10℃的低温。秋末至冬季低温大风、加上土壤干旱会加重冻害。

油菜冻害包括叶片、蕾薹、茎秆、幼果。叶片受冻害的症状是冻后叶片僵硬。在－5～－3℃的低温条件下，叶细胞间隙和细胞内自由水结冰，细胞组织受到伤害，细胞因失水导致叶片脆而易折。当气温升高时冰粒消融，叶片复原。这种冻融交替频繁时叶尖、叶边开始焦枯。若遇持续低温会导致细胞间隙内水分结冰，使叶片组织受冻死亡；早春寒潮期间气温下降，叶片下表皮生长受阻，其余部分继续生长，导致叶片呈现凸凹不平的皱缩现象。现蕾抽薹期，抗寒力最弱，只要温度低于0℃以下时，就会出现冻害。薹受冻之初呈水烫状，嫩薹弯曲下垂，茎部表面破裂。冻害严重时，即使能开花，也会造成结实不良，特别是主花序出现分段结实现象。根部冻害，是在苗期表现为根拔现象。根拔是指弱小苗或扎根不深的油菜苗，若突遇夜间温度降至－7～－5℃，土壤结冰膨胀，幼苗根系被抬起；白天气温回升，冻土冰融解体积变小，下沉幼苗根系被扯断外露的现象。出现根拔的幼苗，若遇冷风日晒，则会大量死苗。一般直播田块的根拔现象较为突出。

(2) 油菜防冻技术。生产上应针对冻害产生的原因，采取综合性的防冻措施。①选用抗寒性强的品种，适当适时早播，壮苗早发提高抗寒耐冻能力；②灌水增加湿度，可缩小土壤昼夜温差，改善田间小气候，缓和低温伤害，防止干冻死苗。越冬期，根据土壤墒情及天气预报，及时浇水，随浇随排，确保田间不积水。③追肥促苗，对弱苗增施化肥和有机肥，提高地温促苗生长。④摘除早薹，对越冬期间，出现的早薹，达到 15 厘米左右，要选晴天摘去上部 8 厘米左右，既可减轻冻害，又能促进分枝早生快发，还可作蔬菜食用。

2. 防抗倒伏

(1) 形成特点。油菜倒伏常发生在终花后至角果大小基本定型阶段，特别在遇到大雨大风等天气时，密度过大，长势较旺，排水不畅或菌核病发生较重的田块易发生倒伏。倒伏的植株输导组织系统受损，营养物质不能正常运输；压在下层的角果接受阳光大大减少，光合作用减弱；田间通风透光差，相对湿度增大，易引发霉烂，加剧菌核病的发生和蔓延。

(2) 防抗技术。防止或减轻倒伏宜采取综合措施。①选用株型紧凑、中高秆、茎秆粗壮抗倒性强的品种；②合理密植，直播种植，土地肥沃的地块每亩 1.5 万株左右，中等肥力的地块每亩 2.0 万株左右，肥力较差的地块每亩 2.5 万株左右；③因苗科学调控，测土配方施肥，看苗情长势适时适量追肥，苗期喷施多效唑调控基部茎秆旺长；④开好田内三沟，防涝排渍，促进根系生长。

3. 防高温逼熟

(1) 形成特点。长江中下游地区，一般在旬平均气温 10℃时油菜始花，4 月中旬以后常有大于 30℃的高温出现，气温超过生长发育的需求，养分向籽粒转运受阻而造成逼熟现象，不仅使籽粒灌浆不足，千粒重下降，而且也大大降低含油量。

(2) 防抗技术。①优选品种，选择适宜当地种植的中熟品种；②适期早播，使生长发育适期进行，尽量避开后期高温天气，在适温期间灌浆；③根外喷肥，可在高温来临之际，使用无人机喷施磷酸二氢钾等，提高抗耐高温能力，减轻危害。

（五）适期收获

1. 油菜开花成熟过程

油菜为无限花序，边生长、边开花、边结荚，群体花期达30天左右，长的可达40天以上。一般主茎花轴开花最早，接着是各级一次分枝开花、二次分枝开花，在一个枝上是基部花序花蕾先开花，依次向上推移开花。

油菜成熟过程，一般可分为绿熟期、黄熟期和完熟期。

（1）绿熟期。主轴上的角果80%以上呈黄绿色，一次分枝上90%左右的角果仍为绿色。此期种皮同角果的色泽基本一致，此时种子含水量较高，种子的灌浆过程没有完成，若收获晒干脱粒，绝大部分的种皮呈现红色皱缩，瘪粒多，千粒重低，含油量也低。

（2）黄熟期。主轴上的角果呈现枇杷果样的黄色，一次分枝上70%左右的角果呈黄绿色，仅在基部和少数二次分枝上的角果为绿色。此时若收获，一部分种子仍为红褐色，千粒重和含油量均未达到最高水平。

（3）完熟期。全田90%以上的角果呈现黄色，10%以下的角果为枇杷黄绿，绝大部分失去光泽，一些易落粒的品种，主轴中下部角果在气温较高的中午，触之或风力摇摆中易裂角落粒，千粒重与含油量已达到最高水平，超过了完熟期，籽粒的含油量又开始下降。

2. 适时收获

油菜籽的收获适期，一般是在油菜终花后25～30天。此时油菜达八成熟，种子的重量和油分的含量接近最高值。因此油菜产区有“八成熟，十成收；十成熟，两成丢”；“角果枇杷黄，收割正适当”经验。此时大田植株约2/3的角果呈现黄绿至黄色，主花序基部角果开始转现枇杷黄色；分枝上尚有1/3的黄绿色角果，并富有光泽，只有分枝上部尚有部分绿色角果，故称“半青半黄”期；大多数角果内种皮已由淡绿色转现黄白色，颗粒肥大饱满，种子表现出本品种固有光泽；主茎和分枝叶片几乎全部干枯脱落，茎秆也变为黄色。机械一次性收获，可推迟到90%～95%的角果变黄时收割。

若以种子色泽的变化，作为适宜收获期的标准，可摘取主轴中部和上、中部一次分枝中部角果10个，剥开观察籽粒色泽，若褐色、半褐色粒各半，则为适宜的收获期。

在一天中的适宜收获时间，以早上或傍晚收割为佳，此时气温低、湿度大、不易裂荚落粒；阴天全天收割。农谚称之为“要不丢，早晚收”“上白中黄下绿，收割不能过午”。

3. 收割方法

随着农业机械化的发展，平原丘陵地区的油菜已实现了机械收获，与人工收割相比，收获效率高，秸秆可粉碎还田，为后茬作物早腾田耕种。

(1) 机械收获。油菜机收有两种方式：①一次性收割，对植株密度较大，成熟度比较一致的田块，宜实行一次性机收；②对成熟度不够一致的田块，可采取分段机收，即先把油菜植株割倒，晾晒后熟 2～3 天，再行机收，可提高收获率达 95%以上。并且有利于种子后熟，刚收获的油菜籽需要经过一个从收获成熟到生理成熟的过程。收割的油菜植株，中部的营养物质仍可继续向角果运送，同时种子仍然进行着大量的合成作用和胚的发育，籽粒内部简单物质也逐渐转变为复杂的高分子物质。因而后熟作用有利于提高油菜籽的千粒重改善油菜籽品质，提高油菜籽出油率 0.5～1.0 个百分点。完成后熟作用的油菜种子内的酶类，转变为结合的休眠状态，从而有利于油菜籽安全贮藏；后熟还有利于菜籽制油蒸炒操作，制取的毛油色泽淡、酸价低，脱磷操作顺利。

(2) 人工收获。边远地区、山区不能实行机收的地方，仍然采取人工收获方式。收获过程应做到“割茬低、不带土、割整齐、不掉粒”，轻割、轻放，后茬作物播种季节不紧张的地方，可将收割的植株，放在田间油菜根茬上棚架晾晒 2～3 天，在田间铺上塑料布脱粒；需及时腾田播种后季作物的，收割时打捆，运出田外，做到轻捆、轻搬，尽量减少落粒损失。

第四节　油菜籽贮藏与加工技术

一、油菜籽贮藏

油菜籽种皮较薄，组织疏松，且籽粒细小，表面积大，在入库及仓储过程中极易吸水潮解，在不适宜的温度和水分条件下贮藏，容易出现结块、霉变现象。油菜籽发热霉变后，对出油率会有不同程度的影响：籽粒表面有白霉点，擦去霉点皮色正常的或皮色变白，肉色保持淡黄的，不影响出油率；皮色变白，肉质变红，有腐酸味的，出油率下降；结块发酵有酒味的，严重影响出油率；皮壳破烂，肉质成白粉状的，则不出油。

1. 严格控制含水量

油菜籽水分超过9%时，少数干生霉菌就会发生繁殖，逐渐造成种子霉变。如果把含水量为7%～8%的油菜籽堆放在密封条件不好的仓库内，在湿度较高的情况下，油菜籽吸湿后的含水量只需7～8小时就会升到19%。如果油菜籽含水量在13%以上时，可在一夜之间全部霉变，籽粒表面变成灰白，温度能突升10℃以上，但开始并无明显现象。因此，要及时检查库存油菜籽的水分状况。

简单易行检验油菜籽含水量是否达到安全贮存标准的方法：一是抓一把油菜籽平摊在桌面上，用瓦片重压，有脆响声；二是手抓一把油菜籽，籽粒可从拳头两端或手指缝中向外流出；三是手搓油菜籽发出沙沙的响声，表明油菜籽干燥状态良好。如空气相对湿度在85%以上，油菜籽很快吸湿潮解，含水量上升到10%以上，因此阴雨天不能进行油菜籽入库。

在仓储期间，应勤检查与开仓换气，可把潮湿空气排出仓外，让干燥空气进入。但在仓外相对湿度大于仓内时，不能开仓换气。一般刚入库收藏的油菜籽在3～5天内检查1次，以后每隔10天检查一次通风情况。如发现含水量升高，要及时采取措施进行晾晒。当水分下降到规定标准后，应注意密闭良好，以防油菜籽吸湿。

2. 严防发热霉变

温度愈高，油菜籽呼吸作用愈强，有机物质的消耗愈大，油菜籽品质下降越快。应通过控制温度将油菜籽的呼吸控制在极微弱的范围内，既能维持起码的生命功能，保持其正常机体不受病菌侵害，又能将其消耗降至最低限度，使油菜籽处于休眠状态，达到保持油菜籽品质的效果。

贮藏前应充分降温，以防油菜籽堆内温度过高，发生“干烧”现象而造成损失。刚经烈日晒过的油菜籽大量入库，由于库房密封条件好，入库后立即关闭仓门，油菜籽温度高于仓内气温，温差较大，由种子散发出的热蒸汽遇冷后易在种堆表面形成雾滴，使油菜籽堆内局部积聚水分，发热变质。热油菜籽入库后要待种子充分冷却后再关闭仓门。一般结合风选，充分降温散湿，同时可清除尘埃杂质及病菌等，增强贮藏稳定性。

在良好的通气条件下，高温会使油菜籽呼吸作用加快，大堆存放的种子堆内极易发热，最高温度可达 70～80℃，因此库房应密封条件好。夏季温度不宜 28～30℃，春、秋季温度不宜 13～15℃，冬季温度不宜 6～8℃，如温度高于仓温 3～5℃，就应采取措施通风，降温散湿。

我国冬油菜产区油菜籽收获脱粒后，恰遇夏季高温高湿季节，油菜籽的含水量容易升高，水分常在 20%以上，高的可达 50%左右，若含水量超过 12%时，就很容易在短期内发热霉变。可采用塑料薄膜密封加磷化铝熏蒸，即将湿油菜籽用塑料薄膜严密覆盖，四周用泥土压实封紧，不让透空气，每立方米投入磷化铝 3～4 片。这是应急措施，保存时间不可超过 1 周，抢晴天晾晒，防止继续发热。在启封时，膜内充满二氧化碳，严禁人员进入薄膜内，对人有窒息的危险。

3. 合理堆放

油菜籽入库必须按水分大小、品质好坏分别堆放。一般水分在 9%以下，杂质不超过 5%的适于长期贮存，可堆放 1.5～2.0 米高，包装 12 包高。水分 10%～12%的菜籽，散装 1 米高，包装 6～8 包高，并且只能短期贮藏。水分 12%以上的油菜籽应抓紧处理，否则随时都可能发热霉变。同时应合理堆放，严格检查。散装菜籽，堆垛下应铺垫圆木、木板和芦席，使堆放菜籽与地面隔离，堆垛与墙壁也应隔离 50 厘米。袋装贮藏，应堆成“工”字形、或“井”字形，利于通风透气。

二、油菜籽的加工技术

（一）技术背景

油菜是我国主要和最具发展潜力的油料作物，我国油菜常年种植面积约 1.1 亿亩，年产菜籽油 450 万吨左右，是我国第一大国产食用植物油来源。与其他食用植物油相比，优质菜籽油饱和脂肪酸的含量最低、不饱和脂肪酸含量最高，且不饱和脂肪酸成分全面、多不饱和脂肪酸组成最为合理，菜籽中富含的脂质伴随物及天然活性物质如植物多酚、维生素 E、甾醇、β-胡萝卜素、角鲨烯等也对人体的健康具有重要的功能，是大宗健康的食用油。

针对我国油菜产业存在优质不优价、优质菜籽加工不出高品质油和高价值饼粕产品的难题。特别是产品加工方面，多年来以大型加工厂预榨→浸出生产色拉油（一级油）和高温浸出粕的技术为主，加工过程高温长时，过度加工，导致菜籽油中维生素 E、植物甾醇、多酚等营养功能成分损失高达 60%以上，不仅能耗炼耗高，而且还易产生苯并芘、反式脂肪酸等风险因子；饼粕蛋白质变性严重，有效氨基酸损失大，使蛋白质的生物效价显著降低，更难以进行精深加工利用，造成深层次的浪费，严重制约了油菜产业的高质量可持续发展。

为此，中国农业科学院油料作物研究所加工团队，基于微波物理场细胞反应器原理，开发出高品质菜籽油（7D 功能型菜籽油）产地绿色高效制备技术与成套装备。该技术集合油料深度精选（1D）、微波提质生香（2D）、低温低残油压榨（3D）、低温绿色精炼（4D）、生香与风味控制（5D）、标准与质量控制（6D）和远程监控与管理（7D）等七大关键技术，实现油菜籽的安全、营养、低耗、高效及高值化加工。

（二）技术先进性

7D 功能型油菜籽工艺技术见图 2-5。

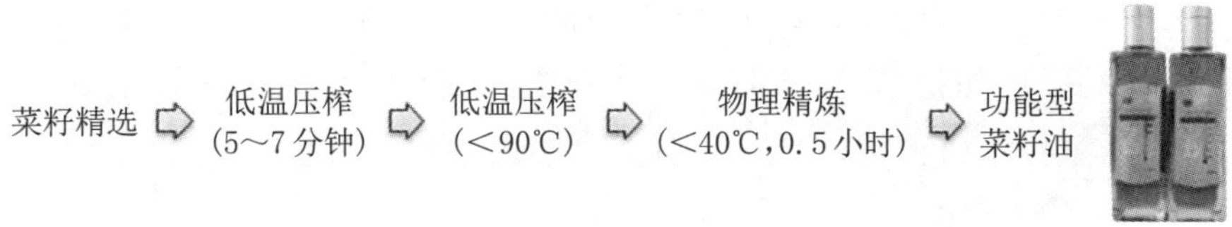

图 2-5　7D 功能型油菜籽工艺技术

7D 功能型菜籽油加工技术的先进性主要有以下几个方面。

1. 深度精选技术

基于原料形状、大小、密度等物化性质差异，集筛选、风选、磁选、去石和除尘等功能，高效分离非菜籽杂质，精选后油菜籽的杂质含量<0.1%。

2. 微波提质技术

耦合微波物理场与热风传热传质，能耗降低20%以上，实现油菜籽的高效调质、细胞微膨化、纯化内源酶和高效促进抗营养因子芥子酸(碱)生成高功能活性因子Canolol(油菜多酚)。

3. 低温低残油压榨技术

集剪切锥圈、油渣自动清理和回榨机构一体的低温低残油榨油机，实现了油菜籽自动化低温高效压榨，压榨温度<90℃，菜籽饼残油<8.0%。

4. 低温绿色精炼技术

基于选择性物理吸附磷脂、游离脂肪酸等杂质，集机械强化搅拌、滤饼厚度自调节、滤渣自清理和滤饼重构等技术为一体，实现一步自动低温物理适度精炼，精炼温度≤45℃。

5. 生香与风味控制技术

基于微波物理场生香，促进美拉德反应，产生焙烤香味等愉快风味，避免辛辣菜青味，使风味纯正浓郁，并全程低温物理实现提质留香。

6. 标准与质量控制技术

基于高品质菜籽和菜籽油的质量标准和生产技术规范，联用数字远传、无线传输和互联网云技术，实现App远程产品质量和标准化管理。

7. 远程监控与管理技术

基于分布式系统控制原理，集传感器、PLC工作站、中央服务器控制系统三层网络架构和物联网感知系统，实现生产的实时全面感知和监控。

7D压榨与乡村土榨、全精炼制色拉油工艺技术、性能对比见表2-9。

7D工艺特点如下。

(1) 轻简。工序较色拉油减少50%以上，占地少，投资省。

(2) 绿色。物理压榨、精炼，无化学添加，无三废排放。

(3) 低耗。能耗降低20%以上，成本减30%以上。

(4) 高效。产品得率高、自动化、模块化、生产质量稳定。

(三) 产品质量

7D功能型菜籽油安全、营养、色香味形俱佳和康养，具有“三高四好”的营养健康品质特征。

表 2-9　7D 压榨与乡村土榨、全精炼制色拉油三种工艺技术、性能对比

工序	菜籽油制备工艺			7D 技术先进性
	乡村土榨	7D 压榨	全精炼	
1	筛选	组合清理	筛选	集成筛选、去石、风选、磁选和通风除尘工艺于一体机，设备占地少，清理效率高。
2	/		去石	
3	风选		风选	
4	/		磁选	
5	/		除尘	
6	/	/	轧胚	处理温度下降 12%以上，处理时间减少 80%以上，能耗降低 20%，蛋白变性程度低，无苯并芘产生
7	炒籽 150～160℃ 30～60 分钟	微波提质生香 130～135℃ 5～7 分钟	蒸炒 150～160℃ 30～60 分钟	
8	热榨 入榨温度 ≥130℃； 饼残油 10%～15%	低温压榨 入榨温度 ≤90℃； 饼残油 ≤8%	热榨 入榨温度 ≥130℃； 饼残油 10%～15%	入榨温度下降 40℃，压榨饼残油率降低 30%以上
9	水化脱胶	低温 物理精炼	水化脱胶	精炼温度≤45℃；同色拉油工艺相比营养成分保留率提高 2 倍以上，精炼损失率降低 60%以上，零排放；自动清渣过滤，劳动强度更低。
10	/		碱炼脱酸	
11	/	/	白土脱色	
12	/	/	冬化脱蜡	
13	板框过滤	烛式过滤	板框过滤	
14	/	/	高温脱臭	
15	成品土榨油	7D 菜籽油	菜籽色拉油	具有“三高四好”的品质
16	简易灌装	全自动灌装	全自动灌装	自动化程度高
17	无自动控制	产地自控耦合 云端监控	本地自控	具有产地分散自控生产、远程集中管控的质量管理体系

1. 不饱和脂肪酸高

达 93%，其中人体必需的 ω3 脂肪酸含量丰富，达 9%～10%。

2. 脂类伴随物活性成分含量高

高功能活性因子 Canolol 含量达 800 毫克/千克以上，是同类产品的 2～8 倍；富含维生素 E，其中 γ-维生素 E 为 270 毫克/千克，是同类产品的 2～3 倍；高含植物甾醇，菜油甾醇超过 2400 毫克/千克，是同类产品的 2～4 倍。

3. ω-6/ω-3 接近 4∶1

符合 WHO/FAO 推荐的标准(1-6)∶1。

4. 安全性好

不产生反式脂肪酸，苯并(α)芘、生物毒素和重金属未检出。

5. 菜籽油风味好

具浓郁独特的坚果香味。

6. 色泽感官稳定性好

外观呈金黄透亮，氧化诱导期超过 15 小时，是同类产品的 1.3～2.3 倍。

7. 康养作用高

富含的脂类伴随物活性成分对血脂异常、脂肪肝和慢性炎症等动脉粥样硬化风险因子具有积极的干预、调理作用。与同类产品相比，降脂活性提高 12%以上，抗炎活性增加 37%以上。

7D 菜籽油与乡村土榨菜籽色拉油的营养品质指标对比见表 2-10。

表 2-10 不同菜籽油营养品质指标对比

营养指标(毫克/千克)	7D 菜籽油		乡村土榨菜籽色拉油	总保留率(%)
	物理精炼	未精炼		
总酚	619	696	20.0	大于 90%
Canolol	1123	1246	未检出	
维生素 E	518	529	195	
总甾醇	7089	7820	2980	
β胡萝卜素	5.8	6.6	1.3	
叶黄素	11.3	12.9	2.1	

资料来源：中国农业科学院油料作物研究所。

（四）工程技术与推广应用

1. 工程技术经济指标

通过对本技术推广实施，可开发出的油菜籽加工的系列新产品，如 7D 功能型菜籽油等食用油和高品质菜籽饼粕，一方面降低能耗、炼耗和加工成本，另一方面提高产品附加值和市场竞争力，既为企业节约资金，又提高经济效益，从而提高我国油菜籽加工产业的综合竞争力和抗风险能力。目前普通四级菜籽油价格为 7000～10000 元/吨，而采用本技术生产的 7D 功能型菜籽油色香味俱佳且富含活性功能成分，价格在 30000 元以上，经济效益显著（表 2-11）。

表 2-11　不同菜籽油制备技术消耗对比

指标	7D 功能型菜籽油制备技术	菜籽色拉油制备技术
能耗	≤380（千瓦·时）/吨原料	≥550（千瓦·时）/吨原料
溶剂消耗	无	0.8～1.2 千克/吨
化学助剂	无	磷酸、氢氧化钠等
水耗	<10 千克/吨	300～500 千克/吨
废水排放	无	300～500 千克/吨
油脚皂脚	无	30～40 千克/吨
产品得率	压榨饼残油率<8% 精炼率>98.5%	饼残油率 10%～12% 精炼率 96%～97%

资料来源：中国农业科学院油料作物研究所。

2. 技术推广应用

7D 功能型菜籽油（高品质菜籽油）加工技术已实现了技术标准化、设备成套化、操作自动化、产品高值化和工程模块化，有加工菜籽能力为 2 吨/天、5 吨/天、10 吨/天、20 吨/天等系列成套装备，以及加工菜籽能力 1 吨/天的紧凑型移动式榨油系统。目前，在湖北、江西、湖南、陕西、青海、四川和安徽等十一个省（区）建设生产线 30 多个（截至 2020 年底）（表 2-12）。

表 2-12　不同规格 7D 功能型菜籽油生产车间工程要求

<table>
<tr><th>加工规模
（吨/日菜籽）</th><th>装机功率
（千瓦）</th><th>标准厂房面积
（平方米）</th><th>备注</th></tr>
<tr><td>5</td><td>108</td><td>672</td><td rowspan="3">交钥匙工程，包含从原料清理精选到成品油灌装整个工序。面积含原料库、饼库、成品库等功能区间</td></tr>
<tr><td>10</td><td>207</td><td>768</td></tr>
<tr><td>20</td><td>400</td><td>1296</td></tr>
</table>

资料来源：中国农业科学院油料作物研究所。

湖南长沙 7D 菜籽油加工示范基地如图 2-6 所示。

图 2-6　湖南长沙 7D 菜籽油加工示范基地

湖北钟祥、松滋 7D 菜籽油加工示范基地如图 2-7 所示。

图 2-7　湖北钟祥、松滋 7D 菜籽油加工示范基地

紧凑型移动式 7D 榨油系统如图 2-8 所示。

图 2-8　紧凑型移动式 7D 榨油系统

7D 功能型菜籽油绿色高效加工技术，实现了油菜籽的安全、营养、低耗、高效及高值化加工利用的跨越提升，技术成果还成功应用于芝麻、亚麻籽、花生和油莎豆等的产地绿色高效加工，开发出了高品质浓香食用油产品，但对于大豆、核桃、油茶籽和牡丹籽等油料的加工适用性正在进一步研究与拓展。7D 加工技术成果显著提高了油脂质量，同时大大改善了饼粕的品质，为菜籽等油料饼粕蛋白精深加工利用展现了广阔前景，将为油菜产业“三产”产地融合发展、企业增效、农民增收和乡村振兴战略实施发挥更大作用。

第三章　现代花生绿色生产技术

花生隶属于豆科蝶形花亚科落花生属，一年生草本植物。原名落花生，又名长生果、长果、番豆等，历史上曾有落地松、万寿果和千岁子等名称记载。花生是世界上重要的油料作物之一，是我国的四大油料作物。花生原产于南美洲热带、亚热带地区，从海平面之下到海拔 1500 米左右，各类地区都有花生属植物生长。在秘鲁利马省的古墓中曾发现花生种子，已是 2500 年以前的遗物。

花生属于 C_3 植物，但其光合潜能却非常高，有的品种叶片的净光合强度，高达每小时每平方厘米干重 50 毫克二氧化碳，远远超过同一条件下的其他 C_3 植物。我国学者以花生的光合性能为主要依据进行了花生高产潜力估算，在花生生育期间各项外界条件俱佳，栽培管理措施科学得当，光合性能达到最佳的条件下，珍珠豆型品种在广东湛江地区的荚果产量为 791.64 千克/亩，中熟大果型品种在山东鲁南地区的荚果产量可达 1151.7 千克/亩，中熟大果型品种在山东胶东地区的荚果产量高达 1330.18 千克/亩。

第一节　花生起源与生产概况

一、花生起源与传播

(一) 花生起源

花生原产于南美洲，考古学家在南美洲大陆上曾经挖掘出许多有关古代即已存在花生的证据，尤其是在秘鲁沿海无雨地带的史前遗迹废墟中的证据更多。在巴西、阿根廷、玻利维亚等国，也有考古或花生近缘野生种的发现，并进一步确信花生至少有3000～3500年的栽培史。

（二）花生传播

国际上普遍认为花生的传播，是哥伦布为代表的欧洲航海家，经两条路线传播到世界其他地区：一条是由秘鲁沿太平洋东岸传入墨西哥，然后经商船传入菲律宾群岛，再传入中国、日本、东南亚地区，最后到达非洲东部；另一条是由巴西传到欧洲，再传入非洲西部。发现美洲大陆后，于16世纪初由美洲大陆把花生带回意大利国家。

1. 花生传入美国

美国在南北战争之前，弗吉尼亚州南部仅有小规模的花生种植，1870年战争结束后，士兵们将花生从弗吉尼亚带回各自的家乡。特别是在棉铃虫大发生后，佐治亚州等地的许多棉花被花生所代替，而形成了目前美国南部的花生带，“弗吉尼亚型”花生的命名也源于此。

2. 花生传入中国

外国学者认为花生传入中国，是在哥伦布发现新大陆(1492)之后，花生从西太平洋沿西班牙属地菲律宾而到达中国的东南沿海，时间是16世纪中叶。但中国古农书记载的中国花生栽培史远远早于哥伦布发现美洲大陆的1492年。代表性的历史文献有：①唐氏段成式所撰写的《酉阳杂俎》有“又有一种形如番芋，蔓生……花开亦落土结子曰香芋，亦名花生”的描述。②元代贾铭在《饮食须知》，内有“近出一种落花生，诡名长生果，味甘，微苦，性平，形如豆荚，子如莲肉”的记述。推算该书的完成当在明洪武元年(1368年)前的元代后期。③明朝的蓝茂(1397—1470)所著的《滇南本草》(写作年代15世纪中期)也有落花生的记载。④清代赵学敏于1765年所撰写的《本草纲目拾遗》中对落花生有较详尽的考证，且书中引用了《酉阳杂俎》中有关花生的叙述，认为唐代中国即已有花生栽培。⑤清代檀萃1799年所撰写的《填海虞衡志》中也有“落花生为南果中第一……宋元间，棉花、番瓜、番芋、落花生同时传入中国”的记载，说明中国于宋、元年间，即1000年左右即已有花生栽培。

从考古情况分析，浙江省吴兴县1958年及江西省修水县1961年曾于原始社会晚期的遗址中出土过“花生种子”，根据同时出土的稻谷及木炭等鉴定，距今已有4700年左右。就照片对比，其形象与我国最早栽培的龙生型花生相似。至于普通型大花生的传入，根据前金陵大学《农林通讯》的记载，为1889年前由美国传教士带入蓬莱市。1887年浙江省的《慈溪县志》也有传入大花生的记载。1910年建立的广东农林试验场，开始了我国的花生科学试验。

3. 花生传入日本

日本吉岛认为，江户时代水宝三年(1706年)，花生从中国传入日本。日本宫间则认为是在明治六年(1873年)，神奈川人在横滨中国商人处得到了一些种子，1873年传入千叶县而形成今日的主产区。现在栽培的大粒种是1874年从美国引入的。

二、花生营养与用途

(一) 花生营养成分

1. 花生果

花生荚果出仁率60%～80%。花生仁含油率45%～55%，榨油率为40%～45%。花生油由80%不饱和脂肪酸和20%饱和脂肪酸组成，不饱和脂肪酸主要是油酸和亚油酸，易被人体消化吸收。亚油酸能够促进人体生长发育，维持人体正常的生理机能，不增加人体内血清胆固醇的含量，降低了高血压和动脉粥样硬化等疾病的发病率。花生油淡黄透明、油味芬芳、纯正可口，是深受人们欢迎的食用植物油之一，市场上占有相当重要的地位。

花生仁还含有24%～36%的蛋白质，是我国第二大植物蛋白质来源。花生蛋白质的消化系数为89%，易被人体吸收(表3-1)。花生蛋白质主要以花生球朊和伴花生球朊的形式存在，含氮约18.3%，高于一般作物蛋白质的含氮量，故花生仁含氮量换算成蛋白质含量时，换算系数为5.46。花生蛋白质由多种氨基酸组成，其中谷氨酸和天门冬氨酸具有促进人脑细胞发育和增强记忆力的功能，所以有健脑食品的美称，但赖氨酸、蛋氨酸和异亮氨酸的含量不足。花生油粕的蛋白质含量可达47%以上，用侵提法提油，其油米粕蛋白质含量可达60%。此外，花生仁还含有丰富的碳水化合物，约占15%，含2%的纤维素和无机盐、维生素等。

表 3-1　每 100 克花生仁(生)中的营养成分含量

成分名称	含量	成分名称	含量	成分名称	含量
可食部分(%)	100	水分(克)	6.9	灰分(克)	2.3
糖类(克)	16.2	蛋白质(克)	24.8	脂肪(克)	44.3
能量(千焦)	2356	膳食纤维(克)	5.5	维生素 E(微克)	5
硫胺素(毫克)	1.14	核黄素(毫克)	0.13	烟酸(毫克)	17.9
维生素 C(毫克)	3.9	维生素 E(毫克)	18.09	胆固醇(毫克)	0
碘(毫克)	2.7	硒(毫克)	3.94	钾(毫克)	587
磷(毫克)	401	镁(毫克)	178	钙(毫克)	59
钠(毫克)	3.6	锌(毫克)	2.5	铁(毫克)	2.1
锰(毫克)	1.25	铜(毫克)	0.95		

引自 http://yingyang.00cha.com/，并根据有关资料整理。

医学上已经证明花生种皮能抑制纤维蛋白的溶解、增加血小板含量、改善血小板的质量、改善凝血因子的缺陷、加强毛细血管的收缩机能，因此具有止血、补血的作用。另外，还可以提高骨髓的造血功能，对再生障碍性贫血等疾病有明显的疗效，同时还有生发乌发的效果。花生种子尤其是花生种皮富含维生素 B_1、维生素 B_2。每百克干种子内含维生素 E 26.3～59.4 毫克，国外有用花生提取维生素 E。

2. 花生茎叶

花生茎叶中的蛋白质含量为 11%～14%，脂肪 2%，是重要的动物饲料。挤榨花生油粕残油含量 6%左右，含蛋白质 47%以上，是动物的主要精料。花生油粕含可消化的总养分达 86.7%～89.6%，茎叶也可达 54.6%。

3. 花生壳

烘干的花生壳含纤维素 65%～80%，一般不宜直接用作畜饲料。但如果用酸简单处理花生壳，用棒状杆菌分解 2 天，可以使消化系数由 20%提高到 70%左右，蛋白质含量提高到 15%，饲用效果很好。用花生壳的提取物，可代替制作黏胶剂与合成树脂所需要的酚的 20%～80%，节省能源近一半。

(二) 花生用途

花生仁营养丰富，食味优良，是单位面积产油量最多的草本油料作物。

世界上发达国家消费的花生主要供食用。我国花生的55%用于榨油,年消耗花生原料近800万吨(以花生果计);食品加工和直接食用约530万吨,占总产量的30%,种子占总产量的8%,出口占总产量的7%。

1. 食油用

我国食用油年消耗量3200万吨左右,其中豆油约占36%,棕榈油占24%,菜籽油占19%,花生油占8%,棉籽油、芝麻油、葵花油等占13%。

2. 食品用

花生炒货和以花生为原料的糖果、糕点都是人们爱吃的食品,如南味花生糖、鱼皮花生、苏州丁果糖、可可花生、糖花生米、潮州猪油花生糖、咸味花生、椒盐花生米、奶油花生米等,品种繁多,尤其是炒花生果和五香花生米,遍布全国城乡市场。近年来,我国花生食品加工业发展较快,除加工成花生酱、烘烤食品外,以花生为原料的人造肉被誉为“素肉”,在国内销量较大,“蛋香乳”形似牛奶,清甜,有花生香味,也有一定的销量。

3. 出口用

花生是我国的传统出口商品,畅销许多国家和地区,在世界上享有盛名,外商赞誉我国的大花生果大、粒饱满、色泽鲜艳、不油不腻、清脆香甜。我国的大花生杂质少,无黄曲霉菌污染,在四大国际贸易市场上成交情况最佳,出口量占全世界贸易量的25%~30%。

三、花生生产与贸易

(一) 世界花生生产与贸易

1. 世界花生生产

世界花生自20世纪初期以来,一直是持续发展,种植面积不断扩大,单产水平提高,总产量持续增加。1931—1939年,花生年均种植面积13650万亩,总产量813万吨;1940—1949年,面积17775万亩,总产量932.3万吨;1950—1959年,面积26295万亩,总产量1180.2万吨;1960—1969年面积29775万亩,总产1566.3万吨;1970—1979年面积29685万亩,总产量1815.8万吨;1991年面积30540万亩,总产量2337万吨;进入21世纪,花生种植面积稳定在30000万亩以上，总产量在3500万～5364万吨。2020年面积47454万亩，总产达到5364万吨，单产113.3千克/亩(表3-2)。

表3-2　世界花生生产情况

年份	1991	2000	2010	2011	2012	2015	2016	2017	2020
面积(万亩)	30540	34869	39213	36933	37064	40200	41933	42317	47454
总产量(万吨)	2337	3473	4348	4013	4119	4508	4491	4744	5364
单产(千克/亩)	76.5	99.6	110.9	108.7	111.1	112.1	107.1	112.1	113.3

资料来源:《中国农村统计年鉴2001》、《中国农村统计年鉴2022》。

2. 花生主产区域

世界花生主产区域在亚洲、非洲。主产国是中国、印度、尼日利亚、苏丹、美国、缅甸、坦桑尼亚、阿根廷、乍得、塞内加尔、几内亚等。2020年花生种植面积最大的是印度，为9150万亩，占世界的19.3%；总产量最多的是中国，达1733万吨，占世界的33.57%；单产最高的是美国，为284千克/亩(表3-3)。

表3-3　世界花生主产国生产情况

项目	2000年			2010年			2020年		
	面积(万亩)	总产量(万吨)	单产(千克/亩)	面积(万亩)	总产量(万吨)	单产(千克/亩)	面积(万亩)	总产量(万吨)	单产(千克/亩)
世界	34869	3473	100	24213	4348	111	47454	5364	113
中国	7283	1444	198	6561	1514	231	6930	1733	250
印度	9839	648	66	8790	827	94	9150	995	109
尼日利亚	2901	290	100	4184	380	91	6110	449	74
苏丹	2195	95	43	2430	119	46	4795	277	58
美国	812	148	183	762	189	247	981	278	284
缅甸	840	63	75	1316	137	104	1698	165	97
坦桑尼亚	176	5	30	723	47	64	1500	69	46

续表

项目	2000年			2010年			2020年		
	面积（万亩）	总产量（万吨）	单产（千克/亩）	面积（万亩）	总产量（万吨）	单产（千克/亩）	面积（万亩）	总产量（万吨）	单产（千克/亩）
阿根廷	329	42	129	329	61	186	551	129	233
乍得	657	36	55	1560	110	71	1137	84	74
塞内加尔	1643	106	65	1794	129	72	1838	180	98
几内亚	230	20	87	341	33	97	1464	107	73

资料来源:《中国农村统计年鉴 2001》、《中国农村统计年鉴 2022》，联合国 FAO 数据库。

3. 世界花生消费结构

近 20 年来，花生消费数量保持稳定增长态势。USDA（美国农业部有机认证）数据显示，2020/2021 年度，全球花生总消费量为 5151 万吨，相比 2001/2002 年度的 3714 万吨，增长 38.7%。其中国内消费 4700 万吨，出口 427 万吨。在消费结构上，食用消费 2212 万吨，压榨消费 1888 万吨，饲用消费 624 万吨。

4. 世界花生贸易数量

世界花生贸易量有所增长，进出口国家比较稳定。2020/2021 年度全世界花生贸易量 427 万吨，其中出口国分别是阿根廷占 22%，印度占 20%，美国占 17%，中国占 14%，塞内加尔占 8%，巴西占 7%，其他国家占 12%。

花生进口国家有中国占 25%，欧盟占 24%，印度尼西亚占 11%，墨西哥占 6%，俄罗斯占 6%，越南占 5%，加拿大占 4%，其他国家占 19%。

（二）中国花生生产与贸易

1. 花生产地分布

花生生长需要一定的温度、水分和适宜的土壤，一般年平均温度 11℃以上、生育期积温超过 2800℃、年降水量高于 500 毫米的地区均适宜花生种植。我国花生的种植区域很广，种植范围南起北纬 18°，北至北纬 50°，跨越 32 个纬度、56 个经度，从寒温带到热带，从海平面以下 154 米的吐鲁番盆地到海拔 1800 米以上的山地高原，从平原到丘陵，从水田到旱坡地，均有花生种植，分布在 29 个省（自治区、直辖市）。

我国花生产地既有相对集中的优势产区，又有广阔的分散式种植区。江淮流域的河南、山东、河北、安徽、江苏、江西、四川、湖北、湖南，东北地区的辽宁、吉林，珠江流域的广东、广西是我国花生最为集中的种植区，13 个省（区）2021 年花生种植面积 6593.1 万亩，总产量 1711.1 万吨，分别占全国花生面积的 93.5%，总产量的 91.4%。种植面积和产量最多的是河南省，面积 1939.4 万亩，总产量 588.2 万吨，分别占全国的 26.9%和 32.1%（表 3-4、表 3-5）。

表 3-4　中国花生生产情况

年份	面积（万亩）	总产量（万吨）	单产（千克/亩）	年份	面积（万亩）	总产量（万吨）	单产（千克/亩）
1978	2652.0	237.7	89.6	2005	6992.0	1434.2	205.1
1980	3508.5	360.0	102.6	2010	6561.0	1513.6	230.7
1985	4978.5	666.4	133.9	2012	6601.5	1579.2	239.2
1990	4360.5	636.8	146.0	2015	6579.0	1596.1	242.6
1995	5713.5	1023.5	179.1	2020	7096.2	1799.3	253.6
2000	7282.5	1443.7	198.2	2021	7207.9	1830.8	254.0

资料来源：《中国农村统计年鉴 2021》。

表 3-5　2021 年花生主产省生产情况

地区	面积（万亩）	总产量（万吨）	单产（千克/亩）	地区	面积（万亩）	总产量（万吨）	单产（千克/亩）
全国	7207.9	1830.8	254.0	湖北	367.1	86.3	235.1
河南	1939.4	588.2	303.3	吉林	363.9	83.3	228.9
山东	947.6	281.8	297.4	广西	339.5	71.1	209.6
广东	524.6	115.9	220.9	江西	265.8	53.6	201.5
辽宁	498.5	115.5	231.7	安徽	219.3	71.8	327.5
四川	435.3	76.3	175.2	湖南	171.0	30.7	179.5
河北	375.3	96.3	259.6	江苏	145.8	40.3	276.1

资料来源：《中国农村统计年鉴 2022》。

2. 花生产区划分

根据我国各地的地理条件、气候条件、耕作栽培制度和品种类型的分布特点，以及花生发展的趋势，可将花生生产划分为 7 个区。

(1) 黄河流域花生区。包括山东、河南、河北、北京、天津、山西南部、陕西中部以及江苏和安徽北部，是全国花生产区中种植面积最大、总产量最高、提供商品量和出口最多的产区。

本区的气候、土壤条件较好，花生生育期间的积温在 3500℃以上，日照时数一般为 1300～1550 小时，降水量为 450～800 毫米。

(2) 长江流域花生区。是我国春、夏播花生交作区，有春播单作、与小(大)麦套作、麦(蚕豆、豌豆)油菜马铃薯连作夏播花生。包括湖北、湖南、四川、江西、浙江、上海，及河南、安徽、江苏三省南部，福建西北部，陕西西南部，甘肃东南部。本区花生种植面积和总产量均占全国的 15%左右，单位面积产量较高。

本区自然资源条件较好，有利于花生生长，花生生育期间的积温为 3500～5000℃；日照时数一般为 1000～1400 小时；降水量一般为 1000 毫米左右。

(3) 东南沿海花生区。本区是我国花生种植历史最早，又能春、秋两季种植的生产区，位于南岭以南的东南沿海地区，包括广东、台湾、广西、福建大部和江西南部。花生种植面积和总产量占全国的 2.5%左右，单位面积产量较低。主要种植在海拔 50 米左右的地区，东南沿海丘陵地区和沿海、河流冲积地区分布较多。

本区高温多雨，水、热资源丰富，居全国之冠。从北向南，花生生育期间的积温由 6000℃左右增加到 9000℃，日照时数为 1300～2500 小时，降水量为 1200～1800 毫米。

(4) 云贵高原花生区。包括贵州、云南大部、湖南西部、四川西南部、西藏东南部。花生种植面积和总产量占全国 2%左右，单位面积产量较低。本区为高原山地，地势西北高，东南低，高度落差悬殊。山高谷深，江河纵横，气候垂直差异明显。花生多分布于海拔 1500 米以下的丘陵、平坝、半坡地带的梯田及缓坡地。云南的红河、文山、西双版纳、思茅和贵州的铜仁市较多。

本区的气候条件有利于花生生长，生育期间的积温为 3000～8250℃，日照时数为750～2200小时，降水量为500～1000毫米，有干、湿季之分，其中云南较为明显，降水量多集中在5—10月。

（5）黄土高原花生区。包括北京市的北部、冀北、晋中北、陕北、甘肃东南部以及宁夏部分地区。花生种植面积和总产量占全国的1%以下，单位面积产量低，种植分散，昌平、怀柔、曲阳等地种植面积较大。

本区西北高、东南低，一般海拔为1000～1600米，花生多分布在地势较低的地区。花生生育期间积温为2300～3100℃，日照时数为1100～1300小时，降水量为250～550毫米，多集中在6—8月。

（6）东北花生区。本区为早熟花生区，包括辽宁、吉林、黑龙江以及河北燕山东段以北地区。花生种植面积和总产量占全国的4%左右，单位面积产量较低。

主要分布在辽东、辽西丘陵以及辽西北等地区，海拔多在200米以下。花生生育期间的积温为2300～3300℃，日照时数为900～1450小时，降水量一般为330～600毫米，东南多西北少。

（7）西北花生区。本区是灌溉花生区，包括新疆、甘肃的景泰、民勤、山丹以北地区、宁夏的中北部以及内蒙古的西北部。花生种植面积和总产量占全国的1%以下，单位面积产量低。

本区处于内陆，绝大部分地区属于干旱荒漠气候，温、光、水、土资源配合有较大缺陷。花生生育期间的积温，南疆、东疆南部和甘肃西北部较高，为3400～4200℃，日照时数为1300～1900小时，降水量最少，仅为10～73毫米。甘肃河西走廊北部、北疆北部的部分地区积温最低，为2300～2650℃，日照时数为1150～1350小时，降水量为61～123毫米。此区的温、光条件对花生生长有利，只是降水量稀少，不能满足花生生长的要求，必须有灌溉条件才能种植花生。

3. 中国花生进口数量

随着国内花生消费市场的变化，对花生需求数量逐年增加，近年来花生进口快速增长。据中国海关数据，2017年进口花生产品25.27万吨，2018年进口18.36万吨，2019年进口7.86万吨，2020年进口108.78万吨，其中进口去壳花生达76.52万吨，进口带壳花生32万吨，均创同期历史最高纪录，还进口了烘焙花生、花生酱、花生米罐头等。

（三）湖北省花生生产

1. 花生生产呈波动式发展

花生是湖北省栽培的重要油料作物之一。清代，湖北种植花生已较普遍，1934 年的产量已达 11.11 万吨。新中国成立后花生种植面积逐渐扩大，1957 年种植面积突破 100 万亩，1956 年总产量达到 11.94 万吨。20 世纪 60 年代，遭受严重自然灾害，造成粮食和油料作物受灾减产，花生种植面积减少为 40.4 万亩，1960 年最低时只有 27.6 万亩，单产由 1956 年的 136 千克/亩，减少到 34 千克/亩。1962 年种植面积开始恢复发展，1966 年又出现波动下滑，到 1978 年又开始恢复发展，1986 年超过 1957 年的种植面积，1999 年突破 200 万亩，2001 年达到 315 万亩，2012 年种植面积 360 万亩，总产量 74.34 万吨；2021 年种植面积 367.10 万亩，总产量 86.30 万吨，单产 235.10 千克，均创历史纪录（表 3-6）。花生生产的波动变化，与粮食生产关系十分密切，呈现出粮食丰收花生发展，一旦粮食减产，花生种植面积就会调减。

表 3-6 湖北省花生生产情况

年份	面积（万亩）	总产（万吨）	单产（千克/亩）	年份	面积（万亩）	总产（万吨）	单产（千克/亩）
1978	51.21	4.90	95.67	2000	290.13	53.46	184.27
1980	61.14	5.85	95.67	2005	257.57	60.19	233.73
1985	98.91	13.52	136.67	2010	297.75	66.64	223.80
1990	95.63	12.79	187.20	2015	332.48	73.21	220.20
1995	137.87	27.28	197.87	2021	367.10	86.30	235.10

资料来源：《湖北农村统计年鉴 2022》。

2. 花生产区分布

湖北省花生种植广泛，各个县（市、区）都有花生种植，主要集中在两大种植区域。

（1）鄂东花生产区。位于大别山以南，包括黄冈市、孝感市的东北部、随州市的东部、武汉市的北部。以红安、麻城、大悟三县市种植面积较多，是历史上有名的花生主产县。新中国成立后至20世纪90年代，鄂东花生区花生的播种面积和产量，一直占全省的70%以上，商品率达40%以上。

（2）江汉平原花生区。位于汉水中下游和长江沿岸地区，包括襄阳、荆门、荆州、仙桃、天门、潜江、咸宁、黄石、鄂州及宜昌东部、孝感南部、武汉市南部，气候、土壤等条件适宜花生生长。20世纪90年代以来，花生生产发展很快，尤其是襄阳市，2021年花生生产面积和总产量分别达到87.63万亩、23.5万吨，均居全省第一位。2021年花生种植面积10万亩以上的县市达11个（表3-7），花生种植面积和总产量占全省55%左右。

表3-7　2021年湖北省花生主产县生产情况

地区	面积（万亩）	总产（吨）	单产（千克/万亩）	地区	面积（万亩）	总产（吨）	单产（千克/万亩）
湖北省	367.1	863670	235	宜城	13.1	29506	225
襄州	38.8	104182	269	黄陂	12.3	27036	220
大悟	28.3	50938	180	竹山	11.7	27106	232
红安	28.1	66135	235	广水	10.8	24525	227
麻城	22.7	56976	251	天门	12.2	39447	323
枣阳	21.1	57335	272	钟祥	10.2	25338	248

资料来源：《湖北农村统计年鉴2022》。

第二节　花生生物学基础

一、花生的生物学特征

（一）花生的类型

1. 植物学分类

花生属草本植物，花生属有70多个种，已正式命名的有23个种。其中只有1个是栽培种,其余均为野生种。栽培种为异源四倍体,体细胞染色体数为40,包含A、B两个染色体组,野生种多为二倍体。

1956年,中国农业科学院油料作物研究所孙大容等,根据花生品种的荚果形态、开花型及其他性状,将我国花生分为四大类型,即普通型、龙生型、珍珠豆型和多粒型,首先将龙生型作为花生的基本类型之一。1960年,国外专家克拉波维卡斯,按分枝型将栽培花生分为2个亚种,每个亚种又各分为2个变种,共4个变种,该变种与我国的4个类型正好相应,其分类系统见表3-8。

表3-8 花生栽培种的分类

亚种	变种	植物学类型	类型	次级变异中心
密枝亚种	密枝变种	弗吉尼亚型	普通型	玻利维亚、亚马孙河流域
	多毛变种	秘鲁型	龙生型	秘鲁
疏枝亚种	疏枝变种	瓦伦西亚型	多粒型	秘鲁、巴西东北部地区
	普通变种	西班牙型	珍珠豆型	圭亚那、巴西东北部地区

我国最早栽培的是龙生型花生,故又称为本地小长果。龙生型花生的荚果多为3～4粒,果腰细,果嘴较大,壳薄、脉纹极明显;蔓生,多晚熟;耐旱性强,与其结实较深有很大的关系;种子食味好,曾广泛用于制作咸花生果。但结实散漫,难收获,产量低。

四大类型花生的农艺性状特点见表3-9。

2. 栽培学分类

目前,生产或科研上一般按花生熟性的早晚、种仁大小、荚果大小和株型分类。

(1)按生育期分类。分为早熟种(生育期＜130天)、中熟种(生育期130～160天)、晚熟种(生育期＞160天)。

(2)按株型分类。分为直立型、半蔓型、蔓生型。直立型品种适宜密植,蔓生型品种适宜稀植,半蔓型品种种植密度居中。

(3)按种仁大小分类。分为大粒种(百仁重＞80克)、中粒种(百仁重50～80克)、小粒种(百仁重＜50克)。

表 3-9　四大类型花生的农艺性状特点

类型		普通型	龙生型	珍珠豆型	多粒型
开花型		交替	交替	连续	连续
果形		普通形，果大，多 2 粒荚果，果嘴小	曲棍形，果小，多三四粒荚果，果嘴大	葫芦形，果中偏小，大都 2 粒荚果，果嘴小	串珠形，果中等大，多三四粒荚果，果嘴不明显
果壳		厚，脉纹浅	薄，脉纹深	较薄，脉纹浅	厚，脉纹浅平
种子	种皮	淡红色	淡褐色	粉红色、易生裂纹	深红色、易生裂纹
	粒形	粒大，长椭圆形	粒小，瘦长，椭圆形或三角形	粒中偏小，短椭圆形或桃形	粒中等大，短柱形或三角形
	休眠性	强	强	弱	弱
茎性		有立性、半立性、匍匐性三种，多分枝	匍匐性，多分枝，有三次以上分枝，茸毛密生	立性，分枝少	立性，分枝少，茎粗，较高大，红种皮者有花青素
株型指数		立蔓 1.2 半蔓 1.6 爬蔓 2 以上	5.5	1.1～1.5	1.2
叶片		倒卵形，中偏大，色浓绿	短扇形或倒卵形，小，灰绿色，茸毛密	近圆形，较大，色淡绿	长椭圆形，大
耐旱性		强	强	较弱	较弱
对结实层土壤缺钙的反应		敏感	—	不敏感	不甚敏感
开花、成熟		中偏晚	晚	早	早

(4) 按种荚果大小分类。按品种固有形状和正常成熟荚果百果重的大小，分为大果型(百果重 200 克以上)、中果型(百果重 150～200 克)、小果型(百果重 150 克以下)。

花生荚果大小主要受遗传因素控制，荚果大小与花生产量关系密切。不同花生果型品种对土壤和生态环境条件的要求有较大差别。大果型品种主要分布在北方的花生区。小果型品种出苗整齐，出叶速度较快，荚果发育较早，产量较低；大果型品种的苗壮，分枝数、果针数、荚果数和干物质积累多，产量较高。一般荚果大小与种仁大小呈正相关。

(5) 按产品用途分类，分为 4 个类型。

食用花生：食用花生的品质应以籽仁蛋白质含量、糖分含量和口味为主要指标，蛋白质含量高，含糖量高，口味好，品质愈好，同时考虑低脂肪含量及 O/L 值(油酸与亚油酸比值)。食用花生又可分为鲜食花生、豆腐花生、酱用花生、花生烤果和花生烤仁、芽菜花生等。①鲜食用花生。对产量目标要求略低，但熟性好。鲜食花生与熟性相关性强，越早熟，上市越早，效益越好，生育期 80～90 天为宜。其种皮颜色以鲜红或黑色最受消费者欢迎，质地要煮熟后酥而不软，蛋白质含量要求 30%以上，且鲜食花生亚油酸含量要高，O/L 值要低。②豆腐用花生。花生通过特殊处理，也可以加工成豆腐。以花生为主要原料加工成的豆腐，鲜嫩细脆，清香可口，具有不易腐败、变质的特点，是理想的新型豆腐食品。要求蛋白质含量高、蛋白抽提率高、凝固率高。③酱用花生。要求大粒或中粒，蛋白含量适中、糖类含量高、硬度小，蒸煮时易软化的品种。④烤果用花生。烤果花生和烤仁花生等，要求花生品种的含糖量、硬度要高，随花生种子硬度和蔗糖含量的增加，其口味品质变好。⑤芽菜用花生。要求百仁重小于 50 克，发芽率高，花生芽生长快，芽长，脂肪含量低，蛋白和糖类含量高，味道佳的品种。⑥高蛋白花生。优质的花生蛋白，在食品加工中已得到较广泛的应用，以不同的比例添加到面粉、肉制品、乳制品、冰制品、水产品等各类品种的食品中，不仅能增加营养，同时还能改善食品的性能结构。花生蛋白的利用，要从营养特性和功能特性两个方面综合考虑。营养特性是蛋白资源的基础，功能特性决定着蛋白的加工性能。

油用花生：油用花生的品质以籽仁脂肪含量为主要指标，脂肪含量越高品质越好，同时考虑脂肪酸组成分，不饱和脂肪酸含量越高，营养价值越高。脂肪含量≥55%为高油品种。高油品种如徐花 9 号脂肪含量 60.89%、冀花 4 号 57.65%、远杂 9102 为 57.4%、豫花 9830 为 57.45%、中花 5 号、中花 8 号、中花 12、中花 16 等品种。花生脂肪酸的组成是决定花生油脂品质的重要因素。组成花生脂肪的脂肪酸主要为油酸 31.12%～72.76%、亚油酸 12.55%～50.67%、棕榈酸 4.10%～17.14%、硬脂酸 0.68%～9.06%、花生酸 0.18%～5.96%、山嵛酸 0.29%～5.93%、花生烯酸 0.08%～4.47%。油酸是一种单不饱和脂肪酸，不仅能降低有害胆固醇（低密度胆固醇），还可维持有益胆固醇（高密度胆固醇）的水平，从而减缓动脉粥样硬化，有效预防冠心病等心血管疾病的发生；油酸稳定性高，油酸含量高有利于延长花生及制品的货架期。提高油酸含量已成为国内外花生品质改良育种的研究热点之一。

出口专用花生：出口专用花生的品质应以荚果和籽仁形状、果皮和种皮色泽、整齐度以及 O/L 值、口味等为主要指标。我国传统的出口花生，是弗吉尼亚型大花生，多以农家品种为主，具有粒大而均匀、口味好、O/L 值较高、耐储藏等优点。近年来推出的出口型品种虽产量提高，但果（仁）形、均匀度、外观、口味下降，O/L 值降低。小花生多为白沙 1016 及其杂交后代的混合体。出口专用花生品种有豫花 11、豫花 3 号、远杂 9307、丰花 6 号、鲁花 10 号、花育 22、潍花 6 号、锦花 12、徐州 68-4 等。

保健花生：花生品质应以其籽粒仁中含有某种或几种对人体健康有重要作用的成分，目前主要有高亚油酸含量花生、低脂肪花生（40%以下，美国标准为含油量低于 37.5%）、高白藜芦醇花生、高硒、高锌或高钙花生等。①药用花生。花生在医药上具有降低血压、治疗小儿单纯性消化不良和镇咳祛痰等作用。利用花生红衣（种皮）制作具有止血等功效的药物，如止血片、止血宁注射液、止血宁糖浆等；利用花生壳中含有的皂草苷制作花生壳制剂，如脉通灵等，对动脉硬化、高血压、冠心病及其并发症大有裨益；利用壳的木质素制造口味甜而不含糖的木糖醇，适于糖尿病患者与儿童食用，还可防龋齿；利用叶片制造天然安眠药。②高亚油酸花生。亚油酸是一种人体自身不能合成，必须由饮食供给的不饱和脂肪酸，又称为必需脂肪酸。亚油酸是有抗辐射、降胆固醇和抗动脉硬化等保健作用。高亚油酸花生品种如豫花 14 含量 42.58%、锦花 9 号含量 40.73%、湘花 B 含量 39.87%等。③低脂肪花生。花生热量值低，为害怕体重增加的人食用花生开辟了新途径。低脂肪花生品种如阜芪 10 号为 42.8%、花育 17 为 44.6%。④高白藜芦醇花生。白藜芦醇被誉为继紫杉醇之后的又一新的绿色抗癌药物，被美国《抗衰老盛典》列为 100 种最有效的抗衰老物质之一。对人体的生物学功能主要表现为抗癌（前列腺癌、乳腺癌）、抗动脉粥样硬化、保护心脏血管（预防心肌梗死、脑栓塞、心脏病)、抗血小板聚集、调节油脂代谢、抗菌消炎等,是心脏病、动脉硬化及癌症的天然预防剂。广东省农业科学院已育成了白藜芦醇高含量品种珍珠1号,花生种仁白藜芦醇含量9微克/克,种衣含9.2微克/克。⑤含硒较高花生。硒具有显著的生理保健功能,抗氧化、抗肿瘤、解毒、保护肝脏、预防心脑血管疾病、防治克山病和大骨节病、保护视器官的健全功能和视力、防止糖尿病心肌病变的发生发展。硒含量较高的品种如远杂9102、豫花黑1号、远杂0005等,达0.01~1.00毫克/千克,属于富硒花生。⑥黑色花生。花生籽仁鲜湿时紫黑,晒干乌黑,具有高蛋白(30.7%)、高钾(7毫克/克)、高锌(37毫克/千克)、高硒的特点,是典型的黑色保健食品。黑花生品种有豫花黑1号、开农黑花生、赣花9号、绵新2号、中育1号、黑丰1号、珍珠黑、庐黑1号等。

(二) 花生种子

1. 种子的形态结构

花生种子俗称花生仁或花生米,由双受精后的胚珠发育而成。珠被形成种皮,受精卵发育成胚,胚乳于种胚分化子叶后逐渐被种胚所吸收,有时只在子叶先端可见其痕。花生种子着生在荚果的腹缝线上,成熟种子的外形一般一端钝圆或较平(子叶端),另一端较突出(胚端)。种子形状可分为椭圆形、三角形、桃形、圆锥形和圆柱形五种。普通型品种的种子多为椭圆形、较细长,珍珠豆型品种多为桃形,较短圆。

种子大小可分为3种:大粒种(百仁重80克以上),中粒种(百仁重50~80克),小粒种(百仁重50克以下)。

花生种子由种皮和胚两部分组成,胚又分为胚根、胚轴、胚芽和子叶四部分。胚乳在种子发育中途败育,偶在胚芽上方可见薄膜状的胚乳遗迹。种子近尖端部分的种皮表面有一白痕,为种脐。

种皮分3层,表皮为厚壁细胞层,具有色素,因类型和品种不同而呈白色至浅红色乃至深紫色或黑色等色泽;中间为薄壁细胞层,内含维管束;内表皮为薄壁细胞层,成熟时因品种不同而呈白色或金黄色。有些品种外表皮易裂开呈现白色裂纹,易染黄曲霉菌。种皮出现裂纹与种皮结构有关,种皮的厚壁细胞层厚而坚者不易产生裂纹,内表皮的薄壁细胞层较厚则易产生裂纹;裂纹还与生育后期土壤干湿变化等环境条件有一定关系。

花生种皮的颜色，以晒干新剥壳的成熟种子为准，可分为紫色、紫红色、紫黑色、红色、深红色、粉红色、淡红色、浅褐色、淡黄色、红白相间、白色等11种，其中粉红色品种最多。

种皮主要起保护作用，防止有害微生物侵染。在花生荚果诸多抗黄曲霉菌污染的性状中，种皮表面的蜡质匀而厚、细胞排列紧密、透性低、种脐小的品种，抗性较强。

胚由胚芽、胚轴、胚根和子叶组成。胚芽白色，由1个主芽和2个子叶节侧芽构成。主芽有2～3片幼真叶和3～4个真叶原基，2个侧芽则各有鳞片1～2片、幼真叶1～2片和2～3个真叶原基。主芽长成主茎，2个侧芽成为侧枝，通常称作第一对侧枝。子叶2片，特别厚，呈乳白色，有光泽，富含脂肪、蛋白质等营养物质，重量占种子重的90%以上。子叶是贮藏养分的场所，为种子萌发过程中的器官分化与形成提供营养。子叶下为下胚轴，先端为胚根，突出于种子基部。

2. 花生种子的休眠性

具有生活力的成熟种子，在适宜发芽的条件下不能萌发的现象称为种子的休眠性。种子通过休眠所需的时间称为休眠期，不同类型的花生品种种子的休眠期差异较大。用激动素及其同类物质6-苄氨基嘌呤处理种子，能有效增加种子的乙烯含量，解除休眠。用粉状的乙烯利按1∶100的比例与杀菌剂混合，进行拌种，即可有效地解除休眠。晒种有利于促进乙烯的产生，有助于打破花生种子休眠促进种子萌发。

3. 花生种子萌发需要的条件

花生种子解除休眠后，在适宜的条件下便可萌发。花生种子约含脂肪50%，其余的为亲水物质，种子吸收本身重量40%的水分即可萌发，但使其出苗则需要吸收4倍于种子重的水分。活力高的种子，浸水后2～4天开始释放乙烯，然后迅速上升，至24小时达到高峰，随后下降。萌发2～4小时的种子，呼吸强度已达较高水平，萌发58～60小时后达到高峰，然后下降。花生种子富含脂肪，萌发过程中呼吸耗氧量大，土壤空气中氧气的含量减少到25%时即影响发芽出苗。种子萌发温度，珍珠豆型品种12℃时萌发，普通型品种13℃时萌发。37℃时发芽最快，高于40℃受阻。普通型大花生高于

46℃即不可萌发，珍珠豆型品种花生和多粒型品种小粒红则在46℃的条件下仍能萌发。一般来说，花生种子高于47℃不能萌发，25℃下经24～36小时生出幼根。

（三）花生根及根瘤

1. 花生的根系

花生的根系为圆锥根系，由主根和多级侧根组成。主根由胚长成，由主根分生出的侧根称为一次侧根，一次侧根分生出来的侧根称为二次侧根，依此类推。主根维管束为四原型，4列一次侧根在主根上呈“十”字状排列，侧根为二原型或三原型。胚轴和侧枝基部亦可发生不定根。

田间种植的花生，根尖一般不着生根毛，有的只在某些特殊条件下偶尔着生根毛。春播时，种子萌发10天以内出现侧根。幼苗出土时，在适宜的土壤条件下，主根长20～30厘米，侧根已经40多条；发芽1个月后主根长50厘米，已有100～150条侧根；花生根系近水平方向生长，幅度可达45厘米；此后侧根的生长即转向垂直方向生长。成熟植株的主根长可达2米，一般60～90厘米，侧根也可伸至类似深度。侧根于地面下15厘米深处最多，70%的根系分布在30厘米深的土层内（图3-1）。

图3-1 花生根系分布

2. 花生根瘤和根瘤菌

（1）根瘤的形成。花生和其他豆科作物一样，根上长有瘤状结构，称为根瘤，由土壤中的根瘤菌侵入根部组织而形成。根瘤菌自根毛侵入，存在于根皮层的薄壁细胞中。根瘤菌在皮层细胞中迅速分裂繁殖，同时皮层细胞因根瘤侵入的刺激进行细胞分裂。结果在这一区域内皮层细胞数目增加，体积膨大，形成瘤状突起，即根瘤。花生根瘤菌属于豇豆族根瘤菌，除花生外，还可与豇豆、绿豆、小豆等豆科作物共生。

花生品种的结根瘤性和根瘤的固氮能力也有很大的差异。一般普通型品种结根瘤多,固氮能力强,珍珠型品种则相反。有的品种虽然结根瘤,但不固氮,有的花生品种不能结根瘤。

花生根瘤圆形,直径一般为1～1.5毫米,多数着生在主根的上部和靠近主根的侧根上,在胚轴上亦能形成根瘤。根瘤的大小、着生部位、内部颜色等都与固氮能力有关,主根上部和靠近主根的侧根上的根瘤较大,固氮能力也较强。有效根瘤菌中含粉红色汁液,其中有豆血红蛋白,起着从高氧压向低氧压输送氧气的作用。根瘤菌因氮需要寄主不断提供能源,在二氧化碳充足时,植株产生的光合产物多,根瘤着生得好,固氮作用旺盛。

花生根瘤菌在土壤中不能固氮。当幼苗主茎长出4～5片真叶时,幼根上便形成肉眼可见的圆形瘤状体。此时根瘤内的根瘤菌还不能固氮或固氮能力很弱,不但不能供给花生生长发育所需的氮素营养,还要吸收花生植株中的氮素和碳水化合物,来维持本身的生长繁殖,因此幼苗期的根瘤菌与花生是寄主关系。随着植株生长发育,根瘤菌的固氮能力逐渐增强,开始为植株供氮,开花以后,为花生提供的氮素越来越多,根瘤菌与植株的关系变为供生关系。盛花期和结荚初期是根瘤菌固氮和供氮的盛期。生育后期,根瘤菌的固氮能力衰减很快,根瘤破裂,根瘤菌重新回到土壤中。

(2) 共生固氮过程。根瘤菌从根瘤细胞中摄取自身生活所需要的水分和养料,把空气中的游离氮转变为植物能利用的含氮化合物,这种作用叫作固氮作用。花生根瘤菌固氮是一个还原过程,根瘤菌产生固氮酶,激活氮分子,使其与氢结合生成氨。固氮酶有钼铁蛋白和铁蛋白两种成分,它们在三磷酸腺苷以及某些电子载体的参与下,把大气中的氮分子还原成氨,并与地上部运来的碳水化合物结合形成氨基酸,再运到地上部。

(3) 影响根瘤菌固氮的因素。影响花生根瘤菌固氮的因素比较多,一是花生品种类型;二是花生植株生长期间的光合作用;三是土壤水分;四是土壤中营养元素,受土壤氮素影响很大,在不施氮肥的土壤上,根瘤菌固氮率可达90%以上,在氮肥量适中的土壤上,根瘤菌固氮率一般为40%～60%,且随施氮量的增加而降低;五是土壤pH,中性土壤根瘤发育好,酸性土壤根瘤菌数目少,固氮酶的活性低;六是温度,根瘤菌繁殖的适宜温度为18～30℃,根瘤形成和固氮的最适宜温度为20～22℃。

(四)花生茎的形成

1. 胚茎

由子叶节向下至主根之间的这一段,称为胚轴或根颈。胚茎属于茎部,其功能与茎部相似。种子萌发后,胚茎向上伸长,将子叶推出地面,因此花生幼芽出土依赖于胚茎伸长。胚茎的长度主要取决于覆土深浅,播种深或芽苗出土时曝光迟,胚茎即较长,粗度则与种子的大小呈正相关。播种质量对胚茎的正常生长及花生出苗有很大影响,如播种时种子倒置,发芽后胚茎会出现弯曲,影响幼苗正常出土;播种过深或覆土过厚,胚茎在一定范围内可相应伸长,但在出苗过程中消耗养分过多,不利于幼苗和根系发育。

2. 茎的形态

花生主茎直立,茎上生有白色茸毛,一般认为茎上茸毛多的品种较抗旱。花生的茎一般为绿色,老熟后变为褐色。有些品种的茎含有花青素,茎呈现部分红色,许多多粒型和龙生型品种茎呈现深浅不等的红色。

主茎一般有 15～25 个节间,与生长期长短、温度、水分和肥力高低密切相关。主茎高度以 40～45 厘米为宜,超过 45 厘米则表明采取的调控措施偏晚或力度偏小,花生营养生长与生殖生长关系失调,有旺长趋势和倒伏的隐患;花生主茎高度低于 35 厘米,表明植株营养体生长不良,或栽培条件差、控旺措施偏早偏重。

3. 茎的组成结构

花生茎的横切面自外向里分别为表皮、皮层、韧皮部、形成层、木质部、髓部。表皮细胞是活细胞,但一般不含叶绿体。表皮覆有角质层,具有气孔器。茎表皮细胞内含丹宁。皮层由 3～4 层细胞组成,维管束 20～40 个,中心部分为髓。幼茎中实,老后中空,干燥后茎的中上部断面为不规则的五边形。主茎直立,侧茎有斜伸或匍匐或半匐。

4. 茎的分枝

花生的分枝除了两个子叶节分枝对生外,各级侧枝互生。第 3～4 个一级侧茎之间的主茎节间比较短,形似对生,常称为第二对侧枝。主茎上一般只有 5～6 个一级分枝或侧枝。主茎基部的 4 个侧枝及其基部所生的分枝是花生的主要结实部位，就有效结实部位最大的第一对侧枝来说，基部节位一般可达6节。花生开花后，各级分枝的顶端生长有与主茎顶端相平齐的趋向。

（五）叶

1. 叶的形态结构

花生的叶可分为不完全叶和完全叶（真叶）两种，每一枝条的第一节或第二，第三节着生的叶是鳞叶，属于不完全叶，2片子叶亦可视为主茎基部的2片鳞叶。花生的真叶为羽状复叶，包括托叶、叶枕、叶柄、叶轴和小叶等部分。小叶两两对生，着生在叶柄上部的叶轴上，偶尔亦有多于或少于4片的畸形叶。

花生叶片的形状分为椭圆形、长椭圆形、倒卵形、宽倒卵形四种。叶片大小以主脉的长度表示，变幅很大，一般2～8厘米。叶片颜色可分为黄绿色、淡绿色、绿色、深绿色和暗绿色等。普通型品种一般为倒卵形，绿色或深绿色，大小中等；龙生型品种多为倒卵形，灰绿色，有大有小；珍珠豆型和多粒型品种椭圆形，颜色较浅，叶片较小。

2. 叶的感性运动

花生叶片具有较明显的感光运动，夜间或光强减弱时，由于叶枕细胞内光敏色素的作用，叶枕细胞膨压降低，引起叶身下垂，致使小叶两两叠合；白天或光强增加时细胞膨压增加，叶片重新张开，此种昼开夜合的现象称为叶片的睡眠运动或感性运动。普通型花生光强为250～450勒克斯时叶片开始展开，增至2000～2300勒克斯时即完全展开。花生叶片还具有较明显的“向阳运动”，即在晴天条件下，叶片在一天内随太阳辐射角的变化而不断发生变化，其正面尽可能对着太阳，使叶片的空间分布更有利于多接阳光。

3. 叶片的组织结构

花生叶片由上表皮、下表皮、栅栏组织、海绵组织、叶脉维管束及大型贮水细胞组成。上、下表皮分布着许多气孔，上表皮气孔的密度大于下表皮。

4. 叶片的生长

花生主茎上第1～4片叶每1～2天展开一片；第5～8片叶，每片真叶由出现到完全展开需要5～9天;第10～17片叶,4～6天展开一片。此后出叶速度明显减慢,需要10天或更长时间,同时叶片也变小。花生苗期叶片含氮3%～5%,碳、氮的比值全生育期最低,叶色浓。其后虽然已经出现根瘤,但固氮很少,而且大量花芽分化,幼苗渐长,耗氮多,叶色变淡,近开花前一段时间明显变黄。这时如果供氮过多,叶色仍浓,反而延迟开花,减少花量的可能。开花后根瘤菌的固氮能力渐强,叶色由黄转绿。近成熟前,茎叶内的氮大量输向荚果和子仁,根瘤菌已经失去固氮能力,叶色由绿转黄,花生一生叶色有出苗黑、初花黄、果针黑、饱果黄的"两黑两黄"变化。

5. 叶的功能

(1) 光合作用。花生叶是进行光合作用的重要器官,叶的发育程度及总叶面积的大小直接影响花生的光合作用,具有足够而适当的叶面积是花生高产的基础。花生为碳三植物,其光饱和点就单叶而言为6万～8万勒克斯,而田间冠层叶于10.3万勒克斯时仍未达到光饱和点;光补偿点与花生生育状况和特定条件有关,变幅550～2000勒克斯。花生真叶完全展开10～15天后光合作用强度最大,茎枝由上而下第三片展开叶的光合作用强度最大,第五片叶中等,从第八片叶开始下降。花生叶片从展开至脱落,单叶的光合速率呈抛物线形变化:花生叶片展开后光合速率迅速升高,至展开后20～25天达最大值,然后缓慢降低,至展开后50天左右迅速下降,60天左右脱落死亡。

(2) 蒸腾作用。叶是进行蒸腾作用的重要器官。蒸腾作用能促进花生体内水分的传导,是被动吸水的原动力;能降低叶温,避免叶片过热而受害;也是把矿质养分随水分运至植株上部的动力。干旱条件下,应用化学物质适当控制叶片的蒸腾速率,能显著减轻干旱对花生植株产生的不利影响,提高产量。叶片还具有吸收养分的功能,通过叶面施肥可补充根系对某些养分吸收的不足。

(六) 花生的花序和花

1. 花序

花生的花序为总状花序,由2级或2级以上的分枝变态而成。有的品种花序轴很短,仅着生1～2朵花或3朵花,近似簇生,称为短花序;有的品种花序轴明显伸长，可着生 4～7 朵花，偶尔着生 10 朵以上，称为长花序；有的品种在长花序上部又长出羽状复叶，不着生花朵，从而使花序又转变为营养枝，通常称为混合花序；有的品种在侧枝基部有几个短花序着生在一起，形似丛生，通常称为复总状花序。

2. 花的形态结构

(1) 花的结构。花生的花器由苞叶、花萼、花冠、雄蕊和雌蕊组成。苞叶 2 片、绿色，其中一片桃形、较短，着生在花轴上，包围在花的外面，称为外苞叶；另一片较长，可达 2 厘米，先端形成二分枝，称为内苞叶。花萼位于内苞叶内，下部联合成一个细长的花萼管，萼管上部有 5 枚萼片，其中 4 枚联合，1 枚分离，萼片呈浅绿、深绿或紫绿色，花萼管多呈黄绿色，被有茸毛，长度一般为 3 厘米左右。花冠蝶形，从外向内由 1 片旗瓣、2 片翼瓣和 2 片龙骨瓣组成，一般为橙黄色，雌雄蕊包在其内。

每朵花有 10 枚雄蕊，其中 2 枚退化，一般只有 8 枚。少数品种退化 1 枚，具有 9 枚雄蕊，还有少数品种不退化，具有 10 枚雄蕊。

雌蕊位于花的中心，分为柱头、花柱、子房三部分。细长的花柱自花萼管及雄蕊管内伸出，柱头密生茸毛，顶端略膨大呈小球形。子房位于花萼管及雄蕊管基部，子房上位，1 室，内有 1 至数个胚珠。子房基部有子房柄，开花受精后，其分生延长区的细胞迅速分裂使子房柄伸长，把子房推入土中，这一过程称为下针。

(2) 花芽分化。普通型花生第一花序原基着生在各级分枝的第三节上，出苗前后，有的也可分化出 1～2 个花序的原始体，其第一花芽开始分比。每个花序的分化进程可分为九级：花序和花原基分化期、花萼原基分化期、雌雄蕊分化期、花瓣分化期、胚珠花药分化期、大小孢母细胞形成期、大小孢母形成期、胚囊及花粉粒发育成熟期、开花期。

(3) 开花和受精。开花的前一天下午约 4 时花朵即明显增大，傍晚可见黄色的花冠包被于长大的花萼内，花萼管逐渐伸长，次日日出时开花。花生开花的顺序大致为由下而上、由内向外，邻花开放的时间间隔为 2～3 天，开花后 6～9 天受精。花生开花的最低温度为 18℃；温度 21～28℃时，随着温度的增高开花量增多；温度 25～28℃时开花最多；高于 35℃对开花受精不利。

花粉粒于16℃以上便可以萌发，花生开花前已经散粉，为自花授粉作物。

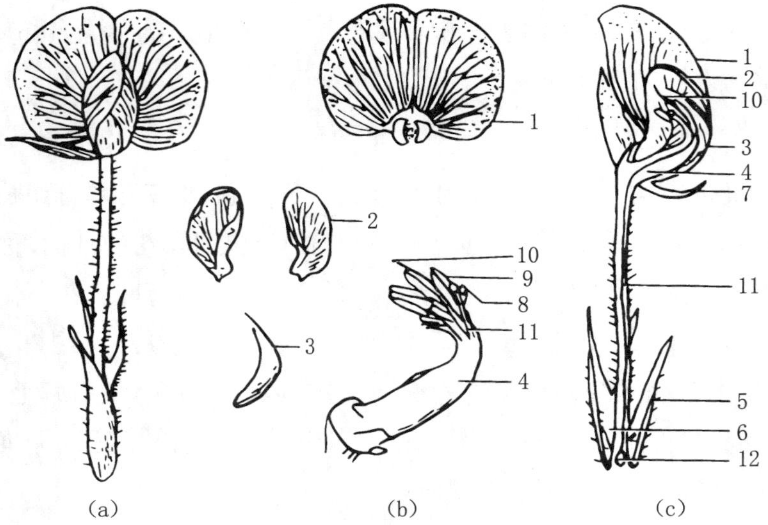

1. 旗瓣　2. 翼瓣　3. 龙骨瓣　4. 雄蕊管　5. 花的外苞叶　6. 内苞叶
7. 萼片　8. 圆花药　9. 长花药　10. 柱头　11. 花柱　12. 子房

图 3-2　花生花器结构

(a)花的外观；(b)雄蕊管及雌蕊的柱头；(c)花的纵切面

花生开花与土壤含水量、空气湿度、光照等环境条件密切相关。适宜开花的田间土壤最大持水量为60%～70%，降至30%～40%就会中断开花；大气相对湿度为86%～100%时适宜开花，花生开花常集中在上午9时之前。

（七）花生的果针

1. 果针的形成

花生开花受精后，在子房内形成原胚，产生吲哚乙酸、赤霉素和细胞激动素等。这些物质被运至子房基部，促使子房柄细胞开始分裂。子房柄连同其先端的子房合称果针，其先端帽状，表皮细胞木质化，对果针入土具有保护作用。子房位于果针先端约1毫米处，其后1～2毫米为子房柄细胞分裂区，再往后4～7毫米为细胞延长区。果针形成初期略呈水平生长，后渐向地下伸长。果针向地下伸长的过程即为下针，开花受精后3～6天，下针中的果针已经明显可见。果针被覆茸毛，具有吸收水分和养分的能力。

2. 下针与环境的关系

花生下针受大气环境的影响，适宜的土壤含水量、100%空气相对湿度；花生果针能耐短时间的 40～41℃的高温；花生果针必须入土结实，其原因是花生结实最需要的条件是黑暗，及湿润和机械刺激。

（八）花生的荚果

1. 荚果的发育过程

(1) 荚果的形成。果针入土后呈白色，入土后 4～6 天至 3～10 厘米深度，子房即在土壤中横卧，腹缝向上，膨大为荚果；果实入土 2～3 周，内果白嫩多汁肥厚；子房发育 30 天，果壳长至最大，果壳硬化时渐呈固有的黄色。果壳外观可见 12 条纵脉，其间有许多小维管束相通，形成若干纵横的支脉。

(2) 荚果的形态结构。成熟荚果的果壳坚硬，成熟时不开裂，多数荚果具有两室，亦有三室以上，各室间无横隔，有或深或浅的缩缢，称为果腰。荚果先端突出似鸟喙状，称为果嘴，其形状可分为钝、微钝和锐利三种。荚果形状大体可分为普通形、斧头形、葫芦形、蜂腰形、蚕茧形、曲棍形、串珠形七种（图 3-3）。普通形品种果壳较厚，荚壳重占果重的 30%以上。

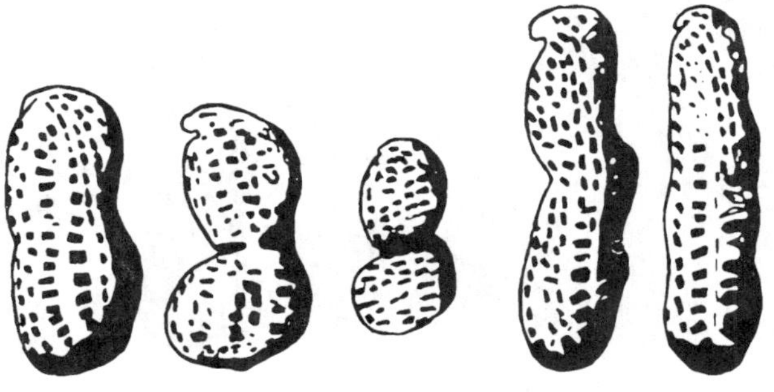

(a)　(b)　(c)　(d)　(e)

图 3-3　花生荚果果形

(a)普通形；(b)斧头形；(c)葫芦形；(d)曲棍形；(e)串珠形

2. 种子的发育

幼果初期原胚发育成棒状时，胚乳已有数百个游离核。果针入土后

10～15天，原胚分化出子叶原始体。果针入土30天左右，胚芽主轴上已经分化出1～2片真叶。第一片真叶的小叶片原基出现时，分化出子叶节分枝原基，这时荚果迅速膨大，体积比子叶分化时增加了10倍之多。此时子叶腋分枝分化出鳞叶及真叶原始体，进而胚乳中的营养物质被吸收殆尽，游离核消失，转入种子迅速长大期。果针入土35～50天，荚果变硬，胚器官已分化完成，具有发芽能力。

二、花生的生育期

花生生育期很长，一般早熟品种130天以下，中熟品种130～150天，晚熟品种150天以上。整个生育期可分为营养生长阶段、营养生长与生殖生长阶段、生殖生长阶段，包括种子发芽出苗期、苗期、开花下针期、结荚期和饱果成熟期五个生育期(图3-4)。

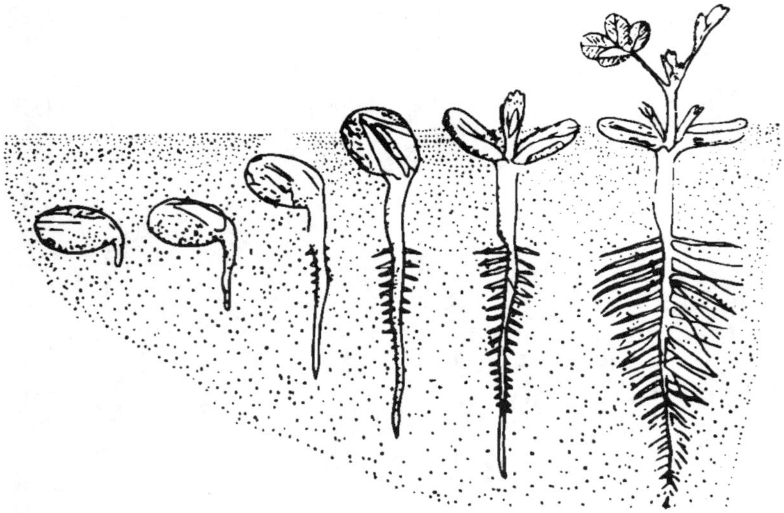

图3-4 花生种子发芽和出苗过程

(一) 营养生长阶段

1. 种子发芽出苗期

花生播种后，种子首先吸水膨胀，内部的养分代谢活动增强，胚根随即突破种皮，露出白嫩的根尖，此过程叫种子“露白”。种子露白后胚根与胚轴连接处开始“肿大”，此后胚根开始伸长。当胚根向下延伸到8厘米左右，胚根上有一级次生根出现时，胚轴便迅速向上伸长，顶着胚芽增长，将子叶和胚芽推向地表，此过程叫“顶土”，然后种皮破裂，子叶张开。当主茎伸长并有1片真叶展开时叫“出苗”。花生是子叶半出土作物，这就是栽培上“清棵蹲苗”的依据之一。

从播种到50%的幼苗出土，主茎展现1片真叶为种子发芽出苗期。正常条件下，春播早熟品种需10～15天，中晚熟品种需12～18天，夏播需4～10天。

花生发芽出苗期根系生长迅速，一般播种后3～4天，胚根可长到2厘米左右；胚芽顶土时，主根长达8～9厘米；出苗时，主根可长达20～30厘米，侧根可达30条以上，最大侧根长达10厘米左右。在胚根生长的同时，下胚轴增粗并向上生长，将子叶及胚芽推向土表。

2. 苗期

自50%的幼苗出土，主茎展现2片真叶至50%的苗株始现花、主茎有7～8片真叶为幼苗期，正常条件下，早熟品种20～25天，中熟品种25～30天。此期根系迅速生长并分化大量花芽。

当第四个侧枝伸出，侧枝在主茎上排列成十字形时为团棵期。苗期根系生长较快，至始花时，主根可入土60厘米左右，具有百余条侧根，根重占最后重量的26%～45%，此后即转入2～3次根的发生。一般在主茎出现4～5片真叶时开始形成根瘤。苗期地上部生长缓慢，开花时主茎高6厘米左右。开花前已有100多个花芽在分化，这些花芽大部分可在始花后30天内开放。

（二）营养生长与生殖生长阶段

此阶段花生处在发棵长叶和开花结果最旺盛的时期，也是营养器官和生殖器官并行生长的阶段，包括开花下针和结荚期。

1. 开花下针期

花生从开始开花前50%的植株出现幼果为开花下针期，一般需要25～35天，有时不足20天，夏播早熟花生甚至仅15天左右，但低温、长日照、弱光照、稀植和干旱均可使花期延长和结实延迟。生育期内，半数以上的叶片在本期形成，叶面积系数增至3左右或相当于最大值的50%～60%；主茎展现的真叶增加到12～14片，叶片加大，叶色转淡，光合作用增强。开花后营养生长加快，第一对侧枝上陆续分生2次分枝，并迅速生长，侧枝的生长量大于主茎，侧枝的顶端与主茎平齐生长，绝大多数各级分枝已经形成。开花后根系迅速增粗增重，大批的有效根瘤形成并发育，根瘤菌的固氮能力迅速增强，并开始对花生供应大量氮素营养。这时尚未封行，净光合生产率仍很高，每日每平方米可达8克左右，光合产物大都用于营养器官，其中茎、叶约各占40%，根占10%。该时期一直处于盛花阶段，第一对侧枝8节以内的有效花芽全部开放，单株开花数达最高峰，花量可占总开花量的50%以上，形成的果针数可达总数的30%～50%，并约有50%的前期花形成了果针，20%的果针入土膨大为幼果，10%苗株的幼果形成定形果，是形成最终有效结果数的关键时期。期末，株高已接近收获时的一半。

2. 结荚期

自50%的植株始现幼果至50%的植株始现饱果为结荚期。早熟品种需40～45天，中晚熟品种需45～55天。此期为花生营养生长和生殖生长最旺盛的时期，根系的增长量、根瘤的增生量及固氮活动、主茎和侧枝的生长量及各次各对分枝的分生量、叶片的增长量等均达高峰。

正常条件下，这一时期大批果针陆续下针结实，开花数锐减，前期有效花形成的幼果多数结为荚果，60%～70%甚至90%的有效荚果均于此期内生成，约有10%的定形果子粒充实为饱果，此期所形成的荚果约占单株总果数的80%，果重增长量占总量的40%～50%，几乎形成了半数以上的产量。

（三）生殖生长阶段

此阶段自50%的植株始现饱满荚果至收获期为饱果期，也称饱果成熟期，是荚果充实饱满、以生殖器官生长为主的阶段。单株饱果指数早熟品种达80%以上，中晚熟品种达50%以上；主茎鲜叶片保持在4～6片的时间，早熟品种为25～30天，中晚熟品种为35～40天。此期营养生长衰退，果重也由前阶段结荚期的直线增长趋于平缓，而油分的含量和质量则持续增高（表3-10）。

表 3-10　花生各生育期生长情况

生育阶段	营养生长阶段		营养生长与生殖生长阶段		生殖生长阶段
生育时期	发芽到出苗	幼苗期	开花下针期	结荚期	饱果期
标准	从播种到50%的幼苗出土、主茎展现2片真叶	50%的幼苗出土、展现2片真叶至50%的植株始现花	开始开花到50%的植株始现幼果	50%的植株始现幼果至50%的植株始现饱果	50%的植株始现饱满荚果至收获
天数	春:10～18天	春:20～35天	春:25～35天	春:40～55天	春:25～40天
	夏:4～7天		夏:15天		
主茎叶片数	0～2片	2～8片	12～18片	16～20片	大于20片
叶面积系数	小于1	小于1	3	5	

饱果期叶面积逐渐减少，下部老叶脱落，叶片的光合效能减弱，净光合生产率不断下降。茎叶生长停滞，营养器官的光合产物向荚果转移的速率加快，荚果重急剧增加。根的活力减退，根瘤菌停止固氮活动，并随着根瘤老化破裂而回到土壤中，开始营腐生生活。随着成熟度的增加，种子含油量增加，游离脂肪酸和脂肪酸中亚油酸的含量下降，又是产品质量迅速提高的时期。就单果而言，开花后46天种子的含油量约为38%，酸值9.87；至60天时，油分便可增至48.5%，酸值降至5.07。

此期气温低于20℃，地上部的茎枝易枯衰，叶片易脱落，光合产物向荚果转移的功能期缩短。结实层的平均地温低于18℃时荚果就停止发育，如果温度高于上述界限，营养体功能期延长，荚果产量显著增高。此期最适宜的土壤湿度为田间最大持水量的40%～50%。高于或低于都会影响荚果充实。

三、花生对环境条件的要求

（一）土壤条件

1. 土壤质地

花生是地上开花地下结实的作物，对土壤的要求是以耕作层疏松、活土层深厚的沙壤土最为适宜。花生根系在土壤中分布较浅，吸收力强，又有根瘤共生，因此花生对土壤条件的要求不甚严格。但以通气透水性良好，昼夜温差大，下层蓄水保肥力强，热容量高，使土壤中水、肥、气、热得到协调统一，即有利于花生生长和荚果发育，又利于根瘤菌的旺盛活动，所产生的荚果脉纹浅平、壳面光滑，荚果较大。如在沙性较大的瘠薄地上种植也有一定的收获，但是由于保水保肥能力差，如不加以改良则难以丰产；黏质土通气性差，渗水力弱，表土容易板结，若加以改良或采取地膜覆盖栽培，增产潜力很大。

2. 土壤酸碱度

种植花生的土壤，酸碱度（pH）以 6.0～6.5 的微酸性土壤最为适宜，保持或调节土壤 pH 到适合花生生长的范围内，是确保花生正常生长和养分有效的关键。

（1）pH 与主要养分有效性。据研究，对花生生产具有重要意义的氮、磷、钾、钙、钼等营养元素的有效性，是在 pH 为 6.5～7.5 为好。花生栽培的极限 pH 可降低到 4，但需要施用氰氨化钙和有机肥才能结实良好；在陕北黄土高原，pH 达到 9 以上，种植花生每亩仍能产 300 千克。

（2）pH 对花生根瘤菌固氮活动的影响。花生根瘤菌固氮活动的适宜 pH 为 5.8～6.2。若土壤酸性下降，则花生根瘤菌的数量减少，固氮能力下降，引起后期氮素供应不足，造成花生早衰，严重影响花生的产量。

3. 土壤盐分

花生耐盐力差，不适宜在盐碱地上种植。据试验，在浓度为 0.5% 的 NaCl 溶液中，花生种子的发芽率只有 35%，是 9 种供试作物种子中耐盐性最差的。

4. 土壤有机质

土壤有机质是花生碳素营养的源泉，花生光合作用中所收的二氧化碳主要来自大气，土壤有机质分解所产生的二氧化碳，是土壤补充二氧化碳的重要来源。另一方面，有机质含有植物所需要的多种养分，是花生养分的重要来源。土壤中的氮素主要来自土壤有机质，这些有机质一部分经过矿化作用，释放出植物可以吸收的氮素，另一部分经过分解及合成作用，而转化成其他有机质贮存在土壤中。土壤中的磷，一方面含磷有机质分解释放出植物可收的磷；另一方面有机质是一种络合剂，能与难溶性的磷酸盐的盐基进行络合作用，从而提高磷的可溶性；腐殖质胶体在二、三氧化物表面形成保护膜，减少了磷酸盐的固结，提高了磷的有效性。土壤中的钾虽然以矿物质钾为主，但土壤有机质中的钾仍然是花生钾素营养的重要来源。

5. 土壤微生物

土壤的形成是从岩石风化物上孕育着生物的时候开始的，而土壤中最原始的生物就是微生物，由于它们大量繁殖而积累了有机质，有机质的合成是在微生物的作用进行的，微生物是有机质合成的先锋，微生物分解有机质释放养分，为植物生长创造了条件。

微生物具有转化作用，土壤中的二氧化碳，其中有 80%～85%的是微生物分解有机质产生的。土壤中氮素存在的形式主要是含氮有机物，花生不能吸收利用，要靠微生物的作用，将有机态的氮转化为无机态的氮；土壤中硫、磷、铁和钾等元素，也是在微生物的作用下，转化为能吸收的状态。

微生物还具有代谢产物的作用，在生命活动中产生维生素、生长素、氨基酸等物质，能被植物直接吸收利用，促进和刺激花生生长。土壤微生物产生的各种酶直接影响土壤有机胶体的质量和数量，从而对土壤肥力产生深刻影响。

（二）矿物营养

花生生长发育过程中，需要碳、氢、氧、氮、磷、钾、钙、镁、硫、硼、钼、铁、锌、锰、铜、氯等十六种元素。

1. 大量元素

氮、磷、钾吸收量较大，为大量元素。每生产 100 千克荚果，需吸收氮 5～7 千克，五氧化二磷 1～1.5 千克，氧化钾 3～4 千克。所吸收的氮 1/2～2/3 的来自根瘤菌固氮，1/3～1/2 的来自土壤和施肥。

2. 中量元素

（1）钙。钙是细胞的必需物质，缺钙时细胞壁不能形成，影响细胞分裂和新细胞的生成。钙对碳水化合物转化和氮素代谢有良好作用，钙充足时有利于花生对硝态氮的吸收利用，缺钙时花生只能利用铵态氮。

微量元素有硼、钼、锌、铁、锰、铜、硅主要来自土壤和施肥。

(2) 镁。镁是绿色作物不可缺少的元素，是叶绿素的组成成分；是许多酶的活化剂，能加强酶的催化作用，有助于促进碳水化合物的代谢；镁参与脂肪代谢，能促进维生素 A 和维生素 C 的合成，有利于提高花生品质。镁在植物体内的移动性很强，可向新生组织中转移，一般在幼嫩组织中含量较多，是可以再利用的养分之一。

(3) 硫。硫是构成蛋白质的重要元素，花生种子含有 28%左右的蛋白质。硫能刺激根瘤的生成，缺硫时结瘤少，但如果硫含量过多也抑制结瘤。硫可以改善花生对氮和磷的吸收，也能增加种子的含油量。

3. 微量营养元素

(1) 硼。硼能促进碳水化合物的运转，也能促进生长素的运转；硼能促进生殖器官正常发育，花器官含硼量较高，其中柱头和子房最高，能刺激花粉萌发和花粉管伸长，有利于受精结实；硼有利于蛋白质的合成和花生固氮。

土壤有效硼含量低于 1 毫克/千克为缺硼，低于 0.5 毫克/千克为严重缺硼。花生缺硼时根尖停止生长，叶片厚实呈褐色，茎生长点枯死矮小，花少针少，荚空心，籽仁不饱满。

(2) 钼。钼是硝酸还原酶的组成成分之一，而花生吸收的硝酸态氮必须在硝酸还原酶的作用下还原，转变为氨才能被同化。钼能促进花生根瘤的固氮作用和增进叶片光合作用的强度。土壤中有效钼含量低于 2 毫克/千克就应补施钼肥。缺钼，硝态氮积累增多，氮素同化受到抑制，呈现植株矮小，叶片失绿，生长缓慢，甚至叶片枯萎，以致坏死；根瘤少而小，固氮能力减弱。

(3) 锌。锌是植物体内许多酶的组成成分，对光合反应等许多代谢过程有影响；能促进花生生长素的合成，对蛋白质的合成有明显的促进作用；能促进碳水化合物的转化和籽仁产量、质量的提高。锌素充足，生长旺盛，叶面积系数明显增大。花生缺锌，茎枝节间缩短，叶片小而簇生，叶色黄白，出现黄白小叶症。

(4) 铁。铁为合成叶绿素不可缺少的营养元素，是与呼吸有关的细胞色素氧化酶、过氧化酶的组成成分，能由三价铁还原成二价铁，参与植物体内氧化还原过程；由于铁的活性小，属于不移动元素，老组织中的铁不能再被新生组织利用。因此，土壤中有效铁缺乏、根系不能及时吸收到缺时，植株下部的老叶片保持绿色，顶部新生嫩叶出现失绿症，新生叶片呈现黄白色。土壤有效铁低于4.5毫克/千克可以认为缺铁。土壤pH越高，铁的溶解度越低；碳酸钙含量高的土壤容易缺铁。我国湖洼地区砂姜黑土、黄乏平原潮土及黄土高原的黄绵土等缺铁严重。

(5) 硅。现在被国际土壤界列为继氮、磷、钾之后的第四大营养元素。硅具有的作用：①改良土壤，矫正土壤酸碱度，促进有机肥分解，抑制土壤病菌。②保健性营养元素，能改善作物品质。③使作物茎叶挺直，可提高光合作用。④可使作物表皮细胞硅质化，体内形成硅化细胞，茎叶表层的细胞壁加厚，角质层增加，从而提高防虫抗病能力，特别是叶斑病、茎腐病、锈病等。⑤可提高作物抗逆性，抗倒伏的能力80%左右；提高作物抗旱、抗干热风和抵抗低温灾害的能力。⑥硅可减少磷在土壤中的固定，施硅肥能活化土壤中的难溶性磷，并促使磷在作物体内运转，从而提高结实率(表3-11，表3-12，表3-13)。

表3-11 土壤养分分级标准(国标)

级别	1级	2级	3级	4级	5级	6级
养分标准	很丰富	丰富	中等	缺乏	很缺乏	极度缺乏
pH标准	强酸	酸性	微酸性	中性	碱性	强碱性
容重标准	过松	适宜	偏紧	紧实	过紧实	坚硬

表3-12 土壤性质与常规元素养分分级指标(国标)

等级	pH	有机质(%)	全氮(%)	速效磷(毫克/千克)	速效钾(毫克/千克)	有效钙(毫克/千克)	有效镁(毫克/千克)	硫(毫克/千克)
1	≤4.5	>4	>0.2	>20	>200	>1000	>300	>30
2	4.6～5.5	3.01～4.00	0.151～0.200	16～20	151～200	701～1000	201～299	16～30
3	5.6～6.5	2.01～3.00	0.101～0.150	11～15	101～150	501～700	101～200	≤16
4	6.6～7.5	1.01～2.00	0.076～0.100	6～10	51～100	301～500	51～100	
5	7.6～8.5	0.61～1.00	0.051～0.075	4～5	31～50	≤300	≤50	
6	8.5～9.0	≤0.6	≤0.05	≤3	≤30			

表 3-13 土壤容重与微量元素养分分级指标(国标)

等级	容重	有效铜	有效锌(mg/kg)	有效铁(mg/kg)	有效锰(mg/kg)	有效钼(mg/kg)	有效硼(mg/kg)
1	≤1	>1.8	>3.00	>20	>30	>0.3	>2
2	1.01～1.25	1.01～1.80	1.01～3.00	10.1～20.0	15.1～30.0	0.21～0.30	1.01～2.00
3	1.26～1.35	0.21～1.00	0.51～1.00	4.6～10.0	5.1～15.0	0.16～0.20	0.51～1.00
4	1.36～1.45	0.11～1.2	0.31～0.50	2.6～4.5	1.1～5.0	0.11～0.15	0.21～0.05
5	1.46～1.55	/	≤0.3	/	/	≤0.1	≤0.2

(三) 气候条件

1. 温度要求

(1) 出苗期。花生种子发芽最适的温度是 25～27℃,低于 10℃或高于 46℃有些品种就不能发芽。花生春播要求地表 5 厘米处平均地温的最低适温是:早熟品种稳定在 12℃以上,中晚熟品种稳定 15℃以上。

(2) 苗期。花生幼苗期最适宜茎枝分生和叶片生长的气温为 20～22℃,平均气温超过 25℃可使苗期缩短、茎枝徒长、基节拉长,不利于蹲苗。平均气温低于 19℃时,茎枝分生缓慢,花芽分化慢,始花期推迟,形成“小老苗”。

(3) 花针期。花针期最适宜的日平均气温为 22～28℃,低于 20℃或高于 30℃开花量明显降低,低于 18℃或高于 35℃花粉粒不能发芽,花粉管不伸长,胚珠不能受精或受精不完全,叶片的光合效率显著降低。

(4) 荚果发育期。荚果发育的适宜温度为 25～33℃,15℃以下或高于 37℃不利于荚果发育。据研究,果针入土后 21～40 天的温度与产量显著相关,荚果发育过程中呼吸旺盛,40℃内每增高 10℃呼吸增强 1 倍,最大呼吸强度发生在 42℃左右。

2. 需水特性

(1) 播种需水。花生播种时需要的适宜土壤含水量,为田间最大持水量的 50%～60%,高于 70%或低于 40%花生都不能正常发芽出苗。因此,北方干旱地区,花生播种前要耙耢保墒和提墒造墒;南方多雨地区,多采取起垄或深沟窄厢种植。

（2）幼苗期需水。花生幼苗期植株需水量少，约占全生育期需水总量的4%。适当的干旱有利于根系下扎，形成茎节短密的壮苗。出苗时适宜的土壤含水量为田间最大持水量的45%～55%，低于35%时新叶不展现，花芽分化受抑制，始花期推迟；高于65%时，易引起茎枝徒长，茎节拉长，根系发育慢、扎得浅，不利于花器官的形成。

（3）开花下针期需水。花生开花下针期是营养生长与生殖生长并进时期，需水量逐渐增多，耗水量占全期耗水量的22%左右，最适宜的土壤水分为田间最大持水量的60%～70%，根系和茎枝得以正常生长，开花增多。若土壤水分低于田间最大持水量的40%，叶片停止生长，果针伸展缓慢，茎枝基部节位的果针也因土壤硬结而不能入土，入土的果针也停止膨大。如果土壤含水量大于田间最大持水量的80%，茎叶徒长，根瘤的增生和固氮活动锐减。空气相对湿度对开花下针也有很大影响，当空气相对湿度达100%时，果针伸长量日平均为0.62～0.93厘米；空气相对湿度降至60%时，果针伸长量日平均仅为0.2厘米；空气相对湿度低于50%时，花粉粒干枯，受精率明显降低。

（4）结荚期需水。花生耗水强度最大的时期为结荚期，日耗水量可达到5毫米，其间田间最大持水量宜为70%～80%，低于60%即影响结实。开花后的50天内，荚果陆续成长阶段对土壤干旱最敏感。若水分过多，则会使营养生长过旺，而田间渍水对叶片和分枝的增长都起到抑制作用，叶绿素显著减少，净同化率下降，开花减少。成熟期渍水对油分的合成不利，种子含油量显著下降。

（四）空气要求

花生种子发芽出苗期间呼吸代谢旺盛，需氧量较多，而且从种子发芽到出苗需氧量逐渐增多。土壤水分过多、土壤板结或播种过深引起窒息，都会造成烂种而影响全苗壮苗。在生产上播种前浅耕细耙保墒，播后遇大雨排水划锄松土，都是为了创造花生种子发芽出苗所需要的氧气条件。

（五）光照要求

花生原产于热带、亚热带地区，属于短日照作物。在适宜的温度条件下，每日给予10小时的光照，可以较14小时的提前开花。但花生对日照长度不敏感，每天6～24小时都能开花。每日最适的日照时数为8～10小时，日照时数多于10小时，茎枝徒长，花期推迟，少于6小时，茎枝生长迟缓，花期提前。

光照强度对花生的生长影响明显，弱光照可以使侧茎顶端产生更多乙烯，从而使其生长更趋于直立，长出的叶片较大，植株较高；光照不足时，干物质积累减弱，开花量减少，固氮菌的固氮能力降低，影响荚果及种子产量。

花的开放对光照强度更敏感，早晨或阴雨天光照强度少于815万坎德拉/米^{2}时开花时间推迟。光照强度在2.1万～6.2万坎德拉/米^{2}的幅度内，叶片的光合效率随光照强度的增加而提高，光照强度大于6.2万坎德拉/米^{2}时光合效率有所降低。花生要求的光照强度变幅较大，最适的光照强度为5.1万坎德拉/米^2，光照强度小于1.02万坎德拉/米^{2}或光照强度大于8.2万坎德拉/米^{2}都影响叶片的光合效率。

第三节　花生栽培技术

一、选地与整地

（一）选地

按绿色食品或无公害食品生产标准要求，选好花生产地。产地要远离城区、工矿区、交通主干线、工业污染源、生活垃圾场等。基地周边2千米以内无污染源；基地距主干公路100米以上。土壤肥沃，排灌条件良好；土壤未长期施用含有有害物质的工业废渣。初选合格后，应对基地的环境进行检测，土壤中农药、有毒物质、重金属、硝酸盐及亚硝酸盐含量应低于允许标准，基地的大气、土壤、灌溉水等的具体要求，应符合绿色食品或无公害食品产地环境条件标准，并符合《高标准农田建设标准》。

花生生产基地的生态条件是：全生育期日平均气温≥21℃，总活动积温≥3200℃，全生育期日平均气温≥15℃的有效积温为1100℃。总日照时数为1136～1281小时，平均日照时数为8.0～8.2小时。土壤质地为沙质壤土，花生荚果结实层疏松，耕作层松软，干时不散不板，湿时不黏不瀣，通透性良好，肥水充足。

绿色食品花生环境条件，按《绿色食品产地环境质量》(NY/T391—2021)要求。

无公害食品花生环境条件，按《无公害食品大田作物产地环境条件》(NY/5332—2006)的要求。

（二）整地

春播花生应在秋冬季作物收获后，春雨来临之前进行；夏播花生应在前茬作物收获后立即进行，以免延误整地时间和影响整地质量。为了有利于花生根群发育和果针入土以及提高土壤的保水保肥性能，整地时应深耕细耙，耕深25厘米以上，使土层深厚而疏松，达到平整、疏松、细碎、湿润。为了加厚耕作层，便于排灌和农事操作以及提高土温和增加通风透光，南方地区宜实行开沟起垄或深沟窄厢种植，北方地区实行畦作。

丘陵山区坡地，采取等高程水平线种植；偏酸或偏碱性土壤，用石灰或石膏调整土壤酸碱度等方法改良土壤。

二、选种与播种

（一）选用优良品种

根据全国农业技术推广服务中心统计，2021年全国花生主要品种推广情况，统计登记的品种472个，其中推广面积比较大的品种有山花9号、豫花23、豫花37、豫花22、山花7号、濮花28、花育23、白沙1016、远杂9102、开农71、冀花19号、花育22、扶余四粒红、远杂6号、丰花1号、花育25、宛花2号、商花5号、开农1715、远杂9307、山花8号、仲恺花1号、豫花9326、鲁花8号、豫花22、粤油7号、豫花9502等品种。

湖北省推广面积较大的品种有远杂9102、中花30、中花8号、中花21、中花16、鄂花6号、中花215、中花12、中花10号、中花5号、鄂花8号、鲁花18、中花25、华育9812等品种。

（二）适期规范播种

1. 种子准备

(1) 播前晒种。晒种可使种子含水量减少并趋于一致，增强种皮透性，提高细胞渗透压,促使其吸水快、发芽迅速、出苗整齐。同时具有杀菌消毒作用。通常在播种前带壳晒 1～2 天,并注意不宜在水泥地或石板地上晒种,以免高温损伤种子。晒种时要经常翻动,使其晒得均匀一致。

(2) 剥壳选种。剥壳不宜过早,否则种子失去果壳的保护易吸湿,增强呼吸作用和酶的活动,消耗养分,降低生活力。剥壳时间应尽量接近播种时间,最好是剥后当天或翌日播种。

剥壳前最好进行荚选,挑选饱满的双仁果作种。剥壳时进行粒选,选择充实饱满,颜色鲜亮,发芽力强的种子,剔除霉烂、已发芽或破碎的籽粒,然后分级播种。

(3) 药剂拌种。播种时用种子量 0.3%的多菌灵,或 70%甲基托布津可湿性粉剂,或 40%拌种双可湿性粉剂等拌种,可有效防治茎腐、根腐、冠腐病等烂根死苗有良好效果;用 70%高巧(吡虫啉)湿拌种剂、阿维·毒死蜱微胶囊缓释剂拌种,可防治苗期地下害虫和蚜虫。35%辛硫磷微胶囊剂 1∶50 拌种,能有效控制地下害虫的发生与危害。

种衣剂包衣,可以杀菌、治虫、提高种子活力,避免或减轻不利环境的影响,有利于花生齐苗、苗全、苗壮,促进早发。可选用 2.5%咯菌腈种衣剂 600～800 克、21%复方咯菌腈种衣剂 200 毫升、18%辛硫·福美双 1666～2500 克、25%噻虫·咯·霜灵 345～805 克、25%多·福·毒死蜱 1668～2000 克、70%阿克泰 75 克+2.5%咯菌腈 200 毫升、2.5%咯菌腈 400 毫升+35%精甲霜灵 50 毫升、灭菌唑 60 毫升等拌 100 千克种子。种衣剂的使用最好在播种的前一天进行包衣,或上午包衣下午播种,以便晾干种子表面。种衣剂包衣的种子发芽速度减慢,要选用生命力强、发芽率高的种子,以免浪费药剂和种子。种衣剂内含有警戒色,表明含有剧毒物质,在操作时要格外注意,并要妥善处理用具。

(4) 根瘤菌剂拌种。根瘤菌剂是一种生物制剂,通过根瘤菌剂拌种,增加花生根瘤数目,提高固氮能力,在从未种过花生的地上应用效果更好。据多年多点试验,施用根瘤菌剂比不施的增产 12.8%。

目前的根瘤菌剂有粉剂和液剂两种,每公顷用量粉剂为 1500 克,液剂为 50 克,每克菌剂含活菌在 2 亿个以上。使用时先向菌剂中加入适量清水和匀,然后倒在所需拌的种子上,混拌均匀,使每粒花生种子都粘着菌剂。做到随拌随用，不要与农药、化肥、石灰等接触，以免杀死根瘤菌；播种时用湿布盖种，以防风吹日晒，影响根瘤菌活力；播后要及时盖好土，防止根瘤菌的活力降低。

根瘤菌为活的生物制剂，购买后使用前不要启封，应放置在阴凉黑暗处保存，有效期半年，购买使用时一定要注意生产日期。根瘤菌剂可与钼酸铵同时拌种，但不能与杀菌剂共同使用。

(5) 保水剂拌种。花生保水剂是一种高分子吸水性树脂，是一种优良的保水材料，可吸收种子自身重量数倍的水分，旱薄地使用，一般可增产 10%左右。使用时可先湿润花生种子，按每公顷 2000～4000 克保水剂均匀撒在种子表面，然后拌匀；或者进行种子涂层，用量为每公顷 1500～2000 克，再量取适量清水，将保水剂慢慢加入水中，边加边搅拌，使保水剂很快吸水膨胀，直至水和保水剂均匀混合成糊状，然后将花生种子边倒入边搅拌，拌匀后摊薄晾干，以备播种。

(6) 抗旱剂拌种。目前我国推广应用的主要是抗旱剂 1 号，其主要化学成分是黄腐酸。一般药剂用量为种子量的 0.5%，加水量为种子量的 10%，先用少量温水将抗旱剂 1 号调成糨糊状，再加清水至定量，不断搅拌使其完全溶解，倒入花生种子拌匀，堆闷 1～4 小时即可播种。如果不立即播种，要将种子晾干。

2. 土壤处理

(1) 喷施除草剂。播种前土壤处理，常用的除草剂主要有 48%氟乐灵水乳剂，每亩 0.1～0.15 升、70%灭草猛水乳剂 200 毫升、88.5%灭草猛乳剂 180 毫升、48%氟乐灵水乳剂 70 毫升＋70%灭草猛水乳剂 100 毫升、90%双苯酰草胺可湿性粉剂 300 克、50%扑草净可湿性粉剂 100 克，兑水喷施防除杂草。

(2) 防治土壤病虫。①防治花生根结线虫病，可选用 5%阿维菌素、80%灭线虫（二氯异丙醚类杀线虫剂）、线虫必克微粒剂（有效活孢子数≥5 亿个/克）、3%线虫绝杀、10%噻唑磷颗粒剂等，开沟条施，或加适量细土混匀后施入播种穴附近，要注意与种子隔离。②防治地下害虫。选用 10%辛硫磷颗粒剂、15%毒死蜱颗粒剂、10%二嗪磷颗粒剂等按有效用量拌毒土盖种；或 48%毒死蜱缓释颗粒剂 1 千克拌细土 15 千克/亩，均匀撒于播种沟内；或 30%毒死蜱微囊悬浮剂 0.5 千克兑水 40 千克，喷施于播种穴；或每亩用 48%毒死蜱乳油 500 毫升拌细土 30 千克撒施，可有效防治蛴螬及金针虫等地下害虫，同时对苗期蚜虫、蓟马等也有较好的兼治作用，而对天敌的影响较小。

（三）花生播种

1. 适期播种

春播花生发芽出苗的低限温度，要求 5 厘米平均地温稳定在 15℃以上，中熟大花生品种即可播种；而以地温稳定在 16～18℃时，出苗快而整齐。早熟小花生品种，可在 5 厘米地温稳定在 12℃以上时播种，以地温稳定在 13～15℃时，出苗快而整齐。播种时土壤的适宜湿度，要求 5 厘米播种层土壤含水量占田间最大持水量的 50%～60%。长江中下游地区，春播适宜时期在 4 月上旬，长江以南地区 2 月下旬至 3 月下旬；黄淮海地区在 4 月中下旬，东北地区 4 月下旬至 5 月上旬。夏播花生，前茬作物油菜、蚕（豌）豆、马铃薯、小麦等收获后，可立即整地播种。

2. 合理密植

合理密植能充分利用光能，可有效增加有效结果枝数，有助于提高群体荚果饱满度。合理密植要掌握好品种特性，栽培条件，气象因素等，确定当地种植方式与播种密度。

春播密枝丛生品种每亩适宜密度为 1.33 万～1.5 万株，疏枝中熟丛生大花生为 1.5 万～1.8 万株，珍珠豆型早熟品种 1.8 万～2.0 万株。掌握地膜覆盖栽培、地力比较肥沃的宜取下限，露地栽培、地力较差的取上限。南方降雨量多，推广深沟窄厢或起垄种植，便于排渍；北方降雨量少，比较干旱的地方，推广畦种，便于灌溉。

3. 花生播种机械化

(1) 花生播种机械化发展历程。自 20 世纪 90 年代中期以来，由单一的扶垄器、播种机、覆膜机，逐步发展到花生覆膜播种联合作业机械的开发应用，将花生覆膜种植中的筑垄、施肥、播种、覆土、镇压、喷施除草剂、展膜、膜上筑土带等农艺技术一次作业完成。花生播种铺膜机与小型拖拉机配套使用，是一种复式作业机械，结构紧凑合理、功能齐全，大大减少了播种环节，具有联合作业高效的明显优势。

(2) 花生播种机械化技术要求。花生播种最基本的要求是定行、定穴、定粒、定深度,我国绝大部分花生产区一般每穴双粒。花生栽培种植方式主要有平作、单垄和双垄覆膜3种方式,种子有大、中、小粒,对花生播种机械的总体要求是:起垄大小、高低要规范一致;播种深浅一致,一般5厘米±1厘米;双粒率≥75%,穴粒合格率≥95%,空穴率≤20%;不伤种皮、胚根,破伤率≤1%;播后镇压轻重适度,保持土壤表面平整无土堡;覆膜要拉紧、拉平、压严实。

(3) 花生播种机主要机型。我国研制和应用的花生播种机机型较多,主要包括人畜力播种机、机引播种机、覆膜机、播种覆膜联合作业机等。①播种覆膜机,有2BFD-2C型、2BFD-2SC型;②覆膜播种机,有Hz-HS07A型;③播种覆膜联合作业机,有2BFD2-270-3B型、2BFD2-270-5B型、2BJHM-4型、2BMHF-4型、SGTN-4型等。

三、花生田间管理

花生具有无限开花结实的习性,开花期和结荚期较长,而且开花、下针和结实是在连续不断地交错进行,与其他作物相比,花生生育期划分存在一定困难,很难截然分开。目前,一般把种子萌发出苗期、幼苗期称为苗期或前期,开花下针和结荚期称为中期,饱果成熟期称为后期。

(一) 苗期田间管理

1. 苗全苗壮要求

花生出苗齐、全、匀、壮,是实现创建高产群体结构的基础。全苗才能确保单位面积内有足够的株数,壮苗才能构建成花生个体内部生育协调、群体植株生长稳健的高产群体结构。

全苗一般是指花生高产田实播粒数与出苗株数和实收株数比较接近,出苗数要占实播粒数的99%,实收株数占实播粒数的98%以上。既要全苗,还要齐苗,齐苗是出苗时间整齐一致,要求花生始苗后3天内出苗株率达95%以上,缩小苗株之间在生长发育期上的差距,为壮苗创造条件。壮苗是幼苗形态上表现壮而不旺,根深叶茂,株矮茎粗,枝多节密;在生理上表现为第一对侧枝早生快发，花芽分化早而集中；在生态条件表现为吸收水肥能力强，光合效率高。苗匀是苗株大小高矮一致，无弱苗。弱苗是由于种子分级粒选不严、播种过深过浅和苗期病虫害等原因造成的生长不良、发育不全的晚苗、小苗和病苗。花生高产田弱苗株率不应超过 5%，要求出苗均匀一致，幼苗高矮大小强弱差异小，保证群体植株都有较高的均衡生产能力。

2. 花生苗期长势

(1) 个体长势长相。花生幼苗期的高产长相是叶浓棵壮不过旺，五枝六杈花芽藏；主根深扎根群发，茎粗节密早花放。

(2) 群体生长指标。到苗期末，生长健壮的花生苗一般主茎高 6～7 厘米，侧枝长 7～8 厘米；主茎第一、第二对侧枝着生的茎基节间距小于 1.5 厘米，主茎与侧枝日生长量分别为 0.26 厘米左右和 0.4 厘米，株型指数大于 1。第三对侧枝有一个枝分生，总分枝 6 个以上。花芽大量分化，1 株花生形成 60～100 个花芽。第一对侧枝 5～7 节内的前期有效花芽完全分化，基部节位的个别花序已现花。主根深扎 50～60 厘米，根重占最后根重的 26%～40%。主茎叶 7～8 片，叶色浓绿。总干物质积累量占全期总量的 8%左右。

3. 花生苗期管理

(1) 查苗补种。花生播种后 10 天左右基本已经齐苗，由于受种子质量、播种质量、土壤墒情等影响，以及鸟兽虫病害等原因，难免会出现缺苗，应在播种后 10 天左右进行田间查苗，发现缺苗断垅，及时催芽补种，方法是把原播种在土壤中未发芽的种子挖出，再播已催芽的新种子，然后用潮湿的新土覆盖，轻轻拍实即可。田间干旱的情况下，要先浇点水后补种，将种子的子叶朝上或平放在穴内，盖好土。一般春播花生在播种后 10～15 天补种，夏播花生在播种后 8～12 天补种。

(2) 清棵蹲苗。花生清棵蹲苗是露地栽培苗期管理的一项重要措施。就是根据花生子叶不易出土和半出土的特性，在基本齐苗时，用小锄把花生幼苗基部周围的土扒开，形成一个小窝，使 2 片子叶和胚芽露出土外，接受阳光照射，改变花生基部湿、冷的小气候，促进幼苗生长健壮，第一对侧枝着生的二次分枝早生快发。也使花芽分化早而集中，开花下针多而齐，结实率和饱果率增高；蹲苗还能促进根系发育，增强抗旱吸肥能力；减少根际杂草、蚜虫危害。清棵时应注意两点:一是不要损伤或碰掉子叶,以免影响第一对侧枝的发育,碰掉子叶的一边侧枝缺少营养,就会生长短而细弱,开花结果减少;二是不论播种深、浅都要清棵。

花生中耕时间,在清棵后需经过一段蹲苗时间,使第一对侧枝和二次分枝得到健壮发育后中耕,才不致影响清棵的效果;一般在清棵后 15～20 天,花生茎枝基部节间由紫变绿,待二次分枝分生后,再进行第二次中耕为宜。

蹲苗,一般在幼苗 4 片真叶时进行,是幼苗期控制肥水,抑制地上部生长,促进根系下扎,以利于形成矮壮苗,以干旱而又不影响幼苗的正常生理活动为度,生长瘦弱的幼苗不宜进行。

(3) 看苗追肥。花生苗期容易出现缺氮症状,由于根系尚不能固氮,吸收能力又弱,土壤缺氮就容易显现出来,通常把这个时期称为花生氮肥的“饥饿”期。因此,应及时追施提苗肥。一般在底肥不足,苗期生长瘦弱,应及早追施速效化肥。可每亩追施尿素 10～15 千克,或花生专用复合肥 30 千克。距离花生棵 7～10 厘米处开沟条施,或打洞穴施,施肥后用土封严。

追肥时间一般在始花前 10 天(花芽分化盛期),尤其是夏播花生,为了培育壮苗,提高花芽分化的质量,增加花芽分化的数量,促使花多花齐和有利于根瘤的发育,必须重施苗肥,及时补充养分。发现缺素症状,及时选用对路的微量元素,进行叶面喷肥。

(4) 中耕除草。花生正常生育,要求土层通透性良好,水、肥、气、热诸因素供应协调。中耕可有效保持表土层疏松、保蓄水分,减少杂草危害等多种作用。露地栽培的春花生,一般在封行前中耕除草 2～3 次,封行后拔除大草 1～2 次。第一次中耕在花生齐苗后、清棵之前进行。深锄破除土壤板结,促进根系下扎;第二次在清棵后 15～20 天,浅锄刮净杂草,尽量使植株茎枝基部少掩土,保持青棵蹲苗环境;第三次在培土前,此时正是花生单株盛花期,群体接近封行,大批果针入土结实之前,宜深锄、细锄,但不要松动入土果针和碰伤果枝,为后面的培土迎针打好基础。

(5) 防治病虫草害。

虫害防治:苗期虫害主要有地下害虫(地老虎、蛴螬)、蚜虫、蓟马和叶螨。重点防治蚜虫,出苗后 20～30 天及时防治蚜虫,减轻各种病毒病的传播危害。还可以利用瓢虫、草蛉、食蚜蝇等蚜虫的天敌灭蚜,瓢虫∶蚜虫 1∶100

左右时，蚜虫危害可以得到有效控制。实行麦田与花生田插花种植，可以增加瓢虫数量，有利于减轻蚜虫危害。在花生田周围种植芝麻等蜜源植物，有利于蛴螬的天敌臀沟土蜂的保护利用。防治叶螨用15%哒螨灵乳油2500倍液、或73%克螨特乳油1000倍液、1.8%阿维菌素乳油3000倍液叶面喷雾，对若螨、成螨及螨卵均有防治效果。

病害防治：花生苗期病害主要有青枯病、根腐病、茎腐病、纹枯病和病毒病，重点防治病毒病。在防治好蚜虫的基础上，发现病毒病的种传病苗要及时拔除，带出田外销毁。

化学除草：①播后苗前化学除草。以禾本科杂草为优势种群的地块，每亩可分别选用72%异丙草胺乳油120～150毫升，或72%异丙甲草胺（都尔、杜尔）乳油120～150毫升，或96%精异丙甲草胺乳油60～80毫升；以阔叶杂草为优势种群的地块，每亩可选用25%噁草酮乳油100～150毫升，或50%丙炔氟草胺可湿性粉剂8～12克，或50%扑草净可湿性粉剂100～150克；对禾本科及阔叶杂草均较多的地块，每亩可选用45%扑·乙乳油150～200毫升，或36%噁酮·乙草胺乳油200毫升，或50%异松·乙草胺乳油70毫升，或40%氧氟·乙草胺乳油100～120毫升，或50%噻磺·乙草胺乳油80～100毫升，均加水50～60千克，均匀喷雾地面。②出苗后化学除草。花生苗3～5叶期，杂草2～5叶期，茎叶均匀喷雾，使用车载喷雾机械喷施除草剂兑水量30千克/亩，使用人工背负式喷雾器兑水量40千克/亩。

防除一年生禾本科杂草，每亩可选用5%精喹禾灵乳油70毫升，或15%精吡氟禾草灵乳油60毫升，或10.8%高效氟吡甲禾灵乳油30～40毫升，或12%烯草酮乳油30～40毫升；防除一年生阔叶杂草，每亩可选用21.4%三氟羧草醚水剂60～80毫升，或48%灭草松水剂150～200毫升，或24%乳氟禾草灵乳油15～20毫升，或25%氟磺胺草醚水剂50～60毫升；防除禾本科及阔叶两类杂草，每亩可选用10.8%乳氟·喹禾灵乳油50～60毫升，或7.5%氟草·喹禾灵乳油100～120毫升，以上除草剂均兑水50千克喷施。

4. 花生苗期化学调控

(1) 促进生长剂。可选用赤霉素、三十烷醇、芸薹素内酯、萘乙、吲乙（ABT生根粉）等。

赤霉素：在中等偏下土壤肥力和不发苗的花生田，施用赤霉素可显著提高花生产量，一般增产率在10%左右。赤霉素使用方法主要是浸种和喷叶。①浸种。在花生播种前将分级粒选的种子，先放入清水中浸泡2～3小时，赤霉素称取0.3～0.4克药加少量乙醇溶解后，倒入10千克清水搅拌混匀，然后将浸泡过的种子，移到赤霉素液中浸泡1～2小时，捞起晾干后播种。②赤霉素喷叶。在花生生长期间，叶面喷施，尤其是花期喷施效果最好。喷施浓度以30～40克/千克为佳，喷施1～2次为宜。据试验，幼苗期喷施增产6.5%～11.5%；始花期喷施增产7.2%～16.3%，盛花期喷施增产8.2%～18.5%。

芸薹素内脂：用量小，效果明显，适用于各类花生田，可作浸种和叶面喷施。浸种适宜浓度为0.01～0.1毫克/千克，叶面喷施适宜浓度为0.05～0.1毫克/千克。叶面喷施宜在苗期至结荚期进行，每亩药液用量40～50千克。

（2）延缓生长剂。花生株高达到30厘米左右时，花生内源激素分泌失调，地上茎叶生长过旺，用于荚果发育的营养物质减少，容易过多地消耗光合产物，抑制荚果发育，影响花生幼果膨大，从而减少经济果数量，最终影响花生产量的提高。因此，应根据花生植株的田间长势和气候特点，适时合理进行化控，防止花生徒长和倒伏，促进光合产物向荚果分配，以提高经济果数量，增加百果重，提高花生产量。

生产中比较常用的化控剂为多效唑，但从生产实践看，多效唑用量过大，一是严重影响花生正常生长，荚果停止发育，果型变小，果壳增厚，若作种用，出苗延缓，生长势弱；二是施用过早，加重花生叶部病害，使叶片提前枯死、脱落，引起植株早衰；三是多效唑在土壤中残效期长，对后茬作物的生长会表现出抑制作用，因此，建议尽量不要选用。目前在生产中可选用壮饱安、花生矮丰、花生果宝等化控调节剂，都是含有少量多效唑成分，经过复配加上增效剂，使用安全，不残留，控旺效果好。喷药宜在午后进行，6小时内如果遇雨应重喷；喷药时加入少量的有机硅或黏着剂等，可增加药液的黏着力和叶片的吸收能力；喷药要喷在植株顶部生长点，一喷而过，不能重喷。

粉锈宁：在花生苗期叶面喷施，可以抑制地上部分茎枝伸长，有利于光合产物向荚果输送，增加果重。叶面喷施的适宜浓度为200～300毫克/千克，于花生出苗后10天左右喷施；在花生盛花期喷施浓度300～500毫克/千克。

吡啶醇:又称丰产醇。在花生播种前用90%吡啶醇乳油2~4毫升,兑水18升,制成药液浸种2~3小时,晾干后播种;或在盛花期用2000倍液喷雾。可使花生早出苗,提高出苗率,增加茎粗;可促进花生同化物和磷、氮营养物质向荚果运转和积累,促进根瘤菌数量增加,提高对氮和磷的吸收利用率;增加开花数、结实率和饱果率,增产效果显著。

花生矮丰饱:是根据花生生理特点研制而成的新型植物营养、杀菌、控旺调理剂,富含花生生长必需的多种营养元素,对花生主茎生长有明显的抑制作用,预防后期早衰,并能改变同化产物分配比,膨大果实,饱满荚果,增加双仁率可达90%以上,改善品质,可增产10%左右,还能有效防止采收时的落果现象,增加产量,提高采收率。

使用方法是:一袋药兑水15~30千克,喷施1亩,在盛花后至结荚初期,将药液搅拌均匀后叶面喷施,以傍晚喷施为宜,可以和中性或酸性农药混合使用。

(二)中期苗情与管理

1. 花生中期苗情长势诊断

(1) 开花下针期的生长指标。此期已进入营养生长与生殖生长并进的阶段。其高产长相是:叶色转淡长势强,花齐针多入土忙;果针入土成幼果,叶片放大不徒长。主根深扎80厘米以上,第一对侧枝生长超过主茎,主茎高20~27厘米;侧枝长26~32厘米,株型指数1.2~1.26,主茎与侧枝日生长量分别为0.55~0.75厘米和0.75~0.95厘米。叶片增长量占全株最高叶片数的50%以上,主茎有14~16片复叶。叶色转淡长势增强,叶面积系数2.0~3.7,净同化率0.4~7.6克/(米^2·天)。单株开花量已占全株开花总量的50%~60%,并有50%的前期有效花形成果针,约20%的果针入土膨大为幼果,约10%的植株的幼果形成定形果。每亩干物质积累量310~320千克,干物质积累量已占全株全期总干物质量的25%~27%。

(2) 结荚期的生长指标。此期的高产形态长相是:侧枝下蹲始封行,荚果膨大籽粒双,秸棵生长盛期止,茎齐叶厚不倒秧。主根深扎100厘米,主茎高38~47厘米,有18~22片复叶。茎齐叶厚,侧枝封行,主茎与侧枝日生长量相对减缓,分别为0.35~0.4厘米和0.36~0.42厘米。第一对侧枝长

44～50厘米，株型指数达1.1～1.2。主茎、侧枝的生长量和各次各对侧枝分生及叶片的增长量均达高峰，叶面积和干物质积累均达一生最高值，大批入土果针形成荚果。此期形成的荚果占单株总数的60%～90%，果重增长量占全期累积果重的30%～50%，约有10%苗株荚果已充实饱满。叶面积系数4.5～5.5，净同化率4.0～4.5克/(平方米·天)，总干物质累积量600～840千克，占全期累积总量的65%～66%。

2. 花生中期田间管理

(1) 培土迎针。在花生封行和大批果针入土之前，将垄行间的土培到垄顶的外缘，使垄的外缘加高，缩短高节果针入土的距离，增厚花生根系周围的土层，有利于果针入土结实，可扩大结实的范围，促进早结果，多结果，结果整齐、集中，提高结实率、饱果率和果重。

培土的适宜时间，宜在花生盛花期和封垄前，即基部个别果针入土，大量果针即将入土之际。

培土基本要求，培土高度5～6厘米，以不埋压分枝为宜。掌握培土不壅土的原则，做到“穿垄不伤针，培土不压枝”。培土后形成凹顶的垄部，不加深已入土果针的深度，使中下部果针基本同时入土，上部外围果针不易入土，荚果发育整齐。

(2) 适时追肥。对前期苗情长势较弱的要进行追肥，每亩根际追施尿素10千克左右，过磷酸钙10～15千克，并配合适量的钾肥。钙肥一般在盛花期，结合中耕施于根际附近。若新生叶片浅黄而小，叶脉失绿，可适当增加氮肥用量；如心叶黄白失绿时，每亩追施1.5～2.0千克硫酸亚铁。

(3) 叶面喷肥。花生生长中期，植株常表现顶叶黄化缺铁症状，特别是石灰性冲积土，在多雨年份当土壤呈碱性反应时，花生会因有效铁吸收不足或受阻而叶片发黄，严重时失绿变白甚至枯死。喷施硫酸亚铁(黑矾)可使叶色转绿，恢复正常生长。喷施硫酸亚铁的浓度，应根据喷雾器的雾化程度而定，机动喷雾器雾化效能好，选用2%水释液，喷后4天叶色变绿，新叶不再发黄；雾化程度差的喷雾器，选用1.0%～1.5%的浓度，以免灼伤叶面。每亩用量100～150克，兑水20～25千克，10天喷1次，连喷2次。还可以喷洒0.5%黄腐酸铁、0.1%柠檬酸铁、0.3%尿素铁。缺锌土壤，可在苗期至始花期喷施0.3%硫酸锌、氨基酸锌600倍液或含锌量高的农药代森锌等。还可喷施0.2%的磷酸二氢钾、0.2%硼酸或0.3%硼砂，促进开花；喷施0.03%钼酸铵、0.2%钼酸钠，促进根瘤形成。

(4) 控制旺长。结荚期是花生群体植株生育最盛期，对肥水的需要量也是高峰期，水肥不足影响植株生育进程和荚果饱满。但土壤肥力基础较好和花针期水肥猛促，易引起植株徒长而过早封行，造成田间郁闭，叶面积下降，净同化率降低，果针高吊而针多不实和果多不饱。如在下针后期至结荚前期，株高超过40厘米，即为花生植株徒长。因此，花生高产栽培，及时喷施生长调节剂，控制旺长，促使花生稳健生长，提高品质。生产上常用的是多效唑和烯效唑。以前应用较多的比久，是一种严重的致癌物质，严禁在花生上施用。控制旺长防倒伏可选用烯效唑、壮饱安、缩节胺、调节磷、氯化氯代胆碱、甲哌·氯胆、多唑·甲哌、矮壮·多效唑等。

烯效唑：能抑制茎枝生长，促进侧枝分化，增强光合作用，增加单株果数，提高饱果率，适用于肥水充足，花生植株生长旺盛的田块。适宜在开花下针期或结荚期喷施，浓度以50～70毫克/千克为宜，每亩叶面喷施40～50千克药液，花针期喷施能提高单株结果数，结荚期喷施能增加饱果率，一般可增产10%以上。

壮饱安：适用于各类花生，施用适期为花生下针后期至结荚前期，或主茎高度35～40厘米时，每亩用量20克左右，兑水30～40千克，叶面喷施。如植株明显徒长，用量可略增加或施用2次，每亩总量不能超过30克，生长不良的可适当减少用量。壮饱安药效较缓，施用时可在药液加少量黏着剂，以利药液黏着和叶片吸收。可与杀虫剂、杀菌剂和叶面肥料混合施用。但不宜作种子处理。

调节磷：又名蔓草腾，为植物生长抑制剂，只能通过植物茎叶吸收，根部基本不吸收，它能作用于植物分生组织、抑制细胞的分裂与伸长，破坏顶端优势，矮化株高。调节磷进入土壤后，可被土壤胶粒和有机质吸附或被土壤微生物分解，很快失去活性，在土壤中的半衰期为10天。适用于肥水充足、花生植株生长旺盛的田块施用。以花生结荚中后期喷施，施用浓度以500毫克/千克为宜，每亩用药液量40～50千克。可促使荚果增大，饱果数增多，百果重及百仁重均提高，增产10%～16%，产量水平低的增产幅度小，产量水平高的增产幅度大。使用调节磷影响后代种子出苗率，降低植株生长势和主茎高度，影响结实，所以花生种子田不能喷施。

花生增产剂：又名花生乐。施用时先用少量温水将药剂溶解，再加清水稀释到0.25%～0.5%的浓度，也可用25℃以上水直接溶解，但需搅拌3～5分钟。溶解后，将调好适宜浓度的药液均匀喷雾到花生植株上，每次每亩用药液量160～320克，兑水50千克，在花生生育期间喷雾2次，第一次在结荚初期，第二次间隔15天喷施。高效花生增产剂有A、B型两种产品，A型为生长延缓剂，只能用于花生高产田；B型为生长促进剂，主要用于花生中低产田。

(5) 防治病虫害。开花下针至结荚期，是花生病、虫、草、鼠多种有害生物并发时期，也是多数病害、地上及地下害虫的防治适期。

病害防治：花生网斑病、褐斑病和焦斑病发生，当病叶率达到10%～15%，主茎叶片发病率达5%～7%，病情指数3～5时即可喷施第一遍药，每亩用75%百菌清80克、50%多菌灵100克、1.5%多抗霉素或3%中生霉素250～300克，均兑水50千克喷雾，视病情发展，每隔10～15天喷一次，病害重的喷2～3次。当花生青枯病病株率达1%时，喷施85%三氯异氰脲酸500倍液浇淋根部。纹枯病的防治适期在7月上中旬。高温高湿期间注意防治锈病，当发病率达到15%～30%或近地面1～2片叶有2～3个病斑时，亩用75%百菌清600倍液，或联苯三唑醇1000倍液，或亩用20%三唑酮乳油30～40毫升，兑水50千克喷雾，可有效地控制病害的发展。

虫害防治：主要是蛴螬、棉铃虫、甜菜夜蛾、斜纹夜蛾、伏蚜等。采用毒枝诱杀暗黑金龟子、铜绿金龟子；50%辛硫磷乳油1000倍液灌蔸，防治金龟子幼虫。当棉铃虫成虫盛发期来临之前，用0.1%草酸喷雾植株，每隔5天喷1次，连喷3次；当每平方米有棉铃虫幼虫4头，3龄前用增效Bt或25%灭幼脲、5%氟啶脲乳油、5%氟虫脲乳油1500倍液、40%毒死蜱乳油1000倍液等，每隔7～10天叶面喷雾1次，可兼治多种害虫。7月上中旬注意挑治伏蚜。

（三）花生后期苗情与管理

1. 花生后期苗情长势

(1) 饱果成熟期的高产形态长相。“顶叶迟落枝变黄，棵不枯衰茎刚亮；

秸不倒青结饱果，青皮金壳籽满堂。”此期主茎侧枝生长渐趋停止，主茎高度40～48厘米，顶部绿叶至少保持4～6片；侧枝长45～55厘米，至少保持4～6片完好顶部绿叶。

(2) 饱果成熟期的生长指标。主茎的生长和侧枝的增生渐趋停止，营养器官积累的养料迅速向生殖器官转移，加速荚果的充实饱满，中下部叶片逐渐黄落。这一时期营养生长渐趋停止，生殖生长逐渐旺盛。主茎与侧枝日生长量分别为0.02～0.04厘米和0.025～0.03厘米，株型指数1.15左右，单株总分枝数疏枝型品种8～10条，密枝型品种15～20条。单株总开花数136～150朵，成针率44%～46%，结实率15.5%～18.5%，饱果率8%～10%，荚果增重占总果重的50%～70%，干物质累积量已达最大值。

(3) 高产群体总生物产量的指标。亩产500千克花生果，总生物产量920～1200千克，营养体与生殖体比率为0.6～1.0；经济系数0.5～0.55。品种类型间有差异，中间型品种的营养体与生殖体干物质比例小于1.0，普通型品种大于1.0，经济系数为0.46～0.52。

2. 花生后期田间管理

(1) 叶面喷肥保顶叶。花生在结荚以后，由于能量转化，茎叶主要营养入不敷出，茎枝基部叶片逐步脱落，至花生收获前，每条茎枝顶部的4～6片绿叶是维持全株生活力，进行光合产物转换的基础。为了增强顶部叶片的活力，延长植株功能期，提高荚果饱满度，对花生植株表现早衰迹象的地块，叶面喷肥更为重要。从结荚后期开始，每隔7～10天喷一次，共喷2～3次。可喷施1%尿素水溶液+0.3%磷酸二氢钾水溶液，1%尿素+0.4%过磷酸钙溶液，光合微肥1000倍液，氨基酸叶面肥粉剂2500～3000倍液；补充钾、钙可喷施0.4%硫酸钾、0.3%氯化钾、0.4%硝酸钾、0.3%磷酸二氢钾、0.2%柠檬酸钾、0.3%氯化钙、0.5%硝酸钙、0.2%醋酸钙、氨基酸钙800倍液。

(2) 合理排灌增饱果。

抗旱浇水：在饱果成熟期植株耗水量锐减，根系吸收能力衰退。遇旱根系易衰跌，迅速引起顶叶脱落，茎枝随即枯衰，结荚不饱满，造成大幅度减产。如果0～30厘米土层平均含水量低于田间最大持水量的40%，应及时进行轻浇润灌饱果水，促根保叶，维持功能叶片的活力，提高饱果率。早熟品种饱果期干旱对产量影响不大，中熟品种饱果期干旱均减产。据试验，饱果成熟期 0～30 厘米土层平均含水量，稳定在最大持水量的 55%时，花生亩产荚果 506.35 千克，比含水量占最大持水量 40%的增产 29.1%。土壤含水量低于最大持水量的 30%，花生减产 40%。花生生长后期（收获前 1 个月）遇到干旱和高温可显著提高黄曲霉菌侵染及产毒率。田间荚果的含水量在 14%～30%时最易受黄曲霉菌感染。干旱期随着温度的上升，常使花生黄曲霉菌感染率增加。为防御黄曲菌侵染，必须及时浇水，可采取喷灌、顺厢（垄）沟窜灌，使耕层土壤相对含水量保持在 55%～60%。

排涝防渍：花生属于抗涝能力较弱的作物，容易发生湿涝渍害。如果此时秋雨过多，排水不良，能引起根系腐烂，茎枝枯衰，饱果率降低，而且土壤空气窒息，易发生烂果病。因此，应及时疏通沟渠，排除渍水。

(3) 及时防治病虫害。花生进入荚果成熟期，营养生长逐步衰退，加上温度较高、湿度大，适宜褐斑病、黑斑病、网斑病、焦斑病、锈病等多种叶部病害的发生，造成花生大量落叶、未老先衰，使花生大幅度减产。

病害防治：重点是防治叶斑病、锈病，防治适期在 7 月下旬至 8 月初，此期遇连阴雨，春花生应于 7 月下旬防治 1 次，隔 10～15 天再防 1 次；如果出现持续高温、无雨，不需防治。夏播花生在 8 月上中旬防治 1 次。每亩用 50 毫升 20%三唑酮＋100 克农抗 120＋50 克 80%代森锰锌，可加入适量的尿素、磷酸二氢钾，兑水 40～50 千克喷雾。

虫害防治：重点防治地下害虫蛴螬、金针虫等，地下害虫危害不仅造成严重减产及品质下降，还可提高花生收获前黄曲霉菌的感染率。可用 50%辛硫磷、48%毒死蜱乳油 1000 倍液、30%辛硫磷微囊悬浮剂每亩 150 毫升兑水 50～70 千克灌根。

四、花生地膜覆盖栽培技术

我国花生地膜覆盖栽培，是 1979 年从日本引进地膜产品后，开始在花生上应用，经过多年的试验研究、示范推广，已经形成具有我国特色的花生地膜覆盖栽培理论与技术体系。花生地膜覆盖栽培，提高地温、保墒抗旱、保持土壤疏松通气、减少肥料流失、促进植株和荚果发育，一般增产 20%～40%。

(一) 花生地膜覆盖效果

1. 提高单产

花生地膜覆盖栽培与露地栽培相比,不仅单株结荚数和双仁果数显著增加,而且饱果率也相应提高,地膜覆盖花生一般亩产 300～400 千克,高产田达 600 千克,比露地栽培亩增荚果 75～100 千克,高的增 200 千克,增率 30%～80%,春播花生覆膜的增产作用大于夏播花生。

2. 提升品质

不仅增加了荚果产量,而且能提高品质,可使油分和蛋白含量增加,油酸与亚油酸比值增大,氨基酸含量提高。据测定,花育 17 品种,地膜覆盖栽培的蛋白含量,比露地栽培提高 1.24%,油酸与亚油酸比值由露地栽培的 1.49 提高到 1.69,赖氨酸等 8 种人体必需氨基酸含量提高 27.8%,谷氨酸等 17 种氨基酸综合含量提高 24.6%。

3. 增加效益

据全国花生地膜覆盖栽培技术推广统计资料,地膜覆盖栽培比露地种植每亩增产 99.5 千克,增加经济效益 35%左右。

(二) 地膜覆盖增产因素

1. 提高地温

地膜透光率在 80%以上,透过地膜的太阳光能被土壤吸收转化为热能,使地温升高,同时地膜又可防止地面热量向外部散失,从而起到增温保温作用。据测定,春播花生生长前期,地膜覆盖 0～5 厘米土层日均温度比露地高 2.5～3.9℃,生育中后期高 0.6～1.1℃,全生育期平均高 1.4～2.7℃,总活动积温比露地栽培增加 195～370℃。地膜覆盖花生比露地栽培花生一般早出苗 6～8 天,早开花 6～10 天,早结荚 7～9 天,成熟期提前 5～10 天,全生育期缩短 7～10 天。

2. 保墒防渍

地膜覆盖的不透气性和阻隔作用,白天土壤水分汽化为水蒸气到达地膜下面,形成小水珠附着在膜下面,阻止散失到大气中;到夜间气温降低时,水蒸气凝结成的小水珠越来越多,体积越来越大,又从膜下面滴回到土壤中,保持了膜内土壤湿润，起到了保墒作用。

地膜覆盖还具有提墒作用，在干旱时，土壤深层的水分，通过毛细管作用，逐渐向地表运动，不断补充耕层的土壤水分，始终保持膜下的土壤湿润，增强了根系发育，提高抗旱能力。

在降雨过多时，覆膜将雨水排到垄沟，再横向浸润到膜下垄内的土壤，土壤相对含水量较露地栽培为低，维持了土壤适宜的水分和通透性，具有较好的防涝作用。

3. 促进根系生长

地膜覆盖形成保护层，保持土壤疏松、通透性良好，改善土壤物理性状为花生的根系发育和下针结实创造了适宜的土壤环境，促使根系和荚果发育。据测定，花生收获期0～50厘米土层平均土壤容重，地膜覆盖的为1.3～1.4克/厘米^3，比露地少0.1～0.2克/厘米^3；总孔隙度、毛管孔隙度和通气孔隙度分别比露地增多3.0％～5.2％、1.7％～2.6％和0.4％～3.5％。地膜覆盖的土壤固液气三相中的气相比例显著增大，有利于花生根系发育和果针入土结实。据测定，0～50厘米土层地膜覆盖花生的总根量比露地的增加55％；根瘤数始花期增多88.7％，结荚期增多70％，饱果期增多27.5％。花生双仁果率和饱果率分别比露地的提高7.7％～11.1％和7.1％～19.2％。

4. 促进微生物活动

覆膜后能有效增加土壤中有益微生物的数量，显著提高了根瘤固氮酶活性，覆膜比露地土壤真菌总数量多58.3％，放线菌多36.7％，氨化细菌多25.8％，固氮菌多47.3％，磷细菌多56.3％，钾细菌多56.1％。加速了土壤中营养物质的分解和转化，使土壤中氮、磷、钾等有效养分增多；覆膜后，地表养分不会因降雨或灌水而引起流失，土壤保肥能力增加，可明显提高土壤供肥能力。据山东花生研究所在花生单株盛花期测定，地膜覆盖土壤硝态氮含量60毫克/千克，比露地的增加3倍，铵态氮30毫克/千克，增加2倍，碱解氮增加5.9％，速效磷增加0.2％，速效钾增加2.5％。

5. 提高饱果率

花生的开花结实习性存在着花多不齐，针多不实和果多不饱问题，大量的无效花、无效果针和幼果成为花生果多果饱的限制因素。地膜覆盖栽培，能有效地抑制高节位的无效果针入土，减少单株无效结实率，提高饱果率。据测定，地膜覆盖的果针总穿透率比露地的降低 24.4%～27.3%，有效果针穿透率增加 61.7%～64.4%，因而地膜覆盖花生的结实率和饱果率分别比露地增加 41%～49.8%和 91.5%～105.1%，荚果亩产量增加 84.3～107.3 千克，增产率为 29.9%～35.4%。

（三）春花生地膜覆盖技术

覆膜花生栽培操作程序：选用适宜品种→购买地膜→施肥→整地起垄→播种→喷除草剂→及时破膜放苗→加强田间管理→病虫害防治→适时收获。

1. 选用适宜品种

覆膜栽培宜选用中熟大果丰产性好的中间型或普通型花生品种，如远杂 9102、豫花 15、豫花 9326、花育 20、丰花 3 号、山花 11、徐州 68-4 等；在无霜期短、需早腾茬播种冬小麦的地块，可选用早熟中果珍珠豆型品种，如远杂 9307、中花 8 号、花育 32 等；早熟大果型品种可选用鲁花 8 号、鲁花 9 号、鲁花 10 号等。

2. 选用适宜地膜

地膜宽度、厚度适宜，能保证有效果针顺利入土，膜宽与起垄宽度相配套，一般垄距和膜宽 90 厘米，膜厚 0.01 毫米；透光率≥70%；展铺性能要求断裂伸长率纵横≥100%，确保覆膜期间不碎裂。

3. 施足基肥

增施有机肥，配方施足氮、磷、钾三要素，补施微量元素。以地力确定目标产量，依据花生需肥规律，确定施肥数量，每生产 100 千克花生果，需吸收氮 5～7 千克(其中 1/2～2/3 来自根瘤菌固氮)，氧化钾 3～4 千克，五氧化二磷 1～1.5 千克，缺硼、缺铁地块，每亩施硼砂 1 千克、硫酸锌 1 千克。

4. 整地起垄

深耕细旋耕，起垄高度 20 厘米，垄坡要陡，垄面要平，盖膜前将垄面压实整平，垄面宽 60 厘米，垄上花生小行距 35～40 厘米，保证花生播种行与垄边有 10 厘米以上的距离，覆膜紧贴垄面。

5. 合理密植

每亩种植密度，应根据品种特性、地力水平、管理条件而定，一般中等以上肥力条件下，种植中熟大果型品种，每亩18000株为宜；中等肥力、种植早熟中果型品种，每亩以22000株左右为宜。

6. 播种覆膜

播种期比露地提早8～12天，以利发挥地膜覆盖的增温效果。推广机械播种覆膜，选用2BFD-2B型花生覆膜播种机，调整播种轮与传动轮，使穴距为13厘米，每亩1万穴和2万株。调节开沟器、施肥口、播种口、覆土器的深度。各环节的适宜深度：开沟10厘米，施肥8～10厘米，播种深5厘米，覆土厚度5厘米。

人工先播种后盖膜方式，是在垄面上开两条播种沟，深3厘米，土壤墒情不足，要顺沟浇少量水，水渗下去再播种，每穴播2粒种子，并列平放，播后封平垄面，适当镇压，喷施除草剂，铺盖地膜，膜要拉紧、铺平、贴实、压严。也可采用先盖膜后打孔的方法播种。

7. 化学除草

花生播种后地面喷施除草剂，可选用敌草胺、乙草胺、精异丙草胺、二甲戊灵、仲丁灵、丙炔氟草胺、扑草净等，可加入适量的杀菌剂，如50％氯溴异氰尿酸（灭菌威、消菌灵）可溶性粉＋乙草胺、72％霜脲·锰锌＋乙草胺、40％菌核净＋乙草胺等，兼防花生立枯病、菌核病、白绢病、黑霉病、叶斑病等多种土传病害。

8. 田间管理

围绕前促早发、中控稳长、后保不衰，加强地膜覆盖花生田间管理。

（1）开孔放苗。地膜花生一般播后10天左右即顶土出苗，先播种后覆膜的田块，花生芽顶土鼓膜（刚见绿叶）时，就要及时开膜孔放苗，不能等幼苗全出土再开孔。开孔后随即抓一把细土将膜孔盖严，厚3～5厘米，轻轻一压，既起到封膜孔增温保墒效果，还有避光引苗出土，释放第一对侧枝，起到自然清棵的作用。一般开孔时间在9时之前，或16时之后，孔径4～5厘米。

（2）清土抠枝。花生出苗后主茎有2片复叶展现，应及时清理膜孔上的土，因为此时花生主茎有2片复叶展现，第一对侧枝已出现，而且茎枝基部已开始花芽分化，如果膜孔仍被土覆盖，会影响花生的正常生长发育。当花生出苗主茎有4片真叶时，及时将压在膜下的侧枝抠出来。

先盖膜后打孔播种的，如出苗前遇大雨，压膜孔的土就会结硬块，影响花生顶土出苗，应及时疏松硬块，并除去膜上过多的土。花生出苗主茎生长4片复叶时，要及时将压在膜下的侧枝抠出来，以利侧枝多结果。

(3) 控制徒长。花针期及其以前的光合产物，主要分配到营养器官中，分向结实器官的很少；到结荚期开始，才大量向荚果输送，特别是到饱果成熟期，输向荚果的更多，成为决定产量高低的最后关键时刻。因此要求这个时期营养生长衰退缓慢，即保持较大的叶面积和较高的生理功能，又有较多的光合产物运向荚果，对提高产量有利。结荚初期往往出现徒长现象，一般在花生始花后30～50天、盛花末期封行前3～6天，植株高度达40厘米时，喷施调节剂，如烯效唑、壮饱安等。控制株高不超过45厘米，防止植株郁闭倒伏，减少烂果。

(4) 叶面喷肥。覆膜花生植株生长旺盛，根系吸收养分的功能增强，结果数增加，养分消耗量增大，中后期易出现脱肥现象，植株早衰，叶片早落，影响荚果膨大及产量提高。应及时补充营养，延长叶片的功能期，提高叶片活力，增加果重。可叶面喷施尿素、磷酸二氢钾、光合微肥、稀土微肥、氨基酸叶面肥。在荚果成熟期，若遇雨水过大过多时，应及时排水降湿，破膜散墒，防止烂果发生。

(5) 回收残膜。花生收获后，应及时回收残膜，防止对土壤、环境等造成污染。据田间检测，残膜量占20%～30%，影响下茬作物根系生长，妨碍土壤水分的运动。可选用1MS-5型或其他型号的地膜回收机，清除田间残膜，并立即进行一次人工捡拾，彻底消除地膜对农田土壤和生态环境的影响。

第四节 花生收获与储藏

一、花生成熟的标志

（一）荚果成熟的标志

进入成熟期的花生植株，茎叶中的养分已经大量运往荚果，植株中下部叶片已经陆续脱落，上部叶片的叶色转呈黄绿色，叶的睡眠运动已经消失，植株停止生长。荚果成熟良好时，外壳表皮由黄褐色变为青褐色；内果皮海绵组织变薄而破裂，并由白色变为带金属光泽的黑褐色，多数品种种子挤压处的内果皮呈现黑褐色的斑片。农民习惯上把这种壳内着色的荚果俗称作“金里”“金碗”“铁里”，这是荚果成熟的良好标志。如果荚果发育中遇到干旱，种子成长不良，或环境情况正常而单荚果成熟不足，不够充实饱满，则直到收获，其果壳内壁也无褐斑生成，仍为白色，俗称“眼里”或“银碗”。后期管理得比较好、成熟适度的荚果子房柄上分离的强度约为 1 千克，收获时不容易落果；管理不良，特别是病害防治失当或秋季遇到雨水、阴天多的年份，再加上过晚收获，不仅落果多，过熟变质，发芽腐烂的也多。成熟良好、粒大饱满的种子，干燥后皮色呈固有的颜色，含油量高，游离脂肪酸的含量极微，油酸、亚油酸的比值也高，油色清淡，耐贮性好，商品油食用价值高。

（二）籽仁成熟的标志

花生籽仁充实饱满，种皮显示粉红色或桃红色等品种固有的本色，变薄而光润。

二、花生适期收获

收获过早，多数花生荚果尚未成熟，荚果不饱满，产量和含油率均低；收获过晚，早熟的饱满荚果易脱落，籽仁内脂肪也易酸败，不仅收获费工，而且会降低产量和品质。尤其是有些珍珠豆型品种，种子休眠期短，成熟期如遇干旱，荚果失水，很快打破休眠，再遇雨就立即带壳发芽，因此必须适时收获。

（一）花生收获适期的确定

花生适期收获，应综合考虑田间长相、饱果率、气温变化、品种特性、产品用途和后作播种要求等因素。

1. 植株长相

地上部植株生长停滞，中下部叶片脱落，上部 1/3 叶片叶色变黄，叶片昼开夜合的感夜运动不灵敏或消失，是花生成熟的标志。老花生产区，连作种植地块，落叶较为严重。但在肥水条件好、病虫害轻的地块，花生叶片能长期保持绿色，植株衰老不明显，则应主要根据荚果发育情况确定收获期。

2. 荚果充实饱满

根据不同熟性品种的物候期，检查多数荚果已饱满为准，一般珍珠豆型早熟品种饱果率达75%以上，中间型早熟大果型品种的饱果率达65%以上，普通型中熟花生品种的饱果率达85%以上，即为成熟的标志。依据饱果率判断花生收获适期，还应考虑气候条件和品种熟性，以及田间长相灵活掌握。因为气温过低荚果就不能鼓粒，植株上部鲜叶凋落太多，荚果不但不能再充实饱满，而且茎枝很快枯衰。如果每条茎枝鲜叶少于3片，日平均气温低于15℃，花生饱果率没有达标，也应立即安排收获。

3. 花生适宜收获期

(1) 南方花生产区适宜收获期。南方多种植珍珠豆型早熟品种，春播生育期为125天左右。种子休眠期短，花生成熟期正值高温多雨季节，如不及时收获，会造成发芽、烂果、落果。湖北省春播地膜覆盖花生8月下旬收获，春播露地花生9月上旬收获；夏播花生10月上旬收获；湖南、江西春播花生8月下旬至9月上旬收获；西南地区四川、重庆、贵州等在8月底至9月中旬收获；广东、广西、福建等省(区)无霜期长，花生一年两作，春播花生早熟品种多在6月下旬至7月收获，留种田应提早5～7天收获。晚熟品种在8月中旬到9月上旬收获；秋播花生一般在11月中旬至12月收获。

(2) 北方花生产区适宜收获期。黄淮海地区的山东、河北、河南、安徽和江苏北部等，全年无霜期180～230天，春季适期播种，一般能正常成熟。在正常年份，珍珠豆型早熟品种生育期为130天左右，中间型中熟品种生育期145天左右，普通型等晚熟品种生育期160天以上，覆膜种植155天即可成熟。春播大花生产区的成熟收获期，早熟品种8月下旬至9月上旬，中熟品种9月上中旬，晚熟品种10月上旬，覆膜栽培9月下旬；夏播花生在9月下旬至10月上旬收获。东北早熟花生产区，秋季气温下降快，由北向南各产区9月中旬至10月出现初霜，早熟品种应在9月上中旬收获。

(二) 花生机械化收获

1. 花生收获机械的概况

我国花生收获机械化水平，无论是同其他主要粮食作物相比，还是同世界发达国家相比，均处于较低水平。花生机械化收获，要经历从分段收获到联合收获的发展历程。我国花生收获机械正处于发展期，目前以分段收获为主，多采用花生收获机，而花生联合收获机应用得较少，主要有 4BHL-2 型、4HB-2A 型、4HBL-2 型等。

2. 花生机械收获的技术要求

花生收获机械，应具有完成挖掘、抖土、铺放、拣拾、摘果等功能。花生机械收获的要求是：收得干净，落果少，损失率＜3.0％；机械摘果损失率≤5.0％；株棵上泥土抖得净，含土量＜25.0％；铺放时根果一致，厚度均匀整齐；摘果要求摘净率＞98.0％，商品果破碎率＜3.0％，种用果破碎率≤1.0％。清选干净，清洁度＞98.0％。

3. 花生机械收获的技术路线

花生机械化收获技术路线有以下两条。

(1) 花生挖掘收获。操作程序是挖掘→抖土→铺放→人工集中→机械摘果。挖掘机与 14.71 千瓦以下小型拖拉机配套，将花生挖出抖土、铺放，适合山丘小地块作业，对于湿度适宜的岭沙土、沙壤土和壤土种植的花生收获效果良好。然后使用花生摘果完成果秸分离并装袋。

(2) 花生联合收获。操作程序是挖掘→摘果→清选→装袋。可一次收获两行花生，一次性完成花生挖掘、摘果、清选、装袋作业。

4. 常用花生收获机

(1) 花生联合收获机。可实现花生挖掘、果蔓分离、花生荚果装仓、枝蔓抛回地面等作业。开发的机型有 4BHL-2 型履带式花生联合收获机；4HBL-2 型自走式半喂入花生联合收获机；4HB-2A 型和 4HB-4A 型花生联合收获机。

(2) 花生挖掘机。花生挖掘机一般由机架、挖掘铲、输送分离机构、铺放滑条、地轮、变速箱、万向节传动机构等组成。常用机型有 4H-2 型、4H-95 型、4H-150 型、4H-165 型、4H-195 型、4HSHw-1500 型等。

(3) 花生摘果机械。结构和作用与简易谷物脱粒机相似，一般由喂入台、钉齿滚筒、凹板筛、前后滑板、风扇、搅龙、集果箱、机架等部件组成。目前我国生产中使用的花生摘果机，有半喂入式和全喂入式两种。

半喂入式：主要用于南方地区，干、鲜花生均可使用，一般要完成摘果，分离，清选等工序。消耗动力小，摘果后的花生蔓仍整齐，便于储存及综合利用，摘鲜果的质量好于摘干果，破碎率低。但其结构和传动比较复杂，制造成本高，工效比全喂入或低。

全喂入式：主要用于北方花生产区，从晒干的花生植株上摘果，一般完成摘果、分离、清选等工序，用于场间固定作业，以花生收获后在田间晾至半干后进行摘果最为适宜。摘果质量主要看摘净率、清洁率、破碎率。现有的摘果机主要存在分离清选不好、破碎率较高的缺点，所以种用花生和外贸加工出口用途的花生不宜使用。

花生摘果机种类比较多，有 4HZ-95 型、5HZ-800 型、5HZ-1150 型、4HZ-160 型、4HZ-55 型、5HZ-1900 型、4HZ-70 型、4HZ-50B 型、4HZ-68C 型、5HZ-400 型。

(4) 花生脱壳机械。主要性能指标是破伤率，包括破碎率和损伤率、一次脱净率、清洁度和生产率。对剥壳机总的要求是：一次脱净率>80%，破伤率≤5%，壳皮与籽仁分离好，清洁度>78%，吹出损失率≤0.2%。剥壳机的关键在于滚筒与凹板筛的间隙，间隙过大，易出现剥壳不净，过小易出现籽仁破伤率高，一般应根据品种类型、荚果大小而调节间隙。现有的剥壳机对花生荚果要求不宜太干，当花生荚果含水率低于 6%时，则籽仁易破碎。种用和出口花生仁要求较高，目前尚无理想的剥壳机械，仍为手剥手拣。用于榨油的花生仁，对破伤率要求不十分严格，适用的剥机很多，而且应用也较普遍。

花生脱壳机种类较多，有 4HZ-50B 型、6BH-1500C 型、6BH-1600 型、6BH-3000C 型、6BH-3000D 型、6BH-3300 型、6BH-3500 型、6BH-4500A 型、6BHZF-3500 型、6BHZF-4500 型、6BHZD-3500 型、6BHZD-4500 型等。

三、花生晒干储藏

(一) 花生收后晒干

新收获的花生荚果含水 45%～60%，呼吸强度大、易发热，极易受霉菌和细菌侵染，霉烂变质，种子活力下降。必须使荚果尽快晒干，防止发热、霉变。

国内外花生产后，大多数都是在收刨后，在田间将植株集条铺晒。将3～4行花生植株合并排成一行，根果向阳，株体支空，通气自如，干得快，经3～5天晴天，晒至五六成干，手摇荚果有响声后，茎叶向内根果向外堆成小垛，继续在田间垛晒。这样即可使秸秆鲜绿，用于饲养草食牲畜，提高饲草质量，又便于往晒场上搬运。搬运时应选择早晨或阴天，以减轻搬运中荚果掉落和茎叶破碎。

摘果后荚果含水量仍然较高，扬净茎叶杂质后还要继续晾晒1～2天，然后再推捂两昼夜，再摊晒通风，使含水量降低到8%～10%为止。此时，手搓种皮易掉，牙咬种子有脆声，即可安全入仓。

（二）花生安全储藏

花生种子在储藏期间仍在呼吸，常受水分、温度、湿度等外界条件及种子本身水分高低、杂质多少、品质优劣等因素的影响、储藏不当，会发生霉变。

1. 花生储藏特性

（1）花生种子后熟期长。花生种子后熟期较其他作物种子长，通常玉米种子仅15～20天，而花生种子可达110～120天，这种特性非常不利于种子的储藏保管。因为，花生种子在后熟作用中两酶的活性很强，在呼吸过程中放出较多的水汽和热量，容易造成种子发热霉变。

（2）吸湿性强，容易生霉。花生含有丰富的蛋白质等亲水性物质，吸湿性强。新收获的花生含水量在30%以上，若干燥不及时、彻底，或在储藏中大量吸取空气中的水分，则极易发生霉化变质。霉变先从破损、未熟、生芽和冻伤粒开始，并逐渐扩展蔓延。花生霉变与含水量及储藏温度有关，若水分超过9%，温度达25℃左右，或含水量10%以上，温度在20℃左右，花生仁即可发热生霉，明显的症状是皮色变深变暗，颗粒发软。一般先在表层以下15～40厘米出现，如处理不及时，则会使霉变范围发展扩大。

（3）受热变质，走油酸败。当前生产上主栽的花生品种含油率均在50%以上，其中不饱和脂肪酸占油脂的80%以上。由不饱和脂肪酸所构成的甘油酯，在种子呼吸作用下，完全氧化时可释放出30.8千焦的热量和1.1克左右的水，大大高于1克糖类物质完全氧化时所释放的热量和水，从而使花生种子容易发热、霉变、出油和酸败，食味变哈，出油率降低，油味变苦，种子的发芽率降低。花生果水分在10%，温度升到30℃即能发生走油变质。水分、温度越高，变质就越快。走油变质的花生仁皮色泽变暗、变深，容易脱皮。子叶由乳白色逐渐变得透油和蜡状，食味都逐渐变劣。花生变质走油多发生在7—9月，温度在30℃以上的高温季节。

(4) 低温冻害，酸变变质。储藏温度达0℃以下时，花生则会遭受冻伤，受冻的花生皮色深暗，颗粒变软，有酸败气味，含油量下降，丧失发芽力，酸价增高，品质变劣，失去食用价值和经济价值。花生种子受冻害与种子含水量多少和温度高低有关。当温度在0℃以下时，种子含水量越高受冻害越严重；种子含水量高和储藏温度低，种子活力就低，甚至丧失活力。种子含水量5%左右时，不同低温储藏对种子的影响不明显；含水量10%和储藏温度－10℃时，种子发芽势、发芽率及活力指数差异显著。要想较好地保存花生不发生劣变，籽仁内的含水量要控制在5%左右。

(5) 储藏条件与花生种子寿命。在花生种子储藏过程中，影响种子寿命的环境条件有水分、温度、空气、微生物和昆虫等，起主导作用的是水分和温度。种子含水量在5%～14%，每增加1个百分点，种子寿命就会减少一半。种子储藏温度在0～50℃，每增加5℃种子，寿命也减少一半，花生种子的安全含水量，北方地区在8%左右，南方高温多湿地区在6%左右。

2. 花生安全储藏技术

(1) 带壳储藏。荚果储藏比花生仁储藏通风状况好，而且能够保持花生仁的色泽和生活力，因此带壳储藏更加安全。特别是留种用的花生，一定要带壳储藏，播种前再脱壳。

(2) 室内储藏。可直接堆放在室内地上，底下垫放隔潮物品，不要靠墙，以免返潮。将种子装入透气的麻袋等器具里，避免用透气的塑料袋储藏，易造成空气不流通，种子无氧呼吸，产生酒精和有机酸等有毒物质，使种子胚中毒；同时，呼吸产生的水分和热量不易散发，使种子发热霉变。常年和夏季储藏，应采取密闭储藏法，使种子与空气隔绝，保持种子始终干燥。最好选用专用仓库储藏，条件优越，采取散堆的方法储藏。

(3) 控制温湿度。由于花生种子含有大量的蛋白、糖类等亲水物质，在储藏过程中很容易吸收空气中的水分，使呼吸作用增强，消耗养分，放出大量的热能使种子堆温度升高，种子受热发霉变质，丧失发芽能力。当花生种子仁储藏场所的气温在9℃左右、种子含水量在11%时，堆垛底部会发热；种子含水量在13%、温度超过17℃就开始生霉菌；若超过20℃，就会霉坏变质。种子含水量若超过安全水分界线，种子在−3℃条件下即能受冻变质；种子含水量在安全储藏水分界线以下，在−25℃严寒中也会受冻。在储藏期间必须保持干燥的储藏环境，发现种子含水量超过安全界限或堆垛温度升高，应及时翻仓晾晒，确保安全储藏。

第四章　现代芝麻绿色生产技术

芝麻是胡麻科胡麻属一年生直立草本植物。芝麻是我国古老的优质油料作物之一，在我国种植历史悠久，生产分布范围广。芝麻以营养物质丰富，养生保健功效好，逐渐受到我国不同经济阶层消费群体的青睐。近年来，国内外芝麻贸易市场活跃，市场缺口大，我国芝麻年消费量在100万吨以上，但年平均产量仅有60万～80万吨，从2006年起，我国已由过去的世界第一大出口国，转变为第一大进口消费国，年进口量在50万吨左右。因此，发展芝麻产业，提升我国芝麻产品国内外市场的竞争力势在必行。

第一节　芝麻生产概况

一、芝麻的起源与传播

（一）芝麻的起源

芝麻种植历史悠久，范围广泛，主要分布于亚热带及热带地区。关于芝麻的起源有多种说法，最早是在埃及古墓中发掘出芝麻，而且非洲也有一些芝麻野生种，因此便认为芝麻起源于非洲。随后爪哇也发现了芝麻野生种，故又有原产爪哇之说。实际上，印度也有几种野生芝麻，有的生于陡峭岩壁，有的生于沙漠地带。1932年，V. M. 希特勃兰德认为，芝麻栽培种发源地应该接近该属的野生种所在地，因而他倾向于芝麻起源于非洲。通常认为非洲具有芝麻属所有的野生种，同时最先栽培芝麻，因此把非洲视为芝麻的起源中心和栽培种的起源中心。

（二）芝麻的传播

世界各地对于芝麻传播考证也不相同，多数学者认为芝麻是从非洲北部，传向美索不达米亚地区和印度恒河流域，逐步扩大到地中海沿岸、中国以及世界各地。中国芝麻种植的记载，最早见于公元前，《氾胜之书》中所述的胡麻，就是芝麻。过去一般认为是公元前 2 世纪张骞通西域，从中亚大苑带回芝麻种子最先在黄河流域一带种植，以后传至长江和珠江流域，并逐渐传播到朝鲜、日本和东南亚等国。

但是在太湖流域的吴兴钱三漾和杭州水田畈两处，古遗址的出土物中都发现有芝麻，经考证，它的年代相当于公元前 770 年至前 480 年，比张骞通西域早 200～500 年。

二、芝麻的营养价值与综合利用

芝麻是人类优质食用油原料和营养保健食品。芝麻营养价值高，用途广泛，芝麻产品成为越来越多的消费者喜食的家常食品。

（一）芝麻籽粒营养

芝麻籽粒内含有丰富的营养物质，有 18%～20%的蛋白质及丰富的粗纤维、矿物质、氨基酸和多种维生素。据中国预防医学院营养与食品卫生研究所和国家质量监测测试中心（郑州）测定，100 克白芝麻中，含有蛋白质 18.4 克，脂肪 52 克，灰分 5.2 克，维生素 B_1 0.36 毫克，维生素 B_2 0.26 毫克，维生素 E 38.28 毫克，烟酸 3.8 毫克，钾 266 毫克，钠 32.2 毫克，钙 620 毫克，镁 202 毫克，铁 14.1 毫克，锰 1.17 毫克，锌 4.21 毫克，铜 1.41 毫克，磷 513 毫克，硒 4.06 毫克。

芝麻籽粒中还含有生理活性成分，对人体具有保健作用。按现代营养学分析，芝麻籽仁中含有人体所需的多种营养素，其蛋白质含量多于肉类，其中氨基酸含量十分丰富，含钙量为牛奶的 2 倍，还含有维生素 A、维生素 D 及丰富的 B 族维生素。芝麻含脂肪高达 52%～60%，还有较多的卵磷脂，可防止头发过早变白或脱落。芝麻主要分白芝麻和黑芝麻两种，白芝麻主要作为油用及糕点辅料，黑芝麻多作为糕点辅料，中医常用黑芝麻入药。据测定黑芝麻中含有丰富的优质蛋白质、脂肪酸、钙、磷等，营养之全是许多食品所无法媲美的，多种不饱和脂肪酸可促进皮肤新陈代谢，起到营养和护肤作用，黑芝麻含有毛发生长所需要的蛋白质、脂肪和丰富的维生素 B_1、维生素 B_2、维生素 B_6、卵磷脂等，在现实生活中坚持服食黑芝麻，有乌发、美发之功效。

中医认为，芝麻味甘、性平，有补血、润肠、通乳、养发等功效，适于治疗身体虚弱、头发早白、贫血、大便燥结、头晕耳鸣等症状。黑芝麻糊的效用更胜鲜奶，多食皮肤会滑溜、少皱纹，还会令肤色红润白净，更可以治便秘。

芝麻还含有丰富的硒，是食物中含硒最高的作物之一。充足的硒可使抗氧化剂有效地将人体内的过氧化氢转化为水；含有硒的多种酶能够调节甲状腺的功效，参与氨基酸的合成。芝麻的含铁量为各种食物之首，在治疗缺铁性贫血方面，芝麻是任何食物所无法比拟的。

（二）芝麻油营养

芝麻油品质优良，营养丰富，醇香可口，既是强身健体的滋补品，也是风味别致的调味品。芝麻油中油酸和亚油酸含量之和超过 85%，均为人体易消化吸收的不饱和脂肪酸。亚油酸是人体不能合成而又必需的脂肪酸，可抑制人体血液中胆固醇的合成，有抗氧化、抗癌的功效，具有预防动脉硬化的作用，对软化血管，防治因血管硬化引起的疾病非常有益。油酸可降低血液总胆固醇和有害胆固醇，能够减少胆固醇在血管上的沉积，有预防动脉硬化等功效，对中老年人的心脑血管疾病有重要的预防作用。所以，经常食用芝麻油或芝麻制品，有益于预防冠心病、高血压、糖尿病和肥胖症等疾病，具有明显的延年益寿作用。

（三）芝麻叶的营养

芝麻叶营养丰富，含有丰富的蛋白质和糖类物质，可作为优质蛋白源。据郑州大学测定，芝麻叶中总蛋白质含量 31.32%，总糖 25.26%，脂肪 7.54%，灰分 9.24%，富含矿质元素钾、钙、镁、磷、铁等，尤其是硒的含量达 0.2 微克/克，属富硒产品，可提高人体免疫力，促进淋巴细胞的增殖及抗体和免疫球蛋白的合成，具有防癌抗癌的作用。芝麻叶中黄酮含量为 122.8 毫克/克，多酚含量为 44.8 毫克/克，对于预防冠心病、动脉粥样硬化等具有显著功效。芝麻叶可作为一种天然优质的叶蛋白源，为人们提供营养素。

（四）芝麻综合利用

1. 芝麻是食品加工的重要原料

随着芝麻加工业的发展、人们生活水平的日益提高、消费结构的变化，对芝麻加工食品的需求数量越来越多，从而拉动芝麻食品加工业的发展。以芝麻为原料，加工的产品有芝麻香油、水洗芝麻、炒食芝麻粉、芝麻糖、芝麻片、芝麻酥、芝麻饼、麻烘糕、芝麻酱、芝麻豆腐、芝麻乳、黑芝麻糊；利用芝麻叶制作干芝麻叶和罐头等。随着龙头企业的崛起、规模化加工生产的发展，将可改变以原材料、粗加工产品出口，为精加工产品出口，获得更大的经济效益。

2. 芝麻的医疗保健作用

《神农本草》记载：芝麻“味甘，性平，无毒，主治伤中虚羸，补五内，补心脏，益气力，长肌肉，填髓脑，久服强身不老”。南齐时《名医别录》记载，芝麻“坚筋骨，明耳目，耐饥渴，延年”。唐时《食疗本草》记载，芝麻“治虚劳，滑肠胃，行风气，通血脉，祛头风，润肤”。李时珍《本草纲目》记载，胡麻有迟早二种，黑、白、赤三色，胡麻取油以白者为胜，服食、药用以黑色为良，其功能利大肠、生秃发、通大小肠、生肌、长肉、止痛、清臃肿、补交裂。《药性赋》记载，胡麻能补肝、肾，养血润燥。《归经》记载，胡麻补肝肾，润五脏，治肾不足，虚风眩晕、风痹瘫痪、大便燥结、病后虚羸、须发早白、产妇少乳。《唐本草》记载，胡麻可“填精、益髓、补血”。明代《天工开物》提到芝麻“发之而泽、腹之而膏，腥膻得之而芳，毒历得之而鲜”。现代中医学认为黑芝麻的医疗保健功能为强身健体、延年益寿、补肝肾、润脾肺、益耳目、健固齿、润肌肤、滑胃肠、防衰老、益脑智等，用于治疗眩晕、健忘、腰膝酸软、发须早白、阴虚干咳、皮肤干燥、乳汁不足，降低胆固醇，防止动脉硬化、高血压，防止血小板减少，平衡神经，预防神经衰弱，外用解毒生肌、护肤美容等。

3. 芝麻饼粕可作优质饲料

芝麻榨油后的饼粕含蛋白质 38%、碳水化合物 20%、粗脂肪 10%、氮 6%、磷 3%、钾 1.5%及其他矿质元素，均是良好的饲料和肥料，有很高的经济价值。

4. 芝麻是良好的蜜源作物

芝麻花期比较长，花器大，长冠中含有较大的蜜腺，开花量多，是一种优良的蜜源作物。利用芝麻田发展养蜂业，亦可增加经济收入。芝麻花蜜是药食同源的天然营养品，是一种成分极为复杂的糖类复合体，其蜜适合头晕眼花、肾虚腰酸、津液不足、大便燥结、须发早白、发枯脱落、高血压、血管硬化、贫血、慢性神经炎、末梢神经炎患者服用。

三、芝麻的生产与贸易

（一）芝麻生产状况

芝麻广泛分布于南纬45°至北纬45°的50多个国家，主要集中在亚洲和非洲。

1. 世界芝麻生产状况

据联合国粮农组织统计：2001—2010年10年间，全世界芝麻年均种植面积为10931万亩，平均单产32.1千克，年总产量351.3万吨。近年来，全球芝麻种植面积逐年增长，2015年为15053.4万亩，2016年为15453.3万亩，2017年为15747.6万亩，2018年为17615.1万亩，2019年为19704万亩。2010—2019年，芝麻种植主要分布在亚洲、非洲等发展中国家，其中印度、苏丹、缅甸三大主产国的芝麻年平均种植面积8366.8万亩，占世界总面积的54.1%，年平均总产量达219万吨，占世界同期总产量的39%(表4-1)。近年来，随着芝麻加工业的发展，国际芝麻贸易活跃，芝麻价格持续上升，市场需求量逐年增多，使得世界芝麻生产面积呈逐年扩大的趋势。尤其是印度、苏丹等芝麻主产国，随着芝麻价格的不断攀升，国际市场的芝麻产品日益紧俏，对芝麻科研的投入不断加大，新品种、新技术的推广力度加大，生产水平不断提高。

表4-1 2010—2019年全球芝麻主产国生产情况

国家	年平均种植面积（万亩）	国家	平均总产（万吨）	国家	单产（千克/亩）
全球	15474.1	全球	551.09	全球	36
苏丹	3466.1	缅甸	78.98	黎巴嫩	224
印度	2648.6	印度	77.20	阿富汗	139
缅甸	2252.1	苏丹	58.86	以色列	135

续表

国家	年平均种植面积（万亩）	国家	平均总产（万吨）	国家	单产（千克/亩）
坦桑尼亚	1174.9	坦桑尼亚	52.68	约旦	133
南苏丹	959.9	中国	51.68	沙特阿拉伯	123
尼日利亚	868.9	尼日利亚	50.12	中国	96
中国	544.9	埃塞俄比亚	25.53	乌兹别克斯坦	81
埃塞俄比亚	517.2	布基纳法索	19.27	塔吉克斯坦	77
布基纳法索	472.8	乍得	14.61		
乍得	426.4	乌干达	13.68		

资料来源：FAOFAST 数据库(1961—2020)。

2. 中国芝麻生产现状

我国芝麻种植分布广阔，南起海南、台湾，北至黑龙江均有种植，主要集中在河南、安徽、湖北、江西、河北、陕西、辽宁等省。我国芝麻种植面积较大，产量较高，是世界芝麻生产大国之一。据 1949 年出版的乡村工业丛书《中国植物油脂》记载，1933 年和 1934 年，中国芝麻总产量分别为 96.85 万吨和 86.91 万吨，分别为世界芝麻年总产量的 59.14%和 61.13%。1951 年芝麻种植面积达 1599.5 万亩，总产量 44.1 万吨，分别占世界芝麻年种植面积的 25.67%，总产量的 41.71%。1967—1978 年，为解决粮食短缺问题，调减了芝麻种植面积。1979 年开始恢复发展芝麻生产，到 1985 年，芝麻面积恢复到 1578 万亩，总产量达到 69.1 万吨。随后又逐年下滑，到 2021 年芝麻种植面积只有 428 万亩，总产量 45.5 万吨，亩产提高到 106 千克。

芝麻生产数量较多的是河南省，2021 年芝麻种植面积 173 万亩，总产量 18.8 万吨；其次是湖北省面积 120 万亩，总产量 11.4 万吨；第三位的是江西省面积 47.3 万亩，总产量 3.7 万吨。

3. 湖北芝麻生产情况

湖北省种植芝麻历史悠久。据《魏书》记载，公元 6 世纪中叶，“江陵城内大饥，皆以胡麻为禀”，即把芝麻炒熟或煮熟后作为食物充饥。1894 年，湖北芝麻出口量有 7070 吨，比上年增长 5.3 倍。此后数年，芝麻出口“坚挺上升”，主要销往法国、意大利等国。20 世纪初，湖北芝麻连年获得较好收成，成为省内主要油料作物之一，在全国亦占有重要地位。1933 年，湖北省芝麻总产量 11.33 万吨，是新中国成立前的历史最高年产量。1949 年种植面积 227.73 万亩，总产量 6.09 万吨。

1950 年以后，芝麻生产有所恢复，1953 年种植面积 331.76 万亩，总产量达到 13.18 万吨；20 世纪 60 年代平均种植面积为 345.2 万亩，总产量为 7.88 万吨；70 年代平均种植面积为 166.9 万亩，总产量 7.2 万吨。1985 年芝麻面积 260 万亩，总产量达到 17.81 万吨，为历史最高年。随后种植面积逐年调减，2021 年芝麻种植面积只有 118 万亩，总产量 13.07 万吨。

湖北省芝麻主要种植区域有两个，一是鄂北芝麻区，以襄阳市为主，另一个是长江、汉江两岸芝麻区。芝麻种植面积和产量较多的县(市区)，2021 年有襄阳市的襄州区芝麻面积 10.23 万亩，总产量 9614 吨，其次是枣阳市分别为 10.2 万亩、6528 吨，江夏区分别为 3.57 万亩，5175 吨。

（二）芝麻贸易情况

近年来，全球芝麻贸易量保持在 145 万～150 万吨，其中中国进口数量占全球贸易量的 56%。

2015—2020 年，中国每年进口芝麻数量分别为 80.54 万吨、93.12 万吨、71.18 万吨、82.82 万吨、81.74 万吨、88.88 万吨。进口来源国家有苏丹、尼日尔、坦桑尼亚、埃塞俄比亚、莫桑比克、多哥、马里、乌干达、巴基斯坦、印度等，进口价格在 1.09 美元(坦桑尼亚)至 1.56 美元(印度)。

第二节　芝麻生长发育与产量形成

一、芝麻各器官的形态特征

（一）根

根系是芝麻固定、支撑植株生长，进行呼吸作用以及吸收水分和矿质营养的器官。芝麻的根系属于直根系，由主根、侧根、细根和根毛组成，根尖端的根毛区着生大量密生细嫩的根毛，该区对植株的水肥营养非常重要，芝麻根系的分布类型主要有细密型和粗疏型两种。属浅根性作物，根系入土浅，呈伞状分布，90%的根群分布在9～15厘米的土层里。

（二）茎

芝麻茎秆直立，茎基和顶端呈圆柱状，中上部和分枝为方形，茎秆一般为绿色，少数品种茎秆基部呈紫色或茎枝上有紫斑，成熟时通常转为黄色或黄绿色。茎秆上着生有茸毛，茎色和茸毛是识别品种的重要标志之一。

茎是营养输送和支撑冠层的主要营养器官，包括主茎和分枝。他是连接地下和地上部分的器官，在输送和调节芝麻各器官之间的水分和养料方面有着重要的作用。还支持着整个植株，使叶、花和蒴果适当地分布在一定的空间之内，便于接受光照。茎生长的好坏，关系着芝麻其他器官的形成和种子的产量。

芝麻茎的类型按株高分为3种：高秆型（170厘米以上）、中秆型（130～170厘米）和矮秆型（130厘米以下）；按分枝习性划分为单秆型和分枝型两种，分枝型品种一般在主茎基部的1～5对真叶叶腋中，一般有3～5个分枝，在肥水条件适宜、早播、稀植时，可长出8～10个分枝，最多可长出15～16个分枝。在第一次分枝上又长出分枝，称为第二次分枝。

茎和分枝上有节，节间长度一般是主茎比分枝短，上部比下部短。植株节间越短，节数越多，蒴果数越多，产量越高。

（三）叶

芝麻是双子叶植物，子叶小，呈扁卵圆形。真叶由叶柄、叶片组成，而叶片由上下表皮、叶肉、叶脉三部分组成。表皮在叶的最外层，其上有茸毛和气孔。气孔的开闭控制着芝麻植株体内外的气体交换和水分的蒸腾，起着重要的生理作用。表皮内为叶肉，由栅栏组织和海绵组织组成，内含许多叶绿体，是进行光合作用、合成有机养分的重要场所。叶脉的主脉位于叶片中部，分布于栅栏组织和海绵组织之间。侧脉呈网状布满全叶，叶脉、叶柄、茎和根的维管系统相通，共同完成植株的水分和养料输送。

叶片有单叶和复叶之分。叶序有对生、互生和轮生，也有在同株上对生与互生混合排列的。叶色有深绿、绿和浅绿，有极少数品种叶柄微呈紫色。

（四）花

芝麻花是大型的两性花，雌、雄蕊在同一筒状花内。由花柄、苞叶、花萼、花冠、雄蕊、雌蕊和蜜腺等构成。花柄着生在叶腋中的茎秆上，花柄的长短，因品种而异。单花型和三花型品种的花柄较短，多花型和长蒴型品种的花柄较长。苞叶着生在花柄的基部，左、右各 1 片，为绿色，披针形，是区别品种的特征之一。

芝麻的花序属无限花序，每叶腋只着生 1 朵花的为单花型，着生 3 朵花的为三花型，着生 3 朵花以上的为多花型，又称单蒴型、三蒴型、多蒴型。芝麻属常为异花授粉作物，天然异交率 3%～5%，但在昆虫较多时异交率显著提高。芝麻开花高峰期是始花后 10 天，占总花量的 60%～70%。出苗至开花需经 30 天以上时间。芝麻属短日照作物，日照短现蕾早，日照长则现蕾迟。同一株上花的开放有先后，因此，蒴果成熟极不一致。开花时间为早晨 5—7 时，一般开花期为 30 天，花期对水分敏感，遇旱要灌、遇涝要排，防止落花落果。

（五）蒴果

芝麻初生蒴果为绿色，后逐渐变黄，当种子呈本品种颜色时，外果皮失水而收缩，蒴果尖端易裂。蒴果短棒状，有棱，基部圆钝，上端扁而尖。常见蒴果有 4 棱、6 棱、8 棱三种，小于 4 棱或多于 8 棱为异型果。每棱有 1 排种子。棱数越多，蒴粒也就越多，多的可达 130 粒以上，少的仅有 40 粒左右。成熟时，蒴果有开裂和闭合的不同习性，分为裂蒴型和闭蒴型两种，闭蒴型成熟时损失小，适于机械化。

（六）种子

芝麻种子由受精后子房内的胚珠发育而成，着生在中轴胎座上。种子形状呈扁椭圆形、长圆形和卵圆形，种子的一端为圆形，另一端稍尖呈钝突状或锐突状。种子的背面有一条浅线条叫种脊。四棱形品种的种子呈扁平或椭圆形，多棱形品种的种子呈长椭圆形。一般多棱或短蒴的品种籽粒小，千粒重低；四棱长蒴品种籽粒大，千粒重高。种子有白、黄、褐、黑、紫色等基本色，各种颜色又有深浅浓淡之分，这主要是由于种皮细胞内色素的种类和数量不同所致。种皮色浅含油量高，色深含油量较低，即白＞黄＞褐＞紫＞黑。种皮薄、种子饱满光滑，含油量高，一般白芝麻含油量55%左右，黑芝麻含油量50%左右。

二、芝麻的生育期及环境条件

（一）芝麻的生长发育期

芝麻全生育期较短，春播一般100～120天，夏播80～105天，秋播70～80天。整个生育期划分为出苗期、苗期、蕾期、花期、蒴果及种子发育成熟期。

1. 出苗期

从播种至出苗的一段时期为出苗期。在适宜温度、水分条件下，一般播后4～7天即可出苗。芝麻种子千粒重2.5～3.0克，顶土力弱，必须精细整地，抢墒播种，保证全苗壮苗。日均20℃以上时，是芝麻的适宜播种期；最适宜的土壤含水量为17%～23%，水分过多、过少均影响发芽和幼苗的成活能力。积温120℃左右，即可出苗。

2. 苗期

从出苗至现蕾的一段时期为苗期。出苗后25～35天，有6～8对真叶时开始现蕾。苗期生长缓慢，根系幼小，侧根数目少，主要分布在表土下约10厘米以内。此期栽培上要加强田管，达到全苗、壮苗，多分化花芽，为蕾花期的生长打下基础。

3. 蕾期

从现蕾至开始开花的一段时期为蕾期，心叶呈上耸状为进入现蕾期标志。一般夏播为7～15天，春播延长3～5天，秋播提前2～3天。蕾期生长速度加快，茎日平均生长达1.8～2.0厘米，主根每天入土深度达3～4厘米以上，每天可新增3～4条侧根，至初花时主根入土深度50厘米以上。

4. 花期

从初花到终花的一段时期为花期，花期长短与品种、播种期、田间管理和气温有关，一般春播40天左右，夏播30天左右，秋播20天左右。花期营养生长和生殖生长均较旺盛，边现蕾、边开花、边结蒴果。从初花植株上着生23～27对真叶时，便进入盛花期，大约20天时间，根长度可增加60厘米以上，入土深度达1米以上。花期是对水、肥最敏感的时期，应加强管理。

5. 成熟期

从终花至主茎中下部叶片脱落，田间70%以上中下部蒴果中籽粒已呈现出本品种固有特征的日期。一般为15～25天。此期营养生长停止，主要是蒴果和种子发育成熟。

（二）芝麻生长发育的环境条件

1. 对温度条件的要求

芝麻原产于热带，为喜温作物，对温度的要求比较严格，生育期内要求有较高的温度和必需的积温。芝麻全生育期需要积温2500～3000℃，生长发育适温为20～24℃。芝麻种子萌发出苗的最低温度为12℃，连续3天气温在12℃以下，幼苗停止生长，易出现冷害。只有当温度达到18℃以上时，芝麻种子才能正常发芽，当3～4厘米地温稳定在18～20℃，气温稳定在20℃以上时，即可播种，出苗整齐。气温如降低到5℃以下，幼苗停止生长，容易使植株根系腐烂。

开花结蒴期，平均气温在28～30℃有利于蒴果和籽粒发育，当气温低于20℃时，易出现畸形花、不孕花。严重时可引起落蕾落花和蒴果发育不良。在生长后期遇到低温，也会引起生殖器官发育不良。

温度过高对芝麻开花受精也有很大的影响，尤其是在干旱情况下，极易引起落花落蕾。

2. 对光照条件的要求

我国北方芝麻品种适应于长日照，南方品种为短日照。北种南引会使生育期缩短，植株矮小，产量降低，引种范围以不超过纬度4°为宜。

芝麻全生育期都需要充足的阳光，是典型的喜光作物。适宜的日照时数为9～13小时，超过15小时则开花期明显推迟或不开花。全生育期日照时数600～700小时为宜。日照与芝麻开花与成蒴关系很大，花期日照少，开花不能正常受精而脱落，或蒴果种子少，产量低。

3. 对水分条件的要求

芝麻为中等需水的作物，但对水分反应非常敏感，全生育期一般需水量为 200 立方米(折算为 301 毫米),其中播种至出苗 8.1 立方米,出苗至现蕾 32.7 立方米,现蕾至开花 14.1 立方米,开花至封顶 106.5 立方米,封顶至成熟 39.4 立方米。

苗期土壤最适含水率为 16%～20%,群众经验是"手抓泥土能成团,丢下落地能散开",这就是适宜播种出苗的土壤湿度。如果超过 24%发芽率降低。

现蕾开花期,植株生长迅速,需水量开始增加,占全生育期的 50%以上。结蒴期对水分最敏感,但又最不耐渍,以后需水又开始减少。花期对渍害反应敏感,盛花期受渍,蒴数减少,蒴小粒轻,含油量下降 3%左右,终花期受渍则更严重。但此时受旱,花蒴发育不正常,结蒴稀少,籽粒秕轻,严重减产。

4. 对土壤条件的要求

芝麻对土壤的适应性较强,但疏松肥沃的土壤,能协调水、肥和空气供给的矛盾。以沙质土最适合种植芝麻,土质疏松,结构优良,排水良好,适合芝麻生长发育所需的高燥条件;黏土或沙土也能种芝麻;河流湖泊沿岸的淤泥土或冲积土,也适合种芝麻。但沼泽土、盐渍土、强黑钙土和低洼地不适合种植芝麻。

适宜的土壤 pH 为 5.5～7.5,有利于芝麻的生长,过酸、过碱均不能种植芝麻。

5. 对养分的要求

芝麻是需肥量较大的作物之一,需从土壤中吸收各种各样的营养物质。其中吸收最多的是氮、磷、钾三要素,尤以氮素和钾素的需要量最大,磷次之。一般每生产 50 千克芝麻,需氮 4.5～5 千克、五氧化二磷 1.25 千克、氧化钾 5～5.2 千克。产量增加,吸收氮磷钾的绝对数量也随之增加,但并非按比例增加。由于土壤中通常含氮量少,含磷、钾量较多,所以增施氮肥比增施磷钾肥的增产要显著。一般增施纯氮 0.5 千克,可增产芝麻籽 0.25～5 千克,以氮磷钾配合施用的效果最好。

三、芝麻产量构成与潜力

(一)芝麻产量构成因素

芝麻产量构成的因素有单位面积株数、单株蒴数、蒴粒数和千粒重。

1. 株数

在芝麻的产量构成因素中，单位面积株数是形成芝麻单位面积生物产量和经济产量的基础。试验结果表明，当种植密度增加时，平均单株蒴数随之下降，但不按株数增加的比例下降。说明每亩株数和每株蒴数二者之间的关系并不是简单的直线关系，而是一种曲线回归关系。种植密度与单位面积产量之间也不是直线相关，而是一种抛物线相关关系。在一定范围内，芝麻单位面积产量随着密度的增加而增加，超过一定范围，单位面积产量则随着密度的增加而减少。只有当增加密度所带来的群体生产能力的上升，超过个体生产能力下降的总和时，密植才能增产。芝麻合理密植必须根据品种特性、土壤肥水条件、栽培管理等而定，才能获得高产。

2. 每蒴粒数和千粒重

种植密度确定之后，单株蒴数、蒴粒数和千粒重就成为影响芝麻产量的重要因素，与产量构成呈极显著正相关，其中以单株蒴数与产量的关系最为密切。在气候正常的年份，单位面积蒴数对产量影响最大。千粒重与产量的关系均表现为正相关，但受到单株蒴数与蒴粒数的影响，千粒重与产量的关系年份间表现不稳定。总之，在构成芝麻产量的 3 个直接因素中，对产量贡献大小的顺序为总蒴数＞千粒重＞每蒴粒数。高产栽培中应主攻单株蒴数与千粒重，即以增加单株蒴数为基础，以提高千粒重为重点，并力争每蒴粒数的增加。

（二）芝麻高产潜力

芝麻籽粒产量的高低，是由遗传潜力和栽培环境共同作用的结果。随着科学技术的进步和科学种田水平的提高，芝麻的增产潜力逐步得到挖掘，河南省芝麻研究中心在许昌创建的高产试验中，通过充分协调芝麻产量构成三要素，在 1.08 亩田块上，创造出亩产 251.8 千克的世界高产纪录；新疆精河县采用机械化轻简栽培技术，创造出 356 亩连片平均亩产 194.1 千克的高产纪录。这充分说明，芝麻的高产潜力很大，有待进一步地研究挖掘。

总结多年来的栽培经验，芝麻亩产量 75～100 千克的合理构成因素为：每亩蒴果量 60 万～80 万个，每蒴粒数 65～70 粒，千粒重 3 克左右；亩产量 200 千克以上的产量构成：每亩蒴果量 100 万～120 万个，每蒴粒数 70～75

粒，千粒重 3.5 克左右(表 4-2)。

表 4-2 河南省芝麻研究中心高产攻关结果

品种	密度（万株/亩）	蒴数（万个/亩）	蒴粒数（粒/蒴）	千粒重（克）	亩产量（千克/亩）
豫芝 4 号	1.07	303.5	74.4	3.27	251.8
郑 8805	1.00	95.7	69.6	3.49	232.5

第三节 芝麻高产栽培技术

一、选用良种

(一) 芝麻类型

我国有着悠久的芝麻栽培历史、丰富的芝麻种质资源，目前，随着国家芝麻产业技术体系的建立，种质资源科技工作者通过广泛搜集、征集，在国家芝麻种质资源中期库中，保存有 5000 余份资源材料，在河南省农业科学院芝麻研究中心种质资源库内保存有 3000 余份资源材料。通过对芝麻地方品种资源的搜集和整理，筛选出一大批优良芝麻农家种，先后选育出了一大批高产、稳产、高油、高蛋白、抗病、耐渍的芝麻优良品种。

芝麻品种类型如下。

1. 按株型分类

(1) 多分枝型。有 8 个以上的分枝，且有第二次或第三次分枝。

(2) 普通分枝型。有 3～8 个分枝。

(3) 少分枝型。有 1～2 个分枝。

(4) 单秆型。一般在正常密度下不分枝，但在早播、肥水较足时，茎基部会长出 1～2 个分枝。但不具遗传性，这是与分枝型区别的主要特征。

2. 按叶腋着生花数分类。

每叶腋只着生 1 朵花的为单花型,着生 3 朵花的为三花型,着生 3 朵以上的为多花型,又称单蒴型、三蒴型、多蒴型。

3. 按花冠颜色分类

可分为白色、粉红色、浅紫色、紫色、黄色。

4. 按蒴果棱数分类

可分为四棱、六棱、八棱,或混生型。

5. 按蒴果长度分类

可分为普通型:长蒴型:蒴果长 2.5~3.5 厘米;短蒴型:蒴果长短于 2.5 厘米;瘦长型:蒴果长大于 3.5 厘米。

6. 按种皮颜色分类

可分为白、黄、灰、黑色等。各色之间存在一些过渡色,如黑色又可分为乌黑、黑、褐黑、灰黑和浅黑色。

7. 按种子用途分类

可分为油用型、食用型或兼用型。

(二) 品种选择

每个芝麻产区,都有各自的当家品种,但会随时间、新品种出现和栽培技术条件的变化而不同,在品种选择时要因地、因时、因品种制宜,综合考虑选择适宜的品种。

(1) 白芝麻优良品种。生产上推广的品种有中芝杂 11 号、中芝杂 12 号、中芝 13 号、中芝 14 号、中芝 15 号、中芝 18 号、中芝 20 号、中芝 37 号、中芝 75 号、中芝 76 号、中芝 78 号、中丰芝 1 号、豫芝 11 号、郑杂芝 H03、郑芝 97C01、郑芝 98N09、郑杂芝 3 号、郑芝 12 号、郑芝 13 号、郑芝 14 号、皖芝 1 号、皖芝 2 号、皖杂芝 1 号、皖杂芝 2 号、皖芝 21 号、晋芝 2 号、合杂芝 1 号、合杂芝 2 号、丰芝 88 号、丰芝 98 号、晋芝 3 号、晋芝 4 号、晋芝 5 号、晋芝 6 号、辽芝 2 号、辽芝 5 号、吉芝 1 号、吉芝 2 号、鄂芝 5 号、鄂芝 6 号、鄂芝 7 号、金芝 8 号、赣芝 3 号、陕芝 3 号、冀芝 3 号、汾芝 2 号、漯芝 15 号、漯芝 16 号、漯芝 18 号、漯芝 19 号、驻芝 14 号、驻芝 15 号、驻芝 16 号、驻芝 18 号、驻芝 19

号等。

(2) 黑芝麻优良品种。新育成的黑芝麻品种,有中芝 9 号、中油 94CH5、中油 94CH8、冀黑芝 1 号、冀黑芝 4 号、冀 9014、郑黑芝 1 号、驻芝 10 号、襄黑芝 2078、宁芝 2 号、青阳八角芝麻、赣芝 2 号、赣芝 5 号、赣芝 6 号、赣芝 7 号等;农家黑芝麻品种有阳新黑芝麻、霸王鞭黑芝麻、莒县黑芝麻、扶风黑芝麻、临湘黑芝麻、务川黑芝麻、贞丰黑芝麻、元阳黑芝麻、武宁黑芝麻、扶绥黑芝麻、崇左六棱黑、海丰八棱黑、陆丰黑芝麻、湛江黑芝麻、定安黑芝麻、崖州黑芝麻等。

二、整地播种

(一) 选地整地

1. 轮作换茬

芝麻不耐连作,连作将导致病害增加,地力下降,产量降低。据研究,芝麻茎点枯病菌核在土壤中可以存活达 2 年之久,5 年一轮换种植的发病率在 3%～5%,3 年一轮换种植的发病率在 5%～7%。而连作重茬发病率在 15%～20%,严重的达 51%～70%。重茬是引起根腐病和茎点枯病的一个重要因素。因此,每隔 2～3 年轮作一次,能有效地减轻病害。

2. 施肥整地

依据芝麻需肥规律,做到以地定产,以产定肥,测土配方施肥,底肥为主。中等肥力地块,设计亩产量 75 千克,每亩底施芝麻专用肥 50 千克。施后翻耕整地,达到深耕细耙,土壤细碎,上虚下实,地面平整,开沟定厢(北方为畦)。

芝麻种子小,含油量高,必须创造一个水分含量适宜,透性好,表土细、平、净的土壤环境,才有利于种子萌发和顶土出苗。目前生产上以夏播芝麻为主,芝麻在气温高、蒸发量大的季节播种,季节性强,高产的关键是抓紧时间抢墒播种。做到边收割前茬作物、边施肥、边整地、边播种。一般按 200 厘米左右开沟定厢,北方干旱地区作畦。芝麻是耐渍性较差的作物,渍害轻的造成茎叶发黄,叶片枯萎,长势减弱,提前封顶,株矮蒴少,秕籽率高,产量和含油量下降。渍害重的造成根部腐烂,植株凋萎,天气放晴时很快就会死亡。

因此，芝麻地应开好厢沟、腰沟和围沟。达到小雨田间不渍水，大雨不受淹；干旱时便于灌水。

（二）精细播种

1. 适期播种

适时早播能延长营养生长时间，植株生长健壮，降低始蒴部位，节多蒴密，抗逆性强，产量高，品质好。目前全国芝麻主产区，以夏播生产为主，夏播适宜的播种期在5月下旬至6月上旬。若迟至6月下旬播种，生育前期温度高，幼苗生长加快，使始蒴部位抬高，节间变稀，现蕾开花提早，缩短了营养生长期。进入开花后温度逐渐下降，生长速度减慢迫使植株顶部提早停止生长，生殖生长也缩短，结蒴少。出现植株上部不结实，中部籽粒不饱满的现象，造成减产。长江中游地区，抗灾播种的秋芝麻，宜在7月上中旬播种，南方地区可推迟到8月上旬播种。

北方冷凉地区、南方高寒山区，春播种植芝麻，以温度稳定在18～20℃时播种。

2. 精量播种

芝麻种子千粒重3～3.5克，每500克种子16万～20万粒，一般田间出苗率80%，可以出苗12万～16万苗，每亩播种量300克左右。可采取撒播、条播，播种深度2～3厘米。

三、田间管理

（一）化学除草

1. 杂草种类

根据全国主要芝麻产区田间调查，芝麻田杂草共有66种，其中禾本科杂草16种，莎草科1种，阔叶类杂草45种，分别隶属于25个科。禾本科杂草占发生杂草种类的24.2%，阔叶杂草及莎草科杂草占杂草发生总数的75.8%。一年生杂草约占发生数量的81%，多年生杂草占杂草发生总数的约19%。

在全国分布广泛并主要发生的芝麻田杂草有马唐、马齿苋、反枝苋、牛筋草、狗尾草、香附子、刺苋等。

2. 化学防治

(1) 播后芽前防治。每亩用50%乙草胺乳油70～100毫升或72%异丙甲草胺(都尔)乳油150毫升,或48%拉索乳油200～250毫升,兑水40～50千克稀释后均匀喷雾地面。要注意保持土壤湿润,施药后20天内不宜进行田间中耕,以免破坏药层而影响除草效果。

(2) 芝麻出苗后除草。在杂草2～3叶期,每亩选用10.8%高效盖草能乳油20～30毫升、12%收乐通乳油25～35毫升、15%精稳杀得乳油50～75毫升加水50千克稀释后,喷施杂草茎叶上。保持田间湿润,施药后20天内不宜进行中耕。

(二) 培育壮苗

1. 间苗定苗

田间出苗数常高于留苗数的10倍,出苗后及时间苗,防止出现苗挤苗,形成高脚苗、瘦弱苗、黄化苗和死苗。在第一对真叶期,结合中耕除草进行第一次疏苗;2～3对真叶期,进行第二次间苗,3～4对真叶时定苗。

2. 合理密植

大田芝麻的密度,因品种、种植季节、土壤肥力等而定,一般单秆型品种、夏播、中等肥力地块,每亩15000株左右;分枝型品种、春播、肥力高的地块,每亩8000～10000株;秋季播种、肥力低的地块,每亩18000株左右为宜。

3. 追肥促苗

芝麻一生中的养分供应,单靠底肥不能满足中后期生长发育、开花、结蒴的需要,生产过程中,要因苗制宜,适宜适量追肥。

(1) 早追苗肥。定苗后,看苗情长势,适时适量追施促苗肥,单秆型品种在现蕾前追施,分枝型品种在分枝前追施,每亩施尿素5～10千克。

(2) 稳施蕾肥。现蕾至初花期,是芝麻由单纯的营养生长,进入营养生长与生殖生长并进的阶段,根系吸收能力增强,植株生长速度日益加快,对养分的吸收量明显增多。此时追肥,能促进芝麻植株稳健早发,茎秆粗壮,叶色浓绿,蕾多的高产长相。每亩施尿素5～6千克,增加植株高度,有效果轴长度和果节数，促进花芽分化。

(3) 根外喷肥。芝麻可以在封顶期和结蒴期，结合防治病虫害，进行根外追肥。一般选用磷酸二氢钾、尿素和硼肥等，使用浓度磷酸二氢钾为 0.3%～0.4%，硼砂为 0.1%，尿素为 1%。使用时，先将肥料溶解，加适量洗衣粉作为展着剂，宜在傍晚喷施。

4. 因苗调控

芝麻在高产栽培过程中，利用植物生长调节剂，可促进芝麻根系发育、防止植株徒长、调节营养生长与生殖生长，达到稳健生长，早开花结实，防止落花落蒴，实现蒴大粒饱，可提高产量 8%～30%。

(1) 抑制型调节剂。预防植株旺长的调节剂有矮壮素、缩节胺、多效唑、784-1 等。可调节芝麻植株的形态发育，延缓纵向伸长，加强横向生长，促进芝麻种子萌发，增强根系活力，抑制营养生长，降低结蒴部位，增加叶绿素、蛋白质、糖类的含量，促进叶片光合作用和根系呼吸作用，增强气孔抗阻，降低叶面蒸腾，进而提升抗倒、抗高温、耐低温、抗旱能力，达到高产的目的。

(2) 促进型调节剂。促进型植物生长调节剂，如赤霉素、吲哚乙酸、802、增产灵等，能促进芝麻生长，增加单株叶片数，增强植株抗逆性，提前开花早结实，提高产量。

5. 适时打顶

一般芝麻顶部几个节位花朵不能正常形成蒴果而脱落，或即使形成蒴果也不能形成籽粒，从而消耗掉营养物质，因而要进行打顶。芝麻打顶，能抑制后期顶端生长，减少养分无效消耗，促使植株稳健生长，可防止黄梢尖和无效蒴果的形成，有效地延长根、茎、叶、蒴的功能期，从而提高产量和改进品质。据试验，打顶比不打顶蒴粒数增加 16.8%，千粒重增加 4.2%，秕粒数减少 46.3%，种子产量增加 10%～15%。打顶的适宜时期在开花盛期以后。植株生长好的打顶长度一般摘去主茎顶部 1～1.5 厘米；植株长势差的，可摘除顶部 3～4 厘米长的梢部。

(三) 病虫害防治

1. 病害种类及防治

(1) 芝麻病害种类。芝麻主要病害，真菌性病害有枯萎病、茎点枯病、叶斑病、立枯病、疫病、白粉病、根腐病、白绢病；细菌性病害有芝麻青枯病；病毒病有普通花叶病、黄花叶病、皱缩矮化病等。

芝麻病害发生的原因，与芝麻病害种类繁多，病源来源广泛，但病害的发生和流行，必须具有易感病的植株、一定数量的病原、发病的适宜温度的湿度三个条件。

病原：病原主要包括真菌、细菌和病毒，这些病菌在条件适宜时，经过一定途径传播到植株上，导致植株发病。病原传播的方式主要有种子带菌、空气传播、病株残体、土壤带菌、灌溉水带菌、设施带菌、昆虫传菌等。

适宜的发病条件：不同的病害发生、流行、侵染均需要一定的环境条件。除少数病害发病需在高温、干旱的条件下外，大多数病害适于在温和、高湿的条件下发生。多种病害发生的适宜温度为 15～20℃，这也是芝麻生长发育所需的温度。因此，只要芝麻生长发育，病菌也就一定跟着发生、发展。

植株抗病性差：尽管有适宜的发病环境条件，有足够数量的病原，还必须有抗病力弱、易发病的植株方可发病、传播。这就是在相同条件下，不同的植株发病情况不一样的主要原因。

病害的传播途径：病原菌必须通过一定的途径才能侵入到其他植株上，造成病害的传播。茎点枯病、叶枯病、疫病等主要依靠风、水滴和田间操作来传播；青枯病等主要依靠灌溉水、土壤耕作、地下害虫等传播；病毒病依靠蚜虫和农事操作接触传播。传播途径的有与否，是病害发生的重要条件之一。

防治不力：病害的发生、流行，是一个由少到多，由轻微到严重的过程。如果在发病初期未能及早采取措施，或是措施不力，均会造成病害的发生、传播。

(2) 综合防治技术。坚持预防为主，综合防治的植保方针，将农业技术防治、化学药剂防治、生物防治及物理机械防治等有机结合起来，形成一个综合防治体系。一是选用抗病品种，二是实行轮作换茬，三是采用深沟窄厢种植，四是清除田间病株，五是化学药剂防治等。

2. 虫害种类及防治

(1) 危害芝麻的虫害。芝麻虫害常见的主要有地老虎、蚜虫、甜菜夜蛾、芝麻天蛾、盲蝽象、芝麻螟蛾、土蝗、棉铃虫、蓟马、蝼蛄、金龟子、金针虫等多种害虫。发生普遍、危害严重的主要是小地老虎、蚜虫、甜菜夜蛾、芝麻天蛾、盲蝽象等。

(2) 芝麻虫害防治技术。搞好田间虫情观测预报，达到防治指标，选用对口农药，适时、适量喷施，控制虫害蔓延危害。

第四节 芝麻的采收与贮藏

一、芝麻的收获

(一) 芝麻成熟标志

芝麻的成熟标志，是依据品种的不同而辨别，有两类情况：第一类的品种，茎、叶及蒴果由青绿色转为黄色，大量落叶未成熟。第二类品种，成熟时茎、叶及蒴果仍呈青绿色。因而，鉴别芝麻是否成熟，不能只看植株外表颜色，必须根据种子成熟度和品种种子固有色泽进行判断。当植株中下部蒴果内种子饱满充分成熟，种皮均呈现品种固有色泽，中部蒴果灌浆饱满，上部蒴果籽粒进入乳熟后期，下部有 2～3 个蒴果轻微炸裂为适宜的收获期。即芝麻终花后 20 天左右逐渐成熟，或打顶后 25 天左右成熟。

(二) 适期收获

芝麻花期长，下部蒴果即将成熟，而上部仍在开花，全株蒴果成熟度极不一致，但未成熟的蒴果在植株上能很好地进行后熟作用。若等到全株上下都达到一致成熟，则下部蒴果早已开裂，籽粒散失，丰产不能丰收。成熟后应选择早晚收获，避开中午高温阳光强烈照射，要轻割、轻放、轻捆、轻运，减少落粒损失。收割方法大多数采用人工镰刀割刈法，一般在近地面 3～7 厘米处斜向上割断，这样有利于植株的养分继续向籽粒转移，以促进后熟，增进籽粒饱满度，而且能减少泥土混入，比较省工，而且干燥快。

(三) 晾晒及脱粒

1. 晾晒

割取的植株束成小捆，以 20 厘米直径的小束(30 株左右)为宜，掌握捆芝麻要捆在主茎中下部，捆高了，蒴果捆在中间不易晾干而闷心，以至霉烂；捆低了，上部易松散，不方便搭棚架。运至场院内，每3～4束支成棚架，蒴果向上，各架互相套架成东西行向排列，以利暴晒和通风干燥。

2. 脱粒

当大部分蒴果裂开时，进行第一次脱粒，脱粒前要铺放布单或塑料布，以减少泥土混入。脱粒时倒提小束，两束相撞击，或用木棍敲击茎秆，使籽粒脱落，然后放回原处，如此进行3～4次后，再将芝麻束捆头朝上垂直向硬地上猛墩，再倒提茎秆并敲击，使剩余籽粒借反弹作用从蒴壳中脱出，基本上可脱粒干净。收割面积大的，可先堆放“闷堆”，对籽粒进行后熟处理。一般堆放2～4天，手伸入堆内感到发热时，立即散堆暴晒，进行脱粒2～3次就可把籽粒脱净。

3. 晒干除杂

脱粒后的芝麻籽粒，继续进行晾晒，先将晒场晒热后，再铺晒芝麻籽粒。因为芝麻籽粒光滑而细小，有效面积大，如晒场未预热而进行晾晒，会造成芝麻籽粒堆表层和底层吸热散湿不均衡，贮藏时容易发生变质。晾晒时应薄摊、勤翻，并进行风选、筛选严格去杂。使其含水量在7%以下，净度达99%以上。

晾晒后的芝麻籽粒，必须摊晾充分降温后，再入库贮藏。以防其籽粒堆内温度过高，余热长期不散，而引起不良变化。

二、芝麻的贮藏及管理

芝麻籽粒含有大量的脂肪，贮藏稳定性差，稍有疏忽，就会影响籽粒的质量。所以，在贮藏时，除按一般籽粒贮藏保管方法严格执行外，采取相应的综合贮藏措施，才能达到安全贮藏的目的。

（一）芝麻的贮藏

1. 籽粒贮藏特点

（1）芝麻籽粒堆通透性差。因为其籽粒细小，形态呈平椭圆形，顶端稍尖，籽粒之间空隙度小。再加上其籽粒堆含杂质较多，其中细小尘土占总杂质的80%左右。所以,籽粒堆通风换气阻力大,通透性较差。

(2) 籽粒易吸湿返潮。芝麻籽粒种皮脆薄,子叶细嫩,籽粒细小,表面积大,胚大,并含有较多的脂肪及丰富的蛋白质等吸水力较强的亲水胶体。再加上其籽粒堆含杂质较多,所以造成籽粒易吸湿返潮。

(3) 籽粒易发热霉变。因其籽粒含脂肪较多,易吸湿返潮,籽粒堆通透性差,堆内湿热不易散发,而且带病菌较多,所以造成芝麻籽粒易发热霉变。

2. 芝麻籽粒贮藏

籽粒入库前将库房清扫干净,用10%石灰水消毒,进行通风去潮,堵塞鼠洞,喷洒高效低毒杀虫药,将仓内所藏病虫全部杀死。然后在库房地面上铺设距地面50厘米左右的铺垫物,以便籽粒放在垫物之上,使其不与地面接触。

3. 芝麻贮藏方法

分为包装、囤装和罐装3种。包装用化纤品或塑料薄膜双层黏合的特制防潮袋,既可控制温、湿度,又便于运输;囤装要在囤的上下或周围内侧加塑料薄膜作密封层,囤必须设置内径30厘米左右竹编散热筒,并用塑料膜镶好外径;罐装多为留种使用,可以防湿、防鼠、不生虫、不霉变,贮藏效果好。不论哪种储存方式,在贮藏过程中,要注意随时检查温度和水分变化,发现问题及时处理。

(二) 贮藏管理

入库后,要经常检查芝麻堆中的温度变化,一般只要籽粒干燥,防潮措施严密,籽粒处在密闭之下,既防潮又与外界隔绝,籽粒温度变化不会太大。这是由于籽粒的呼吸作用会逐渐耗尽籽粒堆中的氧气,使二氧化碳增多。籽粒的呼吸作用减弱,就可以减少籽粒中的物质消耗,同时可抑制好气性的霉菌和害虫,减轻危害,保存籽粒的品质。在冬季低温情况下,应打开仓库进行通风,使籽粒温度降低,并有效地消灭害虫和抑制病菌。

第五章 油莎豆产业开发技术

第一节 油莎豆产业研发进展情况

油莎豆原产非洲尼罗河流域和地中海沿岸，栽培历史悠久，分布很广。油莎豆 Cyperus esculentus 亦称油莎草、地下核桃、虎坚果。莎草科一年生草本植物油料作物，栽培油莎豆地上长禾，地下结块茎果。须根系，叶片窄长坚硬，表面有角质层，叶片平均长 70 厘米，叶宽 0.5 厘米，分蘖再生力和抗逆性较强。有较强的抗旱、耐涝、耐肥耐瘠耐盐碱。适应性强、优质高产、在疏松沙壤土的山坡地上生长最好。它是一种优质、高产、综合利用价值很高的油、粮多用新型作物，也是美化、绿化环境的欣赏植物。

北京市营养源研究所检测，油莎豆富含脂肪、淀粉、糖分、蛋白质、纤维素、树脂等，含酶就有 10 种之多。果实含油率 30%，油脂成分：油酸 64.12%，亚油酸 15.14%，亚麻油酸 2.36%，棕榈酸 9.32%（表 5-1），蛋白质 40%。油莎豆油在成分上与橄榄油极其接近，油液透明清亮，食味醇香，品质优于菜油，

表 5-1　油莎豆油与花生油、橄榄油、山茶油的脂肪酸组成比较表

油品成分	油酸 OA (%)	亚油酸 LA (%)	棕榈酸 (%)	硬脂酸 (%)	亚麻酸 ACA (%)	花生酸 AA (%)	维生素 E mg/100g
油莎豆油	64.12	15.14	9.32	2.22	2.36	0.41	56.4
橄榄油	84.4	4.6	6.9	2.3	0.5	0.1	16.8
山茶油	75.0	8.0	8.0	1.1	0.51		51.0
花生油	53.4	24.9	8.3	6.3		2.4	13.9

对高血脂、心血管疾病有独特的防治成效,称为新型保健油。油莎豆地上长“禾”,地下结果。每亩产鲜草 3000 千克,是牛、羊、兔、鹅的好饲料;地下亩产干果 400～600 千克,比花生、油菜产量和经济效益高。

一、油莎豆特点及我国的种植环境

油莎豆是从非洲引进的一种优质高产油料作物,油莎豆适应性强,根系兴旺,分蘖多,抗旱耐涝,耐瘠薄,耐盐碱,易种易管,可在沙滩、丘陵、林地、果园种植或套种。改进土壤,降低盐碱,固沙,防风,保持生态植被,调节局部气候。在我国南北各地的沙滩、山坡、丘陵、林间均可种植,抗旱耐涝,省工省肥。经新疆、北京、黑龙江、河北、湖南、湖北、山东、四川、内蒙古等地试种,一般亩产 750～1000 千克。油莎豆于 20 世纪 60 年代就进入新疆在伊犁地区试种,为防风固沙曾在新疆林业系统推广种植,其抗旱耐涝的特点充分利用了荒沙地,它除了可观的经济效益外,在防沙治理方面也是其他农作物无法比较的,其被称为“沙漠作物之王”。油沙豆主要收获地下核状根茎果,干果重 1.8 克/个,含有大量的糖分,其播种、管理、收获、贮藏与花生相似,喜光、好气、耐旱、抗盐碱,我国南、北各地的红壤土、黄壤土、沙壤土均可种植,在黄沙土壤上,产量更高。我国是农业国家,全国有 18 亿亩耕地,还有相当数量的荒漠、荒山和滩涂。选择其中一部分荒漠、荒山和林产地播种,现用耕地上间作、套种,现有粮棉作物轮作,三者加起来就是几亿亩。多伦县京津防沙源的百万亩樟子松造林规划中,在林间的沙性土壤正是油莎豆极佳的种植之地。

油莎豆是多年生莎草科植物,作为油料植物时,一年生栽培。全生长期仅 130 天,能大田播种,也可在果园、林地,套种、间种、轮作。是安排年度种植方案和调剂茬口的优良油料植物品种。我国疆土广袤,地形复杂,经纬跨度大,加之厄尔尼诺现象影响,气候变化异常。油料植物品种的选择必须是多元的、可逆的。在一些降水充分、冬季温度较高的山区、丘陵,结合树种改造,种些木本油料植物,只摘果不砍树,是切实可行的。但奢望“永动机”效应,一次栽种,终生坐收,不会取得好的经济效益。任何植物的重复栽培,均会造成不良遗传基因的复加和土壤养分的失衡,产量减少,病虫害增多。另外还有长成期、退化期的问题，木本油料植物的长成期，少则 3 年，多则 5 年。我们提倡的是："科技引导，多元开发，综合利用，注重效益。"即在多伦县这种特殊的地理位置，沙性土壤、林间种植油莎豆。油莎豆一季仅 4 个多月，其周期短的特性非常适合安排和调整。

种 1 亩油莎豆，等于种 3～4 亩油菜、2 亩左右的花生，因此被称为"油料植物之王"，完全可替代传统的油料植物。大面积推广、种植可促进农业产品结构调整，开展乡镇企业，增加就业时机，给当地政府带来可观的税收。

二、油莎豆产业发展现状

（一）我国油莎豆生产处于起步阶段

1. 生产规模总体不大，区域分布广泛

20 世纪 60 年代我国从保加利亚等国引进油莎豆种植，由于缺乏机械化收获技术，发展缓慢。2018 年，我国油莎豆种植面积约 25 万亩，实际单产 300～400 千克/亩，总产约 8.75 万吨。主要分布在东北、西北、黄淮和长江流域沙性土壤较重的地区。其中吉林省农安县约 7 万亩，黑龙江大庆约 5 万亩，河北邢台约 3 万亩，新疆昌吉、喀什 2.5 万亩，内蒙古赤峰等约 2 万亩，河南黄河故道约 1 万亩，湖北江汉平原和大别山区约 0.5 万亩，其他地区零星分布 4 万亩。

2. 国外引进品种为主，自主研发品种开始推广

我国油莎豆大面积应用的品种主要有 4 种。一是从保加利亚引进的圆粒豆型品种，主要分布在河北、河南、新疆、内蒙古，占总面积 50%，含油量 25%左右，单产 400～500 千克。二是从非洲引进的大粒圆豆型品种，主要分布于东北地区，占总面积约 30%，含油量 25%左右，单产 500～600 千克。三是长粒型品种，种植面积占 10%，单产比圆粒豆型品种略高，但不易收获。四是我国选育的"中油莎"系列新品种，主要分布于河北、湖北等产区，占总面积约 5%，含油量 29%～31%，单产 600～700 千克/亩，最高单产达到 1050 千克。

3. 油莎豆产量和品质优势突出

油莎豆含油量 20%～30%，亩产油量 120 千克以上，单位面积产油量是

大豆的 4 倍、油菜的 2 倍、花生的 1.5 倍。油莎豆油营养价值高，不饱和脂肪酸含量占比达 80%以上，具有高油酸（68%）和低亚油酸（12%）的特点，品质与橄榄油相似，有利于降低心血管疾病风险。饼粕含淀粉 45%、糖分 23%、粗蛋白 8%，每亩可折合 0.65 亩的玉米产量；亩产干草 500kg，粗蛋白 10%，是草食动物优质饲草饲养。

（二）油莎豆消费用途多样，消费量总体较小

油莎豆的主要可利用成分为油脂和碳水化合物，直接产品有油莎豆油和饼粕，衍生产品有油莎豆饮料、无麸质面粉和油莎豆小食品等，主要消费对象为城乡居民烹饪和养殖业饲料加工。全国油莎豆消费量处于起步阶段，加工量和消费量都很小。年加工油莎豆油约 1 万吨，销售价格 100～200 元/千克，以产地零售和网络销售为主，用于烹饪用油。年产饼粕约 4 万吨，其中 2 万吨用于加工油莎豆风味酒，剩余主要用于养殖业。

（三）油莎豆流通成本较高，加工以油用为主

国内油莎豆产业处于发展初期，油莎豆收获后，50%作为种子进行扩大生产。另 50%用于榨油，每年生产油莎豆油约 1 万吨，饼粕 4 万吨。随着油莎豆面积种植扩大，油用比例将会持续增加，规模稳定后油用比例将达到 95%以上。油莎豆的流通渠道建设相对落后，目前全国还没有成熟的批发零售市场。以油莎豆企业通过订单在新疆、内蒙古、大庆等沙性土壤丰富的区域种植，收购后运回华北、东北和华中进行加工，运输成本较高，企业的资金压力和风险较大。

（四）油莎豆少量进口用于种用

目前，全球油莎豆生产面积 200 万亩左右，主要生产国有西班牙、尼日利亚、加纳等。只有西班牙从非洲少量进口，用于生产油莎豆饮料。我国部分企业于 2015 年前从非洲和西班牙进口了少量油莎豆，主要用于种用。

（五）成本收益高于主要经济作物

目前，由于油莎豆单产较高，国内种植总体偏少，产值和效益均居油料作物首位。近年来油莎豆初级产品订单收购价为 5～6 元/千克，对外批发价一般为 8～12 元/千克，零售价（线上）为 25～40 元/千克。非洲加纳的油莎豆当地批发价 7～8 元/千克，到我国口岸价格约 15 元/千克。欧洲油莎豆的网

上销售价约 150 元/千克。小包装油莎豆油国内出厂价格 60～80 元/千克，欧洲为 450 元/千克。按当前收购价格计算，油莎豆亩产值达 1500 元，净利润为 700 元，超过花生（630 元）、玉米（110 元）、大豆（184 元）的净利润（表 5-2）。

表 5-2　油莎豆与主要同季作物生产效益比较而分析

主要经济指标	油莎豆	大豆	玉米	花生
单产（千克/亩）	500	180	500	250
单价（元/千克）	3	3.8	1.8	5.6
亩产值（元/亩）	1500	684	900	1400
成本（元/亩）	800	500	790	770
耕播（元/亩）	100	80	100	100
种子（元/亩）	40	30	40	150
化肥（元/亩）	120	80	150	80
农药（元/亩）	30	50	60	50
灌溉（元/亩）	70	100	100	100
灌溉（元/亩）	80	80	120	80
收获（元/亩）	300	60	120	150
干燥（元/亩）	60	20	100	60
净利润（元/亩）	700	184	110	630

注：生产条件均为干旱沙化地区正常灌溉。

三、油莎豆产业发展前景展望

（一）国家日益重视油莎豆产业发展

2016 年，农业部《全国种植业结构调整规划（2016—2020 年）》指出“多油并举……在适宜地区示范推广油用牡丹、油莎豆等，增加新油源”。2017 年，提出了“结合种植业结构调整，选择区域性发展”的意见。2018 年，成立了油莎豆种植加工及装备技术专业委员会。2019 年，科技部在国家重点研发计划中部署油莎豆科技创新任务。2019 年,国家领导人对油莎豆发展做出重要批示,要求深入研究并推进。

(二) 油莎豆有望成为替代部分大豆的战略性产品

我国油料和食用植物油进口依存度分别高达 90%和 70%,国家粮食和食用植物油产业安全面临较大隐患。油莎豆防风节水优势突出,全国 26 亿亩沙化土地,如果利用 2%的面积,5～8 年可形成 5000 万亩生产能力,每年可以增加食用油供给 600 万吨,替代玉米 1900 万吨,饲草 2500 万吨,可替代 1/3 进口大豆的油脂生产。

(三) 油莎豆生产将持续稳定增长

2010 年以前,全国面积不到 1 万亩,2018 年发展到 25 万亩,种植规模迅猛发展,产业化推广开始发力。好易收、鑫科创等龙头企业建立了成熟的加工生产线,订单合作社实现了规模化种植,为油莎豆产业快速发展奠定了技术基础。短期内我国油莎豆生产仍呈现稳定增长的态势。

(四) 消费将继续保持稳定增长趋势

预期未来 5 年,油莎豆油消费群体仍以收入较高的人群消费和礼品油为主,发展方向是替代橄榄油作为高端烹调油,消费将持续保持稳定增长趋势,达到 3 万～5 万吨。未来 10 年,油莎豆消费对象将转向中等收入家庭,发展方向为富含油酸的油莎豆油替代调和油作为健康烹调油,进入快速增长期,消费量增加到 100 万吨。

第二节　油莎豆生产技术

一、选地整地

(一) 土地选择

油莎豆对土壤要求不严格,适应性强,红壤土、黄壤土、沙壤土均可种植。由于油莎豆根系发达,块茎生长在地下,要获得高产,减少收获用工,栽培上要选择通气状况好的沙质土，或沙壤土种植，或者选择肥沃疏松的旱地、坡地、果园、菜地种植，这样有利于块茎形成，便于收获。水田，尤其是渍水烂泥田，黏重的土壤、低洼易涝的地块，不宜种植油莎豆。这些土地，由于土质黏重紧实，不利于油莎豆块茎的生长发育，更严重的是落果率高收获困难，影响产量。

（二）精细整地

整地质量与种子萌发、出苗和幼苗生长有密切的关系。种植油莎豆整地要细致，整地质量要求做到平整、疏松、细碎、湿润。油莎豆整地要求起畦或起垄，畦宽不宜太大，沟宽 20 厘米，沟深 30 厘米，排水要好，如果在播种时渍水，会严重影响出苗。油莎豆的根系发达，属于浅根系，多分布在直径 40 厘米左右的范围内，块茎则分布在直径 30 厘米左右的范围内，深度距地表 10 厘米左右，所以播前应深旋耕一次地，深度 20 厘米左右，以利于块茎形成。旋耕后要及时起垄，垄沟至垄顶面高 30 厘米左右，并用碾压平，以利于保墒保苗。在使用机械收获时，可根据机械作业的要求，适当调整垄宽。

（三）施足基肥

油莎豆一般种植在沙质土壤，保水保肥能力差，施用化肥时很容易流失，为使油莎豆获得高产稳产，在整地时要施足肥料。结合深耕整地，施足基肥是夺取油莎豆高产稳产的重要措施。基肥要求量足、质优、养分全，以有机肥、农家肥和缓释肥料为主。一般在整地时亩施有机肥 1500～2000 千克，并可加施 30 千克复合肥做基肥。

二、种子处理

（一）精选种子

油莎豆种子要尽量选用上年收获的新种子，精选果大、饱满、无虫无损的种子，清除小粒、破粒与虫粒。浸种催芽前晒种 1～2 天，以提高发芽率和发芽势。

（二）浸种与催芽

油莎豆的块茎有大有小，有的饱满，有的不饱满，种皮比较坚实，播种后吸水时间较长，因此，往往出苗慢而不整齐，而且缺苗率高，严重影响产量。为了早出苗、保全苗，播种前必须进行选种和浸种催芽。浸种用45℃的温水浸种1～2天，每天换水1～2次，以免变酸霉烂，影响发芽。种子充分吸水后可进行催芽，待种子露白后即可播种。夏播时可以不催芽。催芽方法有：

1. 堆放催芽

将浸泡过的块茎装在草袋或筐里堆积在一起，盖上麻袋或草袋进行催芽，每天用30～40℃的温水冲洗2次，经2～3天后发芽率可达60%以上。

2. 沙床催芽法

把浸好的种子块茎放在沙床上，上面盖一层塑料薄膜，经2～3天发芽率可达60%～80%。

3. 土坑催芽法

将浸好的种子块茎拌上一半沙土，在室温保持20℃的条件下，放在23厘米左右深的坑里，上面盖上3～4厘米厚沙土，保持块茎湿润，经3～4天发芽率达80%左右。

三、适时播种，合理密植

油莎豆一般在20℃左右的条件下发芽最快，当地温稳定在15℃以上时播种比较合适。过早播种易受低温危害，出苗时间会延长，影响出苗率，降低产量。播种过晚，影响块茎成熟，产量低。播种方法可采用育苗移栽，分株移栽，直接播种等方法。南方地区，气温较高，可以直接播种。直接播种省时、省工，适宜推广，穴播、条播均可。油莎豆的分蘖能力很强，每株有几十个，甚至上百个分蘖苗，要适当控制油莎豆分蘖，促使块茎成熟饱满一致，减少落果率，提高单位面积产量。合理密植，在肥力较好的沙土地上每亩留苗1.2万～1.6万株比较合适。油莎豆播种可采取条穴点播方法，行距40～50厘米，株距30cm，播深4～5厘米，每穴播2～3粒种子，每亩1.2万～1.6万株基本苗。在使用机械播种和机械收获时，可根据机械的要求，适当调整株行距。

四、田间管理

（一）病虫害防治

油莎豆生长期间，常受到地下害虫的危害。危害油莎豆的地下害虫主要有蛴螬、地老虎、金龟子、蝼蛄等，常咬食幼茎基部，造成缺苗断垄。播种前，可用50%辛硫磷乳油加适量水，或40%甲基异柳磷乳油600～800倍液，拌种防治地下害虫，用药量为种子重量的0.1%～0.2%。

（二）查苗补缺

油莎豆出苗后，要进行查苗补缺，确保齐苗，这是高产稳产的基础。油莎豆出苗后10天左右，要勤到地里查看，对缺苗断垄的，及时进行补种；或者选择阴天从苗多的穴中移苗补栽，补栽后浇定根水，保证移苗成活。

（三）中耕除草

油莎豆苗期生长较慢，易受杂草危害，要及时中耕除草，以疏松土壤，提高地温，清除杂草，利于根系生长、促进分蘖和块茎膨大。由于油莎豆的根系比较浅，中耕时要浅耕，防止伤根。

（四）科学施肥

油莎豆生育前期，以营养生长和分蘖为主，需要较多的氮素营养，应以施氮肥为主。选择阴天或傍晚，每次用稀人畜粪尿，或用尿素15～20千克兑水200千克泼施，或大雨来临前撒施。在生长中后期，油莎豆是结果和果实膨大的重要时期，对磷、钾肥需要量较大，施磷、钾肥，增产效果显著。

（五）合理灌溉

油莎豆抗旱力较强，但需水量比较大。在整个生长期内需经常保持土壤湿润，特别是在分蘖期和果实膨大期，如果此时缺水则分蘖少、果少、果小、产量低。在分蘖期和果实膨大期，遇天旱时，应浇水灌溉，以土壤湿润为度。

（六）控苗促果

油莎豆茎叶生长极为旺盛，土地肥沃，氮肥施用过多或过晚，特别是在南方夏季高温多雨气候条件下，极容易导致徒长，严重影响产量，应注意控制茎叶过分生长。

1. 刈割控苗

在油莎豆生长期间，若地上苗茎生长过度旺盛，可以刈割控苗，以抑制生长。整个生育期中刈2～3次为宜(可轮流分批割)，在晴天下午割为好，割苗时以全草高度的1/3～1/2，切忌像割韭菜一样贴地割。刈割的油莎豆茎叶，是良好的畜禽青饲料，也是果园改土的好肥源。

2. 化学调控

在生长中后期，为促进结果及茎果膨大，可在株高达40～50厘米时常量喷施矮壮素，以控制茎叶生长，促进果实膨大和干物质积累。生长中后期，视苗长势按常规用量，喷施多效唑1～2次，以壮大果实，提高产量。

（七）适时收获

适期收获很重要，如收获过早，单株结豆少，干燥后太瘪，产量低。如果收获过晚，一是地上草枯萎后无法拔蔸，增加收获难度；二是霜冻后油莎豆会发出阵阵油香，会引来许多害虫，造成减产，三是所含的脂肪也会逐渐降低。

油莎豆草叶变黄后，地下籽实绝大多数已变硬，用牙咬时响脆，断裂面平整，即可收获。夏播较晚，在霜来临前，应趁地上草未枯萎时抓紧收获。收获时应将地上草留20厘米，其余部分割掉。土质疏松时，可用手连蔸拔起，蔸下有果70%左右，或用锄挖起果实朝上，晒1～2天，再用手摘或用短木棒对蔸锤打，最后用筛子将果实筛净、晒干贮藏。如用于榨油，应将鲜果装入篾篮，用清水冲洗泥土后，剔除空壳，须根，石块等杂质，晒干备用。

油莎豆的晒干率在65%左右，脱粒后，应及时充分晾晒。当水分降到12%以下时入库贮藏。最好贮存在地窖或室内，以免冻伤休眠芽，降低发芽力，贮藏室要保持通风透气。

油莎豆的收获，比较费工。由于品种退化和无法机械化，使得油莎豆种植效益低、竞争力差，产业发展一直没有形成规模。传统油莎豆点播种植每亩需要用工3个，而收获更是个大难题，油莎豆主要收获地下块茎，由于根柄较细、容易断裂，所以收获过程中极易发生落果现象，收获1亩地需用工10～15个，其开支占生产成本的50%以上，极大制约了产业发展。

为攻克上述技术瓶颈，中国农业科学院油料作物研究所，油料作物逆境生物学创新团队，经过十多年攻关，突破了多项关键技术，成功选育出国内首个大粒型适宜机械化收获的高产高油的油莎豆新品种中油莎2号，并融合适期机播、化学调控、无人机植保、机械碎草和机械收获等技术，形成了油莎豆全程机械化生产技术，实现了油莎豆高产高效生产。

第六章　棉花绿色生产技术

棉花是重要的经济作物。棉纤维是纺织工业的主要原料，又是轻工、化工、医药和国防工业的重要原料；棉籽是重要的油料，棉籽油含有多种不饱和脂肪酸，精炼后成为优质的食用油。

本章着重了解棉花的起源与传播，棉花产销信息，棉花生物学基础，棉花种植管理技术。

第一节　棉花起源与生产发展

一、棉花的起源与传播

（一）棉花的起源

棉花是一个古老的植物属种，栽培历史十分悠久，它在长期的进化历史中，由于重大的地理隔离和生理隔离，高度分化成各种各样的类型。除欧洲外，其他四大洲都有其原始古老植物的足迹。现在，美洲、非洲、大洋洲等地还有野生状态的多年生棉花，在这为数众多的野生棉中，亚洲棉、非洲棉（草棉）、陆地棉和海岛棉四个棉种被人类长期选择进化成为世界各地广泛种植的栽培种。其中起源亚洲和非洲大陆的有亚洲棉和草棉，起源于美洲大陆及沿海岛屿的有陆地棉和海岛棉。根据出土文物考证，印度在公元前 3000—前 2750 年的古墓中曾发现棉布，据此，人们认为亚洲棉起源于印度。墨西哥在公元前 3500 年已有种植陆地棉，秘鲁在公元前 2500 年已种植海岛棉。

（二）棉花的传播

1. 棉花在世界各国的传播

（1）亚洲棉。原产印度，是多年生木本棉花。在公元前1000—前500年，亚洲棉从印度向西扩展到非洲和地中海各地，向东传播至缅甸、越南、马来西亚等国。

（2）非洲棉。是一年生棉花，株高1.0～1.5米，原产于热带非洲，通过部落和各国人民之间的贸易往来逐步向外传播，经埃塞俄比亚、埃及、伊朗、伊拉克、土耳其、希腊传至东方各国。

（3）陆地棉和海岛棉。在美洲的栽培历史悠久，在哥伦布发现美洲大陆前已在南北美洲各地广泛种植。海岛棉原产于南美洲，1492年哥伦布发现美洲大陆后即带回欧洲种植，1786年开始在美国大面积栽培，以后逐渐引种至非洲和印度等地。陆地棉原产于中美洲，约于17世纪初从墨西哥引入美国南部，以后辗转传至各主要产棉国，在20世纪末至21世纪初传入我国。由于陆地棉适应性强、产量高、纤维长，而海岛棉纤维更长，细度、强度好，深受各地人民的欢迎。近百年来，这两个棉种几乎传遍世界大部分植棉国，栽培面积占植棉总面积的80%以上。

2. 棉花在中国的传播

棉花通过3条不同路径传入我国。①南路一。在秦汉时期，印度的亚洲棉经东南传入海南岛和广东、广西地区，之后传入福建、四川等地区。②南路二。约在秦汉时期，由印度经缅甸传入云南。③北路。在南北朝时期，非洲棉经西亚传入新疆、河西走廊一带，即古籍所谓“西域”。

我国植棉历史悠久。公元前2世纪《尚书·禹贡》中“扬州”一段载：“岛夷卉服，厥篚织贝”，可说明2000多年前，我国海南岛上已有一年生草本棉的栽培和加工。《后汉书·南蛮传》载，“武帝末年朱涯太守会稽孙幸调广幅布献之，蛮不堪役”，说明在公元前1世纪时，海南岛纺织技术有了发展，人们已能织广幅布。但3世纪以前我国植棉和棉纺织业只限于在岭南、滇西和新疆发展，3—12世纪发展到闽北、川西等地，12世纪初我国棉花产量已接近50万吨；从13世纪起，黄河、长江流域已种植棉花，14世纪起较为普遍。

二、棉花的分类

按植物学分类，棉花在植物学分类上属于被子植物，锦葵科棉属（*Gossypium* L.），为一年生亚灌木，在热带和亚热带也有多年生灌木或小乔木。依据其形态特征、染色体数目和地理分布分为50个种。其中，栽培种仅4个，分别为2倍体栽培种非洲棉（*G. herbaceum*）和亚洲棉 *G. arboreum*），4倍体栽培种陆地棉（*G. hirsutum*）和海岛棉（*G. barbadense*）。

按熟性和生育期：可分为早熟棉、中早熟棉、中熟棉、晚熟棉。

按植株形态：果枝类型可分为零式果枝型、Ⅰ式果枝型、Ⅱ式果枝型、果枝混合型；果枝长短可分为紧凑型、较紧凑型、较松散型、松散型；棉株形态可分为塔形、倒塔形、筒形、丛生形；叶形可分为常态叶形、鸡脚叶形、超鸡脚形。

按抗逆性：可分为抗病品种、抗虫品种。

按纤维品质：可分为粗绒棉、细绒棉、长绒棉、高比强棉。

按纤维颜色：可分为天然彩色棉、普通白色棉。

三、棉花生产与贸易

（一）棉花生产的重要性

棉花是国民重要的经济作物，全身都是宝。每100千克生物产量，可产籽棉38千克左右，其中皮棉12～16千克；棉籽22～26千克，棉籽中的棉仁12～18千克，可榨油脂3～4千克，蛋白质3.5～5千克，棉短绒2～3千克，棉籽壳4～5千克；棉秆等62千克左右。

1. 棉纤维

既是纺织工业的主要原料，又是轻工、化工、医药和国防工业的重要原料。而且是关系国计民生的特殊商品，是人民生活中所需衣服、被褥的主要原料，属于可再生的天然纤维，制成的衣被具有通透性、保暖性以及坚固耐磨、能洗涤、能高温熨烫等优异特征，深受人们的喜爱。

2. 棉籽

用棉籽仁榨出的油，含多种不饱和脂肪酸，其脂肪酸组成及含量与大豆油相近，亚油酸含量占52.2%，除用作食用油外，还是涂料、洗涤剂、增塑剂、黏合剂、农用化学剂、纤维软化剂、合成润滑油等精细化学工业的重要原料。棉粕含蛋白质43%～50%，其组成中，人体所必需的各种氨基酸的含量都超过或接近FAO标准，食用或饲用价值很高。棉酚在医药和化工方面有重要用途，精制棉酚用于治疗肺癌、肝癌、宫肌瘤、功能性出血等，还是一种高抗氧化剂，广泛用于橡胶、塑料工业。

3. 棉秆

含纤维素60%左右，既可生产人造富强纤维，也适用于造纸，还可以加工成棉秆纤维胶合板，以制作家具。

由此可见，棉花的主、副产品都有较高的利用价值，可以说“棉花全身都是宝”。它既是重要的纤维作物，又是重要的油料作物，还是含高蛋白的粮食作物、精细化工原料和经济药源。因此，努力提高棉花产量和质量，做好综合利用，拉长产业链，不仅可提高棉农收入，也可满足国民经济发展多方面的需要。

（二）全球棉花生产情况

全球有100多个国家植棉，亚洲和美洲占80%以上。年生产商品棉1万吨以上的产棉国有50个，其他为自产自用国家。

据FAO统计数据，全世界棉花生产呈现出面积稳定、单产大幅度提高、总产量不断增加的态势。20世纪60—90年代，全世界棉花收获面积在3400万公顷，进入21世纪，棉花收获面积稳定在3180万公顷；棉花单产水平快速提高，每公顷籽棉产量由1961年的8624千克，1970年上升到10424千克，1990年提高到16391千克，2020年达到26103千克；籽棉总产量由1961年的2747.9万吨，2020年达到8311.3万吨（表6-1）。全世界棉花生产的发展，主要靠亚洲和美洲。进入21世纪以来，亚洲和美洲的棉花面积占全球的85%左右，籽棉总产量占全球的90.9%。其中亚洲棉花面积占全球的66%，籽棉总产量占全球的69.9%。

全球棉花主产国有印度、中国、美国、巴西、巴基斯坦、乌兹别克斯坦、土耳其、澳大利亚、墨西哥、阿根廷等10个国家（表6-2）。

表 6-1　1961—2020 年全球籽棉生产情况

地区	年份	1961	1970	1980	1990	2000	2010	2020
全球	收获面积(万公顷)	3186.12	3414.61	3431.92	3309.56	3163.46	3179.50	3184.02
	单产(千克/公顷)	8624	10424	12059	16391	16747	21772	26103
	总产量(万吨)	2748	3559	4139	5425	5298	6925	8311
亚洲	收获面积(万公顷)	1468.80	1580.03	1628.22	1709.49	1967.72	2207.11	2100.29
	单产(千克/公顷)	5257	8707	10315	15669	16752	22742	27647
	总产量(万吨)	772.1	1376	1680	2679	3296	5019	5807
美洲	收获面积(万公顷)	1034.35	1044.77	1096.19	847.19	695.76	584.26	589.36
	单产(千克/公顷)	11947	10025	10434	16193	18443	23419	31776
	总产量(万吨)	1236	1047	1144	1372	1283	1392	1873

资料来源:联合国 FAO 数据库(1961—2020)。

表 6-2　全球棉花主产国皮棉生产情况

国家或地区	2010 年			2020 年		
	收获面积(万公顷)	总产量(万吨)	单产(千克/公顷)	收获面积(万公顷)	总产量(万吨)	单产(千克/公顷)
印度	1114.2	1776	1594	1286.5	1773	1378
美国	433.0	947	2188	352.1	974	2765
中国	436.6	577	1322	316.9	591	1865
巴西	83.0	295	3554	163.3	707	4329
巴基斯坦	268.9	561	2088	207.9	345	1662
乌兹别克斯坦	134.3	344	2564	105.8	306	2897
土耳其	48.0	215	4475	35.9	177	4938
阿根廷	44.1	75	1709	41.4	105	2529
土库曼斯坦	55.0	129	2338	53.5	64	1190
布基纳法索	46.3	53	1144	64.7	78	1210

资料来源:联合国 FAO 数据库(2010—2020)。

(三)我国棉花生产情况

我国棉花生产历史悠久,早在公元前 140 年至公元前 87 年即有文字记载。在12世纪之前，主要集中在西部和南部边沿地区。从13世纪起，才向长江和黄河流域推广。到19世纪末，我国棉花生产不但自给有余，而且开始出口。1933年全国棉花产量298.1万吨，1937—1945年下降为100.7万～112.9万吨，1946年恢复到275.7万吨，1956年发展到333.6万吨。20世纪60年代末至70年代末，棉花产量徘徊在220万吨左右，不能满足国内纺织工业需求。进入20世纪80年代，棉花生产迅速发展，成为世界第一生产大国，2007年达到762.4万吨，成为历史最高年。随后徘徊在600万吨左右（表6-3）。

表6-3　1952—2020年中国棉花生产情况

年份	1952	1965	1970	1980	1990	2000	2007	2010	2020
播种面积（万公顷）	557.6	500.3	499.7	492.0	558.8	404.1	519.9	436.6	316.9
总产量（万吨）	130.4	209.8	227.7	270.7	450.8	441.7	762.4	577.0	591.0
单产（千克/公顷）	234	419	456	550	807	1093	1466	1322	1865

资料来源：《中国农村统计年鉴2022》。

从棉花生产区域看，20世纪50—90年代，棉花生产主要集中在长江流域和黄河流域两大棉区。进入21世纪，新疆棉花生产快速发展，2000年播种面积102.1万公顷，总产量145.6万吨，分别占全国棉花的25%和33%；2014年新疆棉花播种面积达到217.06万公顷，总产量414.9万吨，分别占全国的52%和65.9%；2021年新疆棉花播种面积250.6万公顷，总产量513万吨，分别占全国的82.8%和89.5%（表6-4）。

表6-4　2014—2021年新疆棉花生产情况

年份	2014	2015	2016	2017	2018	2019	2020	2021
播种面积（万公顷）	217.1	214.4	206.0	221.8	229.1	254.1	250.2	250.6
总产量（万吨）	415	419	408	457	511	500	516	513
单产（千克/公顷）	1911	1955	1980	2059	2052	1969	2063	2046

资料来源：《中国农村统计年鉴2022》。

（四）湖北棉花生产情况

湖北省地处长江中游，是全国优质棉花的生产基地。湖北棉花生产，追溯到元代初期，距今已有700多年的历史。据明万历《湖广总志》记载：元初，天门就有零星种植棉花。明洪武年间，江陵已引种棉花。清道光《天门县志》（货类）中记载："为农者家必兼织，广种棉花，农隙率妇子昼夜纺绩，十室而九。"棉布以武昌、黄州、德安、荆州各府为多。清代，全省历年棉花平均总产量150余万担（1担50千克）。为改良棉种1890—1893年购进美国棉种。1919—1948年，全省棉花产量平均8.78万吨。

新中国成立后，湖北棉区不断改善生产条件，棉花产量、品质相应提高。20世纪50年代全省棉花总产量14.1万吨，60年代上升到28.4万吨，70年代38.6万吨；20世纪80年代至21世纪前10年，全省棉花总产量都在40万吨以上，其中1992年总产量创历史新高，达到61万吨。自2014年以来，棉花播种面积开始调减，2021年棉花播种面积下降为12.07万公顷，总产量10.9万吨（表6-5）。

表6-5　1950—2021年湖北省棉花生产情况

年份	1950/1959	1960/1969	1970/1979	1980/1989	1990/1999	1992	2000/2009	2010/2019	2021
播种面积（万公顷）	53.38	55.75	59.09	50.18	45.08	50.72	40.89	31.99	12.07
总产量（万吨）	14.1	28.4	38.6	40.5	47.0	61.0	41.8	33.1	10.9

第二节　棉花的生长发育与环境条件

一、棉花的一生

（一）棉花的生育期

棉花的一生是从种子萌发开始到种子形成结束。一般把棉花从播种到收获结束所需的天数称为大田生长期，或称全生育期。把棉花从出苗到吐絮所需的天数称为生育期。生育期的长短是鉴别棉花品种属性的主要依据。一般生产上将生育期120天以下的棉花品种称早熟品种，120～140天的棉花品种称中熟品种，140天以上的棉花品种称晚熟品种。

在棉花整个生育期中，依据各器官建成的顺序和形态特征，划分为4个主要生育时期。棉花的生育时期常作为试验调查记载的基本项目，反映了棉花生育的速度和程度，各时期都有相应的基本标准。

(1) 出苗期。棉苗出土后，两片子叶平展为出苗，全田出苗达50%的日期为出苗期。

(2) 现蕾期。棉株第一果枝出现直径3毫米大小的幼蕾为现蕾，全田50%棉株现蕾的日期为现蕾期。全部棉株第四果枝现蕾的日期为盛蕾期。

(3) 开花期。棉株第一朵花冠开放为开花，全田50%棉株开第一朵花为开花期。全部棉株第四果枝开花的日期为盛花期。

(4) 吐絮期。棉株第一棉铃的铃壳正常开裂见絮为吐絮，全田50%棉株吐絮为吐絮期。

根据栽培管理的需要，一般将棉花前一生育时期和后一生育时期所间隔的时间划分为一个生育阶段。棉花的一生共划分为5个生育阶段，即播种出苗期阶段、苗期阶段、蕾期阶段、花铃期阶段和吐絮期阶段。生产上一般根据各阶段的生长发育特点进行田间管理，各生育阶段经历的时间与品种熟性、气候特点和栽培条件有密切关系。

(二) 棉花的生育特性

1. 无限生长习性，株型可塑性强

无限生长习性指棉花生长发育过程中，只要有适宜的温度和光照条件，植株就可以不断进行纵向和横向生长，增加果枝，增生果节，现蕾、开花和结铃，生长期不断延长。棉花的株型具有较强的可塑性，棉株的大小、群体的长势长相等都受环境条件和栽培措施的影响而发生变化。因此，生产上要采取延长棉花生长时间的技术，如地膜覆盖、间作套种、育苗移栽等，充分发挥棉花无限生长的特点，同时塑造合理的株型，以便夺取高产。

2. 适应性广，结铃调节能力强

棉花根系发达，吸收肥水能力强，适宜种植范围广，从低于海平面的洼

地，到海拔1000米以上的高地，在黄壤、红壤及旱薄、盐碱地等，均有一定的适应能力。棉花的地上部、地下部都有较强的再生习性，因此表现出良好的抗灾能力；地上部分的再生性主要是棉花叶片中有潜伏的液芽和茎秆，有较强的愈伤能力，地下部分的根系有很强的再生能力。所以当棉花地上部受到危害、地下主根受损或移栽断根时，依靠再生性仍能现蕾、开花和结铃，获得一定的产量。此外，棉株结铃具有很强的时空调节补偿能力，前、中期蕾铃脱落时，后期结铃就会增多，伏前桃或伏桃减少时，秋桃会增多；内围铃脱落多、结铃少的棉株，外围结铃就会增多。

3. 喜温好光

棉花是喜温作物，其生长起点温度在10℃以上，最适温度为25～30℃，高于40℃各器官组织将受到损伤。在适宜的温度范围内，其生育进程随温度的升高而加快。同时，完成其生长发育还需要一定的积温。早熟陆地棉品种所需积温为2900～3100℃，中早熟陆地棉品种为3200～3400℃。棉花还是喜光作物，单叶的光补偿点为1000～1200勒克斯，光饱和点为7万～8万勒克斯。棉花产量潜力及纤维品质优劣与当地太阳辐射强度、全年日照时数及日照百分率密切相关。

4. 营养生长与生殖生长并进时间长

棉花从现蕾开始进入生殖生长，而从现蕾至吐絮期间，棉花既进行根、茎、叶等营养器官的生长，又有现蕾、开花、结铃等生殖器官的发育，营养生长与生殖生长并进时间达70～80天，约占整个生育期的75%。生产上要采取适当的措施，使营养生长与生殖生长协调并进，才能实现早发、稳长、早熟、不早衰，获得棉花优质高产。

（三）棉籽发芽出苗

1. 种子萌发的内在条件

种子充分成熟，有健全的生活力，未受机械损伤。一般应以当年收获的棉籽做下年种子为好，两年以上的陈棉籽不宜做种。检查棉籽质量的直观方法是看油腺和胚的色泽：剥开种壳，看油腺呈红褐色，胚为乳白色的是好种。

2. 种子萌发的外界条件

需要足够的水分、适宜的温度和充足的氧气。①水分。要吸足相当于种子80%以上的水分才能发芽;田间持水量为70%～80%的土壤适于棉籽发芽。土壤过干过湿,对种子萌发都不利。②温度。棉籽发芽最适宜的湿度为28～30℃,最低为10.5～12℃,最高为40～45℃。变温比恒温更有利于发芽。品种不同,对发芽的温度要求也不同,一般早熟品种比中熟品种要求的温度低,发芽也快。③氧气。最适合棉籽发芽的土壤含氧量为7%～21%。

3. 种子发芽出苗的机理

棉籽发芽大致可分为3个阶段:①种内大量蛋白质等亲水胶体吸水膨胀;②白色的胚根经珠孔伸长而露白;③胚根伸出珠孔,达种子长度的一半,即发芽。发芽后胚根继续伸长,发育成主根,这时下胚轴快速伸长,弯曲成钩状,将子叶顶出土面,两片子叶平展时,即为出苗(图6-1)。

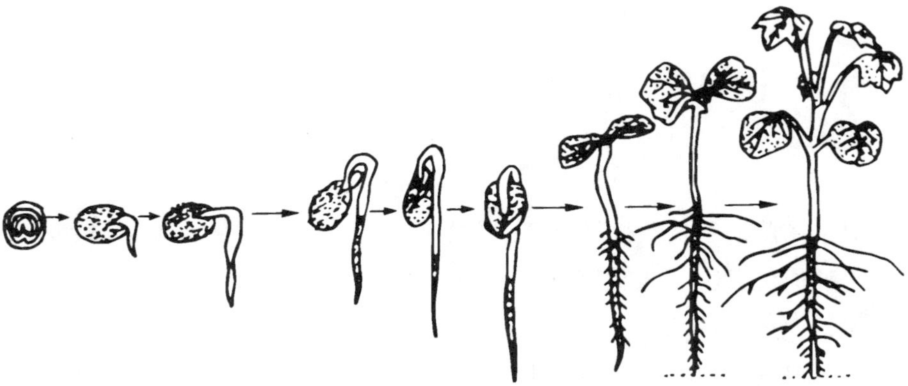

图6-1 棉花种子发芽出苗过程

(四)棉花的器官建成

1. 根

棉花根系由主根、侧根、支根和根毛组成。主根向下伸长,四周分生侧根,侧根上生支根,支根上再生小支根,根的尖端分生许多根毛,这样形成一个上大下小的圆锥根系。一株棉花的根系质量占全株质量的10%左右(图6-2)。

棉花是深根作物,比较耐旱。棉花主根入土可达2米深左右,侧根横向伸长可达1米左右,但大部分根系分布在30厘米的耕作层内。

(a)　　　　　　　　　　(b)

图 6-2　棉花根系

(a)直播棉苗根;(b)移栽棉苗根

根系在苗期生长快,以生长主根为主,现蕾后,主根生长速度减慢,侧根生长速度加快,到开花期根系基本建成。开花后,主根和侧根生长都缓慢,直到吐絮,只要条件适宜,根系还可以不断增长。

棉花根系受到损伤后有再生能力,棉苗越小再生能力越强,到开花结铃后显著减弱,这一特点给棉田中耕及育苗移栽提供了依据。

棉花根系吸收养分和水分供地上部器官生长,因而根系生长的好坏,直接影响地上部的生育和产量。所以,要增加棉花产量,必须在生长前期培育一个强大的根系。

2. 茎和枝

棉花的主茎是由胚轴伸长、顶芽生长点不断向上生长和分化而形成的。胚轴伸长形成子叶节下面的一段主茎,顶芽生长点向上生长和分化形成子叶节以上的一段主茎。主茎生长一方面靠节数的增加,一方面靠节间的延长。生产上要求棉株节数增加快些,节间延长慢些,这样棉株节多、节间短、株型紧凑。株高以子叶节到顶芽的长度来表示,其日增长量是鉴别棉花生长快慢的重要标志，是看苗诊断的主要指标。

棉花分枝有果枝和叶枝两种。直接着生蕾铃的称为果枝；不能直接现蕾结铃，需要再生果枝后才能着生蕾铃的，称为叶枝或营养枝。

一般棉株基部第一节至第二节的腋芽不发育，呈潜伏状态，第三节至第五节的腋芽发育为叶枝，第五节以上各节的腋芽发育为果枝，但有时也有出现少量叶枝的可能。叶枝上长出的果枝一般开花晚，结铃迟，不能正常吐絮。因此，生产上通常在初蕾期将叶枝去掉，以减少养分消耗，促进果枝发育。为了正确地去叶枝，必须掌握果枝与叶枝的区别标志（表 6-6、图 6-3）。

表 6-6　棉花果枝与叶枝的区别

项目	果枝	叶枝
发生部位	一般在主茎中，上部各节	一般在主茎下部几节
蕾铃着生方式	直接现蕾、开花、结铃	间接结铃（在二级果枝上结铃）
枝条形态	枝条曲折（含轴分枝）	枝条较直（单轴分枝）
与主茎夹角	夹角大、几乎成直角	夹角小、成锐角
叶的着生方向	左右对生	呈螺旋形排列

（a）　　　　（b）

图 6-3　棉花的果枝和叶枝

（a）果枝；（b）叶枝

棉花果枝节数因品种而不同，可分为多节果枝、一节果枝和零式果枝三种。果枝只有一个节，顶端丛生几个蕾铃，称为一节果枝，也称有限果枝。蕾铃直接着生在叶腋内称无果枝类型或零式果枝。果枝有数节的称为多节果枝或无限果枝。多节果枝又可分为：果枝节间长度＜5 厘米的紧凑型果枝；果枝节间长度为 5～10 厘米的较紧凑型果枝；果枝节间长度为 10.1～15 厘米的较松散型果枝；果枝节间长度＞15 厘米的为松散型果枝(图 6-4)。

(a)
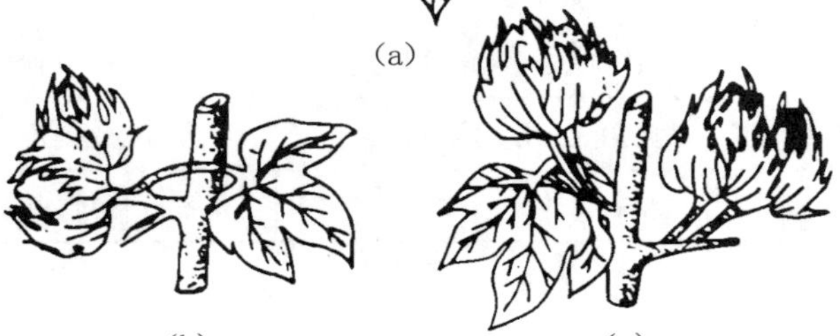
(b)　　(c)

图 6-4　棉花果枝的类型

(a)多节果枝型；(b)一节果枝型；(c)零式果枝型

3. 叶

棉花叶分子叶、真叶及先出叶三种。陆地棉的子叶呈肾形，对生在子叶节上，棉苗出土后首先展开。以后长出的叶称真叶，第一、第二片真叶全缘，第三片真叶有 3 个尖，到第五片真叶才有明显的 5 个裂片。真叶分主茎叶和果枝叶，为完全叶，包括叶片、叶柄和托叶；叶片为掌状，通常有 3～5 个裂片或更多。先出叶是腋芽萌发后长出的第一片叶，位于枝条基部的左侧或右侧，是每个枝条的第一片叶，叶片很小，大多无叶柄，无托叶，叶形多为披针形或长椭圆形，易脱落。子叶和先出叶均为不完全叶。

棉苗出土后，子叶展开，即能进行光合作用。子叶是第一片真叶出现前棉苗的唯一制造养分的器官。3 片叶前，子叶是棉苗生长的营养来源，保护子叶不受伤害，对根系和幼苗生长十分重要。

4. 现蕾与开花

(1) 现蕾。当棉株第一果枝上开始出现荞麦粒大小(直径约 3 毫米)的三角苞时，称为现蕾。第一果枝和蕾的出现，标志着棉株由营养生长进入营养生长与生殖生长的并进阶段(图 6-5)。

蕾的形状为三角圆锥体，由 3 片苞叶包着花的其他部分，继续发育就成为花(图 6-6)。一般 1 个果枝上可形成 3～7 个蕾。

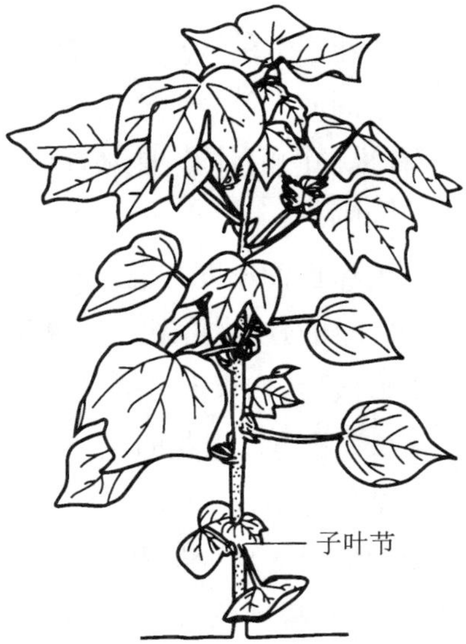

图 6-5　现蕾时的棉株示意图

(子叶节和株顶的位置)

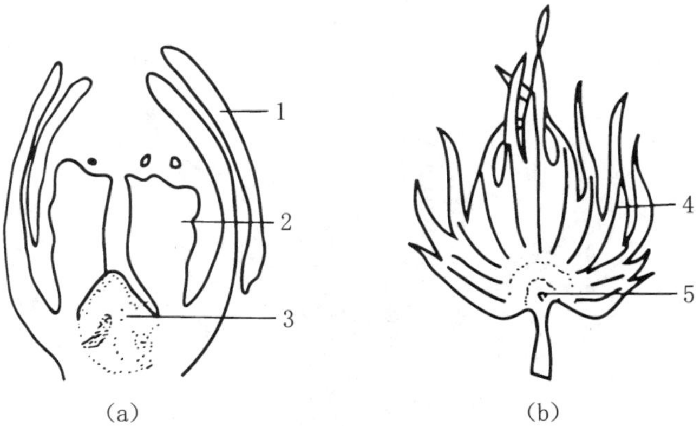

1. 花瓣　2. 雄蕊　3. 子房　4. 苞片　5. 蜜腺

图 6-6　棉蕾的结构和苞叶

(a)蕾；(b)苞叶

第一果枝在主茎上的着生节位，称为第一果枝节位。通常各品种第一果枝节位比较固定，早熟品种节位低，晚熟品种节位高；若是氮肥较多、苗期温度高、种植密度大、播种期晚，果枝始节则高。果枝节位低，可以早现蕾、开花、结铃，有利于获得高产。

棉花现蕾的顺序由下而上，由内向外，以第一果枝节位为中心，呈螺旋曲线由内圈向外圈发生。相邻两果枝相同节位现蕾间隔天数短，一般为 3～5 天，称纵向间隔；同一果枝相邻两节现蕾间隔天数较长，一般为 5～7 天，称为横向间隔。

棉株现蕾速度与温度等条件有一定关系。据研究，第一个花蕾形成需要 19～20℃的日平均温度，温度不够，棉株只停留在营养生长阶段。但是，第一个蕾形成后，如果温度较低，其余蕾仍能继续形成，不过比较缓慢。

(2) 开花。棉花的花为完全花，由花梗、花托、花萼、花冠、雄蕊群和雌蕊等几个部分组成，花萼外有苞片。棉花 5 枚花瓣似倒三角形，基部有无红斑视品种而异。陆地棉花冠为乳白色，雄蕊 60～90 枚、花丝基部连合成雄蕊管，与花冠基部连接，套在雌蕊花柱较下面的部分。子房有 3～5 个心皮(室)，每一心皮有 7～11 粒胚珠(图 6-7)。

图 6-7 棉花花器官结构纵切面

棉花的开花顺序与现蕾一致。开花前 1 天下午，花冠迅速膨大，伸出苞片，顶端松软，这是第二天要开花的象征。第二天上午 8～10 时开放，温度高开得早些，温度低开得晚些。开花时花冠为乳白色，由于呼吸加强，细胞内酸度增加，当气温较高时，在开花的当天下午即变成粉红色，开始萎蔫；第二天红得更深，一般在第三天呈暗紫色，连同雄蕊管、花柱、柱头自然脱落。

5. 棉铃的发育

棉花开花受精后，花冠脱落留下子房，称为幼铃。幼铃在开花受精后的10天左右，直径便长到2厘米左右，即称成铃(图6-8)。棉铃属蒴果类型，3～5室。绿色的铃壳内含有叶绿素，能进行光合作用。随着棉铃的成熟，铃壳表面逐渐由绿色变为红褐色。一般铃壳较薄的品种，开絮较长，便于手工收摘。

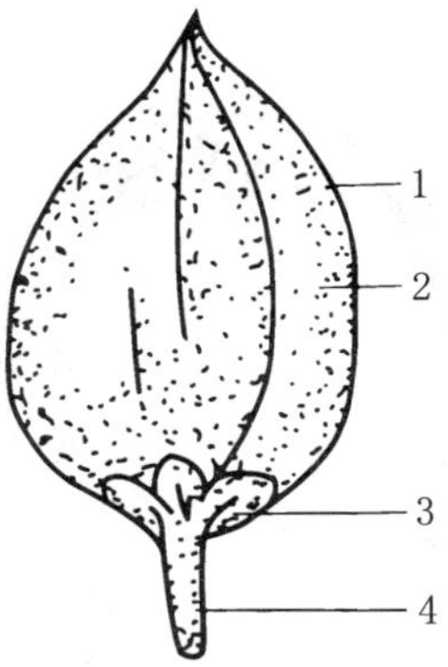

1. 铃壳　2. 腺体　3. 花萼　4. 铃柄

图6-8　棉铃

棉铃的发育可分为3个阶段。①体积增大期，开花受精后25～30天，是棉铃的体积增大时期，含水量大，组织柔嫩，易受虫害。②内容物充实期，内部种子和纤维发育成长，干物质增加，当含水量降到65%～70%，铃壳逐渐变为黄褐色，表明棉铃已经成熟，只待脱水开裂。③脱水开裂期，棉铃含水量下降到20%左右，铃壳脱水，失去膨压而收缩，使铃壳沿裂缝线开裂。

棉铃大小与结铃部位、品种和环境条件有关，棉铃的大小以单铃籽棉重表示，一般铃重为4～6克。

6. 棉籽的发育

棉籽通常由种皮、胚和胚乳遗迹三部分组成(图6-9)。棉籽种皮又称籽壳，分外种皮和内种皮。外种皮由表皮、外色素层和无色素细胞层三部分构成。内种皮分栅状细胞层和褐色素层两部分。种皮的坚硬程度主要决定于栅状细胞层的厚度及其木质化程度。子柄端的栅状细胞几乎完全闭合，而合点端的内种皮却只有内色素层而无珊状细胞层。所以棉籽吸水的主要通道在合点端。棉籽的胚由子叶、胚芽、胚根、胚轴 4 部分组成。胚乳遗迹位于种皮与胚之间，是一层仅 1～2 个细胞厚的乳白色薄膜。棉籽由受精的胚珠发育而成。一般受精后 20～30 天，棉籽体积达到应有大小。再经 25～30 天，胚将胚囊中的胚乳吸收贮存于子叶中，剩下一层膜状胚乳遗迹。此时，胚与子叶充满种子，并具有发芽能力，到吐絮前胚完全成熟。未成熟的胚珠及受精发育不良的种子，即成不孕籽或秕籽，不但影响产量，而且影响纺纱质量。

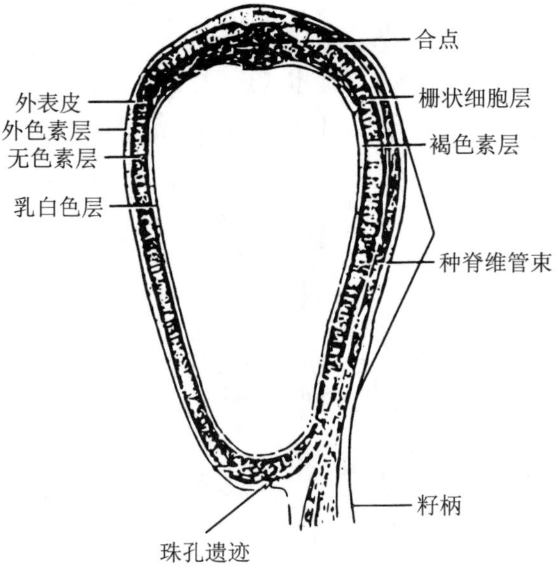

图 6-9 成熟的棉籽纵切面结构

轧花后的棉籽外披短绒，称为毛子。短绒颜色多为白色或灰白色。成熟的棉花种子为黑色或棕褐色，壳硬；未成熟棉籽种皮呈红棕色或黄色，壳软。种子的大小常以百粒棉籽质量(克)表示，称籽指。陆地棉的籽指多为 9～12 克，每千克种子 8000～11000 粒。

7. 棉纤维的发育

棉纤维的生长发育与棉铃和种子同步进行。其发育过程可分为伸长期、加厚期和扭曲期 3 个时期。①伸长期。指胚珠受精后经 25～30 天，胚珠的表皮细胞可突起伸到最大长度。一般受精后 3 天内伸长的可发育成长纤维，

3天后开始伸长的形成短绒。影响伸长的主要因素是水分。因此，天旱缺墒会使纤维变短，及时浇水会使纤维变长。②加厚期。指纤维细胞完成伸长后，自初生细胞壁由外向内每天沉积一层纤维素，称为纤维生长日轮。纤维加厚一般从开花后20～25天开始，直到吐絮停止，需25～30天。纤维加厚生长的速度与厚度，随品种与环境条件而变化，其中温度是影响加厚的主要因素。在20～30℃范围内，温度越高，加厚越快；若低于20℃，就会停止加厚生长。后期棉铃的品质差，原因就在于此。③扭曲期。每一根纤维是一个单细胞，在裂铃前为圆筒形活细胞，裂铃后失水干燥死亡，变为扁平带状，使纤维形成不规则的天然扭曲，此期一般3～5天完成。扭曲多的纤维，纺纱时纤维间抱合力大（图6-10）。

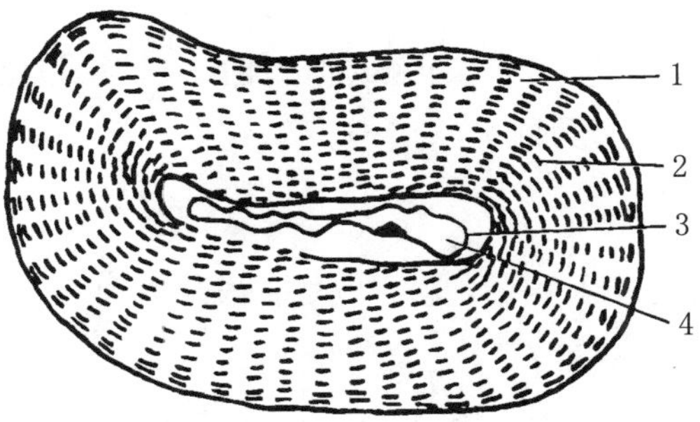

1. 初生胞壁　2. 次生胞壁　3. 腔壁　4. 中腔

图6-10　棉纤维横切面示意图

棉籽上着生纤维的多少，常以衣指或衣分表示。衣指即百粒籽棉上纤维的质量（克），陆地棉的衣指一般为5～7克。衣分即皮棉质量占籽棉质量的百分数。一般棉花的衣分为35％～40％。籽棉指直接从棉株上采摘，棉纤维没有与棉籽分离，没有经过任何加工的棉花。把籽棉进行轧花，脱离了棉籽的棉纤维称为皮棉。一般情况下，籽棉加工成皮棉的比例约为10∶3，即10吨籽棉大约可加工成3吨皮棉。

（五）棉花的蕾铃脱落

棉花的蕾铃脱落是本身的特性，也是生产上存在的普遍现象。我国大部分棉区大田生产条件下，陆地棉蕾铃脱落率一般为总蕾铃数的60％～70％。

其中生理原因导致的脱落约占总脱落数的70%，病虫危害引起的脱落占25%，机械损伤导致的脱落占5%。掌握棉花蕾铃脱落的规律，了解脱落的原因，采取适当调控措施，对提高棉花产量有重要意义。

1. 蕾铃脱落的一般规律

蕾铃脱落包括开花前的落蕾和开花后的落铃。一般棉田和施肥较多的棉田，落铃的比例大于落蕾；瘦地、长期干旱或虫害较重的棉田，则落蕾多于落铃。从蕾铃脱落的日期看，蕾的脱落从现蕾至开花前都会发生，但大多数发生在现蕾后10～20天，20天后的蕾除因虫害和严重干旱、雨涝引起脱落外，很少有自然脱落；棉铃的脱落主要发生在开花后3～7天形成的幼铃，而以开花后3～5天最多，花后8天以上的棉铃很少脱落。从脱落部位看，一般下部果枝脱落少，中、上部果枝脱落多；靠近主茎内围果节上的蕾铃脱落少，远离主茎外围果节上的脱落多。但在棉株徒长或种植过密的情况下，常出现中、下部蕾铃大量脱落，形成高、大、空株型。

2. 蕾铃脱落的原因

棉花蕾铃脱落的原因复杂，受多种因素综合影响。基本上可分为生理脱落、病虫危害和机械损伤脱落。

(1) 生理脱落。在不良的环境条件影响下，由于棉株某些生理过程的不平衡而引发的蕾铃脱落，称为生理脱落。引起生理脱落的因素很多，主要包括以下3种。①有机营养失调。由于不适宜的环境条件影响，如施肥过多或过少、土壤水分缺乏或土壤水分过多、光照不足、温度过高或过低等，造成棉株生长瘦弱或徒长，使营养生长和生殖生长失去协调，引起棉株体内有机养分不足或分配不当，蕾铃得不到足够的有机养分而脱落。②未受精。棉花子房只有在受精后，才能发育成铃。棉花开花时，如遇到降雨、高温、高湿等不良环境条件，就会破坏花粉和影响授粉受精过程，致使子房未能受精而脱落。③激素不平衡。棉株体内含有多种激素，一般有生长素、赤霉素、细胞分裂素、脱落酸、乙烯等，它们在蕾铃发育中，起着不同的作用，同时还保持着微妙的动态平衡，只有在棉株体内的各种激素保持平衡状态时，蕾铃才能正常发育，一旦平衡状态被打破，便会引起蕾铃脱落。

(2) 病虫危害。棉花受病虫危害后，能直接或间接引起蕾铃脱落。如棉铃虫、棉金刚钻、斜纹夜蛾等害虫能直接蛀食蕾铃引起脱落;棉蚜、盲蝽象、红蜘蛛、造桥虫等害虫能破坏棉叶,影响蕾铃养料的供应而引起脱落;角斑病能侵害茎、叶、蕾和铃,影响光合产物的制造和运输;黄萎病、枯萎病主要侵害棉株的输导组织,不仅造成蕾铃脱落,严重时可使整株死亡。

(3) 机械损伤。在进行棉田管理过程中,尤其是在棉株封行前后,田间管理操作不当,就会碰掉或损伤棉叶和蕾铃。另外,大风、暴雨、冰雹等灾害天气,也会直接或间接造成蕾铃脱落。

3. 增蕾保铃、减少脱落的途径

棉花蕾铃脱落的原因是多方面的,不同类型棉田减少蕾铃脱落的途径不尽相同。可以通过多种途径,采取多种技术措施减少脱落数量,降低脱落率。

(1) 水肥调控。通过合理运筹水肥,调节棉株营养生长和生殖生长的关系,充分满足蕾铃发育对水肥的要求,防止因营养不良而导致大量脱落。

(2) 整枝去叶。在密度适宜的基础上,通过整枝、去老叶改善棉田通风透光条件,减少养分的无效消耗,提高群体有效光合生产率,以减少脱落。高产棉田一般 7 月底或 8 月初摘除主茎和叶枝顶心,控制顶端生长优势和营养生长;8 月初打边心,控制果枝过分伸长和无效花蕾的生长;8 月下旬起可陆续去除棉株下部的空枝、老叶。

(3) 化学调控。使用化学药剂或外缘激素调控棉株的生长发育,从而达到减少棉花蕾铃脱落。如在生产上施用复硝酚钾、赤霉素等均能有效减少棉花蕾铃脱落。

(4) 田间管理。加强病虫防治,注意棉田耕作管理,减少机械损伤,都能减少棉花蕾铃脱落。

二、棉花产量的形成及其调控

(一) 棉花经济产量的构成

棉花的经济产量是指籽棉或皮棉产量,棉花的经济系数,以籽棉计一般为 0.35~0.40,高产棉田可达 0.55 左右;以皮棉计为 0.13~0.16。生产上通常将单位面积的总铃数、平均单铃重、衣分作为构成产量的因素。三因素中,除衣分主要受遗传特性支配而变化较小外,总铃数、铃重都容易受环境的影响，变化较大。皮棉产量的计算公式为：

皮棉产量(千克/公顷)＝总铃数(个/公顷)×平均单铃重(克)×衣分(%)×10^{-3}

1. 单位面积总铃数

单位面积总铃数是构成棉花产量的重要因素，一般变化幅度较大，低产和中产条件下是限制棉花产量提高的主要因素。高产田每公顷总铃数可达120万～135万个，低产田只有30万～45万个，单位面积总铃数和产量相差4～5倍。如当单铃重为4克，衣分35%～38%时，每公顷生产750千克皮棉时，需要成铃50万个左右；每公顷生产1125千克皮棉时，需成铃75万个左右；每公顷生产皮棉1500千克时，需要成铃100万个左右。因此，提高中、低产棉田产量应主攻单位面积总铃数。

一般生产条件下，影响单位面积总铃数的因素包括：①土壤肥力。试验证明，对于低肥力棉田，随着施肥量的增加，单位面积总铃数成倍增长，单铃重也有所增加，衣分较稳定；对于中肥力棉田，增施肥料对产量构成因素的影响趋势与低肥棉田基本一致，但超过一定施氮量后增产效果就不明显了，过量反而会下降。②种植密度与配置。一般情况是，密度增加，单株结铃数减少，蕾铃脱落数增加；种植密度小时，棉株果节数增多，脱落减少，单株结铃数增多，但密度过低，总铃数少，产量也不可能高。因此，栽培上要合理密植，在保证单位面积总铃数的前提下，充分发挥单株生产潜力，提高群体产量。③水分。在缺水条件下，生物产量低，群体结铃受到影响。此外，品种、季节、整枝技术、病虫防治和棉株长势等，都能使单位面积总铃数改变。

2. 单铃重

在单位面积总铃数相同的情况下，铃重是决定产量的主要因素。在高产栽培条件下，要想提高产量，必须挖掘铃重的潜力。一般陆地棉的单铃重为4～6克，大铃品种为7～9克，小铃品种为3～4克。

单铃重除受品种遗传特性影响外，主要受温度与热量条件的影响。棉铃发育的最适温度为25～30℃。在棉铃发育期间，当≥15℃的活动积温在1300～1500℃时，棉铃可以正常开裂吐絮；≥15℃的活动积温小于1100℃时，大部分棉铃不能正常吐絮，铃重也随有效积温的递减而下降。其次，单铃重还受肥水条件的影响，地力和肥水条件优越，栽培管理水平高，植株有机化合物合成能力强，单铃重高。

3. 衣分

衣分的高低与种子表面单位面积的纤维根数、纤维长度、纤维粗细成正比，与种子质量成反比。陆地棉中熟品种的衣分一般为 36%～45%。衣分高低主要决定于品种的遗传特性，受外界环境条件影响较小。

（二）棉花成铃时空分布与调控

1. 棉花成铃的时间与产量的关系

棉花在不同时期开花所结的棉铃称为棉铃的时间分布。棉铃按其开花结铃时间的早晚，分为伏前桃、伏桃和秋桃。伏前桃指 7 月 15 日（早熟棉区为 7 月 10 日）前所结的成铃；伏桃指 7 月 16 日至 8 月 15 日（早熟棉区为 7 月 11 日至 8 月 10 日）间所结的成铃；秋桃指 8 月 16 日（早熟棉区为 8 月 11 日）以后所结的有效成铃。秋桃又分为早秋桃，指 8 月 16—31 日所结的有效成铃，晚秋桃指 9 月 1 日以后所结的有效成铃。

（1）伏前桃为早期铃。它的多少可作为棉株早发稳长的标志，但由于它着生在棉株下部，光照条件差，故品质较差，烂铃率较高。从高产优质出发，其比例不宜过大，春播棉以占总铃数的 10%左右为宜。

（2）伏桃是构成产量的主体。由于所处的外界温、光、水条件适宜，体内有机养料多，故表现为单铃重高、品质好。高产棉田伏桃一般占总铃数的 60%（早熟棉区为 70%）左右，占总产量的 60%～70%（早熟棉区占 70%～80%）。所以，多结伏桃是优化成铃结构，夺取高产优质的关键。

（3）秋桃分为两种。①早秋桃。所处环境条件较好。气温较高，昼夜温差大，光照充足，只要肥水跟上，成铃率就高，铃重较大，品质也较好。一般高产棉田，早秋桃应占 20%（早熟棉区占 10%）左右。②晚秋桃。着生在棉株上部和果枝的外围果节上，是在气温逐渐下降、棉株长势逐渐衰退的条件下形成的棉铃，铃重小、品质差。但晚秋桃的多少可反映棉株生育后期的长势，若过多表明棉株贪青晚熟；过少则表示棉株衰退过早，一般晚秋桃占总铃数的 10%左右为宜，早熟棉区应限制晚秋桃的形成。

2. 棉花成铃的调控

棉花成铃的空间分布与产量品质也有密切的关系。

(1) 空间的纵向分布。一般以中部第5～10果枝(早熟品种为3～7果枝)的成铃率较高,铃大、品质好,下部1～4果枝(早熟品种为1～2果枝)次之,上部11果枝以上(早熟品种为8果枝以上)较低。若管理不善,营养生长过旺,棉田过早封行,中、下部蕾铃脱落严重。这时由于棉花结铃的自动调节功能,上部成铃率会提高。如棉田中、后期脱肥缺水,出现早衰,则上部蕾铃大量脱落,即使成铃,其铃重也较轻、品质差。

(2) 空间的横向分布。靠近主茎的内围1～2果节,特别是第1果节成铃率高,而且铃大、品质好,越远离主茎的外围果节成铃率越低,铃重越轻。栽培上适当密植之所以增产,主要就是增加了内围铃的比重。而内围铃之所以优于外围铃,一是内围铃多是伏桃和早秋桃,成铃时间正好与气候条件最有利于棉铃发育的时间同步;二是内围铃靠近主茎,得到的有机和无机养料比外围铃多。

因此在生产上,一是要适当密植,以提高内围铃的数量,获得优质铃;二是适当打顶和去边心,减少后期无效铃的发生,集中营养使中部和内围多结大铃;三是要调节开花结铃期,使大量开花结铃时间的温度与当地最佳成铃温度相一致,如长江流域棉区优质成铃的最佳温度时段在7月中旬至9月初;黄河流域棉区在7月上旬至8月中下旬,早熟棉区为7月上旬至8月上旬。要应用一切调理技术措施使棉花内围第一、二果节的成铃比例达到85%～90%,并且在8月15日(早熟棉区为8月初)以前开花的成铃比例达到85%以上,以实现棉花优质高产的目的。

第三节 棉花栽培技术

一、棉花生长发育对环境条件的要求

(一) 自然气象条件

1. 温度

棉花为喜温作物,对温度的反应比较敏感。棉花生长发育最适宜的温度为 25～30℃，各生育期所需的最低温度不同，要求发芽 12℃以上、出苗 16℃以上、现蕾 19℃以上、纤维发育 15℃以上。蕾期适宜温度为 25℃左右，花铃期适宜温度为 25～30℃，纤维发育的适宜温度为 20～30℃(表 6-7)。晚秋桃纤维成熟度低，强度差，主要原因是温度偏低，不利于纤维素的转化沉积，铃重显著减轻。

表 6-7　棉花生长发育对温度条件的基本要求

生育阶段	最低	最适	最高
种子发芽	10～12℃	28～30℃	40～45℃
苗期	14～17℃	20～30℃	36℃
现蕾期	19～20℃	25～30℃	35～40℃
花铃期	16～20℃	20～30℃	36℃
吐絮期	20℃	25～30℃	36℃

2. 光照

棉花是喜光作物，适宜在较充足的光照条件下生长。棉花光补偿点和光饱和点均较高。据测定，棉花单叶的光补偿点为 750～1000 勒克斯，光饱和点为 7 万～8 万勒克斯。一般情况下，棉花叶片对光强的适宜范围为 8000～70000 勒克斯，在此光合强度范围内，随光强的增加而提高。

若光照不足，使光合产物减少，并改变光合产物的类型，使蛋白质的形成多于糖类，并降低了可塑性物质自叶片向外运送的速度，这不利于蕾铃的发育，容易导致徒长，减少现蕾开花，增加脱蕾概率。

（二）棉花对土壤条件的要求

棉花对土壤要求不严，适应性强。一般以土层深厚、肥力较高、排水良好、地下水位较低的沙壤土或黏质土最为适宜。而对排水不良、地下水位高、贫瘠的沙土、强酸性土、重盐碱土等，不适宜种植棉花。

砂质土壤透气性好，温度上升快，但下降也快，土壤肥力相对较差，蓄水保肥能力也差，砂质土壤植棉，无后劲，易早衰，应注意增施有机肥料作基肥，重视中、后期施肥。黏土地土壤紧密，透气不良，受热后温度上升慢，苗期生长缓慢，但黏土地一般肥力较高，中后期生长较旺，应注意中耕松土促早发，在施肥量较大时，应预防后期贪青晚熟。

棉花虽然是较耐盐碱的作物，但是随着土壤含盐量的土增加，棉花所受盐碱危害的程度也会增加，以致死亡。棉花的不同生长发育时期，其耐盐的程度也不相同。一般氯化物盐类超过0.4%，pH超过9.0，以及南方红壤pH在5.2以下时均不宜植棉。

我国的盐土和碱土棉田广泛分布于华北、西北、东北西部和东部滨海地带。盐碱土多在平原地区，具有深厚的土层，适于机械化作业，极具开发利用前景。一般盐渍土经洗盐排盐，灌水压盐，合理耕作，增施有机肥，种植绿肥等改土措施，以及实行开沟躲盐（碱）巧种，或采用育苗移栽等技术，可以取得保苗高产的效果。

（三）棉花需肥规律与施肥

棉花生长发育需要多种营养元素，这些营养元素主要来自土壤，如果不及时补充土壤中的氮素、磷素、钾素和其他营养元素，就会使土壤肥力减退，从而导致产量下降。另一方面，棉花根系能够吸收利用的主要是土壤中的速效养分，而速效养分只占土壤养分总量的一小部分，加上根系活动层在土壤中与土粒的接触面有限，这样土壤的自然供肥能力不能满足高产棉花对营养元素的要求，需要通过施肥加以补充。由此可见，施肥是调节土壤养分供应和改善棉株营养状况的主要技术措施。要做到合理施肥，必须先了解棉花一生的营养特点以及各个生育时期对养分的吸收规律，以便因时、因地、因苗用肥，充分发挥肥料的增产作用。

1. 棉花不同产量水平的养分吸收量

棉花产量的高低，在一定程度上取决于棉花吸收矿质养分的多少。一般棉花对养分的吸收量随产量的提高而递增，但并不是呈正比例增加的。综合各地研究结果，一般来说，单位面积皮棉产量为50千克/亩时，需从土壤中吸收氮素5～9千克，磷素2～3千克，钾素4～7千克。亩产皮棉75千克，约需吸收氮素6～11千克，磷素3～4千克，钾素6～10千克。亩产皮棉100千克，约需吸收氮素10～13千克，磷素4～6千克，钾素8～13千克。由于各棉区自然条件、地力水平、施肥量和品种的不同，获得同样产量所需养分的数量变幅较大，但仍能看出一个大体的趋势。

据全国农业技术推广服务中心组织的棉花轻简化栽培技术示范，实行以产定施肥数量，结果表明：黄河流域棉区，中低产田单产籽棉 3000～3750 千克/公顷，适宜施氮量 225 千克/公顷左右，N∶P_2O_5∶K_2O 大致为 1∶0.5∶0.7～0.9。长江流域棉区单产籽棉 3600～4500 千克/公顷，适宜施氮量为 225～240 千克/公顷，N∶P_2O_5∶K_2O 大致为 1∶0.6∶0.8。西北内陆棉区单产籽棉 4500～5250 千克/公顷，适宜施氮量为 300 千克/公顷，N∶P_2O_5∶K_2O 大致为 1∶0.5∶(0～0.3)(表 6-8)。采用水肥一体化时，还可减少 15%左右，应用棉花专用缓控释肥既可减少施肥次数，又能减少施肥量 10%～15%。

表 6-8　不同棉区轻简植棉的经济施肥量

棉区	棉田		
	高产棉田（千克/公顷）	中产棉田（千克/公顷）	低产棉田（千克/公顷）
黄河流域	225 N∶P_2O_5∶K_2O 1∶0.5∶0.9	195 N∶P_2O_5∶K_2O 1∶0.5∶0.6	180 N∶P_2O_5∶K_2O 1∶0.6∶0.5
长江流域	240 N∶P_2O_5∶K_2O 1∶0.6∶1	225 N∶P_2O_5∶K_2O 1∶0.6∶0.8	200 N∶P_2O_5∶K_2O 1∶0.6∶0.7
西北内陆	300 N∶P_2O_5∶K_2O 1∶0.6∶0.3	270 N∶P_2O_5∶K_2O 1∶0.6∶0.2	240 N∶P_2O_5∶K_2O 1∶0.6∶0.5

数据来源：全国农业技术推广服务中心三大棉区 4 年 96 点次试验与生产实践。

2. 棉花不同生育时期对养分吸收的动态变化

(1) 出苗至现蕾期。该期吸收养分占整个生长期总量的比例是：氮素 2.7%～3.2%，磷素 2.0%～2.2%，钾素 3.2%～4.3%。在低氮情况下，这一时期所吸收的氮和磷比供氮充足的棉花所积累的相对数量要高。

(2) 现蕾至开花期。这一时期吸收的氮素占总量的 19.4%～24.7%，磷素占 16.7%～18.4%，钾素占 33.1%～39.9%。以中等供氮所积累的氮、磷、钾相对量最高。钾素吸收百分率显著高于氮、磷吸收百分率。

(3) 开花至吐絮期。该期是棉花吸收积累矿质营养的高峰期，氮的积累占全生育期的 57.9%～62.8%，磷占 54.5%～64.1%，钾占 51.3%～62.4%。这一时期是棉株大量结铃时期，养分消耗量大，因而保证养分供应对提高产量有重大作用。但初花期正是营养生长高峰期，氮素过多容易徒长，对结铃不利。

（4）吐絮成熟期。棉花进入吐絮成熟期，根系的吸收能力逐渐衰退，植株体内大量的贮藏性养分向棉铃转移，吸收和积累的矿质营养大幅度下降。此期积累的氮占总量的 12.8%～17.8%，磷为 16.9%～26.7%，钾为 0.8%～5.6%。在供氮充足的情况下，磷的下降幅度不大，而钾的下降特别突出；供氮水平适中，则磷、钾下降幅度较小；若供氮不足，则钾下降幅度较大。

3. 棉花科学施肥技术

为了满足棉花生育对养分的需要，必须掌握好施肥的适宜时期、数量和方法。施肥要根据土壤肥力，以地定产，以产定肥，测土配方施肥。

测土配方施肥是以肥料田间试验和土壤测试结果为基础，根据棉花需肥规律、土壤供肥性能和肥料效应，在秸秆还田与合理施用有机肥的基础上，提出氮、磷、钾及中、微量元素等肥料的施用品种、数量、施肥时间和施用方法。测土配方施肥遵循的原则是有机与无机结合；大、中、微量元素配合；用地与养地结合。

一般中上等肥力棉田，亩产皮棉 75～100 千克，需施氮 8.5～12.0 千克，五氧化二磷 3.5～5.0 千克，氧化钾 8.0～10.5 千克。具体在肥料的施用上做到：①施足基肥，将 60%的氮肥、70%的钾肥和全部磷肥作基肥，在播种前整地时均匀撒施，缺硼、锌微量元素的田块，每亩加施硼砂 0.5～1.0 千克，硫酸锌肥 1.0～1.5 千克；②苗期施好平衡肥，幼苗 3～5 片真叶时，对长势差的弱、小苗偏施速效肥，占施氮量的 5%～6%，每亩可追施尿素 3～4 千克；③重施花铃肥，将 20%的氮肥和 30%的钾肥，在棉株平均结 1 个铃时追施；④叶面喷肥，打顶后结合防治病虫害，可喷施 2%的磷酸二氢钾与尿素液 1～2 次。

（四）棉花的需水规律与灌溉排水

1. 棉花的需水量

棉花叶面积大，是需水较多的作物，每生产 1 千克干物质要消耗 800～

1200 千克水，棉花生育期间每公顷棉田总需水量为 4500～6000 立方米，在干旱的地区耗水更多。棉花各生育时期植株生长发育的需水规律是：苗期、蕾期需要少，花铃期需要多，吐絮以后需要又较少。①播种出苗期。棉籽发芽出苗要求 20 厘米土层中的水分保持田间最大持水量的 70%左右(表 6-9)。②苗期。耗水量占总耗水量的 12%～20%，日耗水强度为 0.5～1.0 米^3/亩，适宜的土壤水分为田间最大持水量的 55%～70%。③现蕾开花期。日耗水量倍增，阶段耗水量占总耗水量的 12%～20%，日耗水强度为 1.5～2.0 米^3/亩。④花铃期。耗水量达高峰，阶段耗水量占总耗水量的 45%～65%，日耗水强度为 2.5～3.0 米^3/亩。⑤吐絮期。阶段耗水量占总耗水量的 10%～15%，日耗水强度降为 2 米^3/亩。

表 6-9 棉花各生育阶段土壤适宜的含水量

生育阶段	适宜土壤水分为田间最大持水量	含水量下限
播种至出苗	70%以上	
出苗至现蕾	55%～70%	50%～55%
现蕾至开花	60%～70%	55%
开花至结铃	70%～80%	55%
吐絮期	55%～70%	50%

2. 棉田灌溉与排水

棉田合理灌溉排水，要根据棉花生长发育对土壤水分状况的要求，掌握看天、看地、看苗情长势的原则，做到灌溉时灌得合理，排水时排得及时。

(1) 棉田灌溉。采取正确的灌溉方法，对控制灌溉水量、节约用水、提高灌水效果有着重要的作用。灌溉方法主要有以下 3 种。①播前厢面灌溉。黄河流域棉区及西北内陆棉区，冬、春季雨雪少，春季风多、蒸发量大，给棉花适期播种和保全苗、育壮苗带来困难，因此应进行播前厢面灌溉，一般在冬季或早春灌溉。②播种后沟灌。沟灌是一种节省水量，减轻土壤板结，提高灌溉效果的地面灌溉方法。南方棉区采用三沟(厢沟、腰沟、围沟)配套灌溉系统，既利于灌水，又便于排水。黄河流域棉区和西北内陆棉区在改革灌溉技术中普遍采用。③滴灌。是近年来国内外新发展的一种先进的自动化灌溉技术，具有灌溉效应高，节约用水，减少污染，防止土壤盐碱化等优点。西北内陆棉区普及推广播种后厢面铺设滴灌带，再覆盖地膜技术。还有喷灌、地下埋设瓦管等管道渗灌技术。

（2）棉田排水。主要是排除地面积水和降低地下水位，即防除明涝暗渍。在盐碱土地区，加强排水还能降低土壤盐分含量；沿江、滨湖平原的地下水位较高，是土壤含水量过多，土壤过湿的一个主要诱因，进而影响土壤温度、空气和养分的协调，限制土壤微生物的活动，棉花根系下扎，导致棉株生育不良，现蕾迟，成铃少，产量降低。棉花生长期间，适宜的地下水位应保持在离地面 1.0～1.5 米。在地下水矿化度较高的地区，则应控制在 2.0 米以下。

棉田发生积水是在梅雨季节，排水方法主要是疏通田内三沟和田外支、干排水沟，达到雨天排除田内明积水，雨停排除地下暗渍水的标准。

二、棉花播前准备

（一）选用良种

棉花品种的选用，必须是通过国家和省级农作物品种审定委员会审定的品种，品种内在和外在质量达到国家种子质量标准；还必须适应本棉区的生态条件。根据当地的气候、土壤及生产条件，因地制宜地选用产量高、纤维品质优良、抗逆性强的品种。优良的品种具有丰产性、稳定性、抗逆性，纤维品质优良。

知识链接

棉花转基因技术

转基因技术是利用现代生物技术，将某个生物的优良基因，经过人工分离、重组后，导入并整合到另一个生物体的基因组中，从而改善生物原有的性状或赋予其新的优良性状。简单地说，转基因是科学家利用现代基因工程手段，把一种生物的一个或几个基因转移到另一种生物体内，安家落户并发挥功能。比如抗虫棉，就是把苏云金芽孢杆菌中的杀虫晶体蛋白基因，转到棉花的基因组上，让棉花具有抗虫性状。

基因是一段具有生物功能的核酸分子，属于核酸，由核苷酸组成，人的十二指肠里核酸酶可以把基因分解为核苷酸。这正如淀粉酶把淀粉分解为葡萄糖，蛋白酶把蛋白质分解为氨基酸，脂肪酶把脂肪分解为脂肪酸一样，食品里的基因被分解了，也就不存在了，不会进入人的基因组，更不会改变人的基因。

随着遗传学的发展，科学家发现自然界本来就存在转基因现象。比如细菌之间转基因很普遍，细菌给植物转基因也不罕见。人工转基因其实是对自然的模仿，并没有违背自然规律。

对于转入的基因，科学家已经进行了深入研究，其结构、功能和作用机理都是清晰明确的，产生的效果是可预期的。例如苏云金芽孢杆菌具有杀虫作用，70多年来一直作为安全的生物杀虫剂，在农业生产上持续应用。科学研究表明，起作用的是一种杀虫蛋白，这种蛋白受Bt基因控制。通过转基因技术将Bt基因转入棉花后，棉花自身就能产生这种蛋白，形成“抗体”，这种内生蛋白杀虫效果更好更稳定，而且高度专一，只能与特定的肠道上皮细胞的特异性受体结合，使害虫死亡。人类、畜禽和其他昆虫肠道细胞没有该蛋白的结合位点，吃了安然无恙。社会上广为流传的“虫子吃了会死，人吃了一定有害”，其实是误解。

转基因技术从1982年开始应用于医药领域，1989年开始应用于食品工业领域，目前广泛使用的人胰岛素、重组疫苗、抗生素、干扰素和啤酒酵母、食品酶制剂、食品添加剂等，很多都是用转基因技术生产的产品。

目前转基因植物中主要有提高作物抗虫、抗除草剂等功能。例如，转入苏之金芽孢杆菌抗虫蛋白编码基因的抗虫棉花；转入土壤微生物合成酶的耐除剂大豆。同时含有抗虫和耐除草剂性状的复合性性状作物正在迅速增长。如能同时抗虫和耐除草剂的转基因棉花。种植转基因抗虫棉，每公顷施药由20次减少到3次，减少农药用量34千克，减少用工41个，棉花增产9.6%。并且由于抗虫棉的棉铃虫蛀率大大下降，所以棉花纤维品质就大大提高了。

据国际农业生物技术应用服务组织(lSAAA)的统计，全球转基因作物种植面积从1996年的170万公顷，2000年4420万公顷，2005年9000万公顷，2010 年 14800 万公顷，2020 年发展到 19550 万公顷(表 6-10)。2020 年，商业化种植的转基因作物主要是大豆、玉米、棉花和油菜(表 6-11)。主要转基因商业化国家转基因作物种植面积是美国 7310 万公顷、巴西 4220 万公顷、阿根廷 2430 万公顷和加拿大 1160 万公顷(表 6-12)。

表 6-10 1996—2020 年全球转基因作物种植面积

年份	1996	2000	2005	2006	2010	2012	2014	2018	2020
种植面积(万公顷)	170	4420	9000	10200	14800	17030	18150	19170	19550

资料来源：国际农业生物技术应用服务组织(ISAAA)统计资料。

表 6-11 2020 年全球种植的主要转基因作物情况

作物	大豆	玉米	棉花	油菜
种植面积(万公顷)	9625	6412	2366	997
占转基因作物面积的百分比(%)	49.1	32.8	12.1	5.1

资料来源：国际农业生物技术应用服务组织(ISAAA)统计资料。

表 6-12 2020 年主要转基因商业化国家转基因作物种植面积

国家	美国	巴西	阿根廷	加拿大	印度	巴拉圭	中国	南非	巴基斯坦
转基因作物种植面积(万公顷)	7310	4220	2430	1160	1160	410	320	270	250

资料来源：国际农业生物技术应用服务组织(ISAAA)统计资料。

我国种植的转基因作物主要是转基因抗虫棉、番木瓜。1999 年转基因作物面积 30 万公顷，2005 年为 330 万公顷，2013 年达到 420 万公顷，至今保持在 300 万公顷(表 6-13)。其中转基因抗虫棉占整个转基因作物面积的 99%。这是由于在 20 世纪 90 年代初期，棉铃虫危害猖獗，每年给国家造成几十亿元甚至上百亿元的经济损失，据统计，1992 年，棉铃虫大暴发，棉农为防治棉铃虫喷施农药中毒事件就有 10 万多例。1991 年，国家“863”计划启动抗虫棉研制工作，我国科学家于 1992 年底研制成功具有自主知识产权的 GFCrylA 融合 Bt 杀虫基因，转入棉花创造出单价转基因第一代抗虫棉。

1996 年又研制成功双价抗虫棉(Bt+CpTI)。随后又研制出第二代转基因抗虫棉花品种“中棉所 41”“中棉所 50”“中棉所 63”等品种，以改善纤维品质、提高产量、增强抗逆性等，有效遏制了棉铃虫的危害，衣分显著增加，高达 49%，比对照品种提高 20%以上，皮棉产量提高 25%～30%，纤维更细。2008 年国产转基因抗虫棉的市场占有率达到 95%以上。随后科学家们利用分子标记辅助选择聚合优质与抗虫基因，成功培育的“中棉所 70”，纤维长度 32.5 毫米，比强度 33.5 厘米/特克斯，适合纺织 60 支和 80 支高质纱。

表 6-13　1999—2020 年中国转基因作物种植面积

年份	1999	2000	2005	2010	2013	2020
种植面积(万公顷)	30	50	330	350	420	320

资料来源：国际农业生物技术应用服务组织(ISAAA)统计资料。

(二) 种子处理

1. 精选种子

生产上使用的棉花种子纯度不低于 95%，发芽率不低于 80%(表 6-14)。

表 6-14　棉花种子质量国家标准(GB4407.1—2008)

级别			纯度%(不低于)	净度%(不低于)	发芽率%(不低于)	水分%(不高于)
棉花常规种	毛籽	原种	99	97	70	12
		大田用种	95			12
	光籽	原种	99	99	80	12
		大田用种	95			12
薄膜包衣籽		原种	99	99	80	12
		大田用种	95			12
棉花杂交一代种		棉花毛籽	95	97	70	12
		棉花光籽		99	80	12
		薄膜包衣籽		99	80	12

2. 晒种

播种前进行晒种。晒种对棉籽有促进后熟、提高发芽率、杀除病菌、减轻苗期病害的作用。在播种前选晴天晒种 2～3 天，每天 5～6 小时，晒到棉籽咬时有响声为准。

3. 种子包衣

种衣剂是选用杀菌剂、杀虫剂、微量元素、激素和成膜剂、稳定剂、防腐剂等，对种子进行包衣处理。能直接杀灭种子所带病菌，防止土壤传染病菌和地下害虫的危害，同时对棉花有促进生长发育的作用。

种植面积较小、用种量少的可选用 0.5%的多菌灵、甲(乙)基硫菌灵，0.3%～0.4%的三氯硝基苯等药剂加 10%的草木灰或细干土拌种，杀菌防虫。

（三）精细整地

棉花是深根作物，深耕的增产效果十分显著。据试验，深耕 20～30 厘米的比浅耕 10～17 厘米的皮棉增产 6.5%～18.3%。一熟制地区的冬闲棉田，在棉花等前茬作物收获后，应在宜耕期进行翻耕，深度以 25 厘米左右为好。黏土棉田争取晒垡过冬，使土壤冻融。套种越冬作物的棉田，冬季宜进行空行深中耕。棉田整地须达到地面平整，土壤上松下实，无中层板结；表土细碎，无大土块；地面无残茬、草根及残膜；厢面整齐，略呈瓦背形，三沟相通，沟直底平，灌、排水通畅，在播种前 10 天左右整好地，经适当沉实后播种。

（四）施足基肥

棉花生育期长，根系分布深而广，需肥量大，必须施足基肥。在前茬作物秸秆还田的基础上，施好棉花配方肥，结合深耕，多种肥料混合施用，使肥效发挥平稳，促进棉株稳健生长。基肥用量为总施肥量的 60%～70%。

（五）化学除草

1. 播前混土施用

棉田整平后，每公顷用 48%氟乐灵乳油 1500～1600 毫升，兑水 600～700 千克，或每公顷用 33%二甲戊灵乳油 2250～3000 毫升，兑水 225～300 千克，在地表均匀喷洒，然后通过耕地或耙耢混土，防治多年生和一年生杂草。

2. 播后苗前施用

可选用除草剂及用量：每公顷用 50%乙草胺乳油 1800～2250 毫升兑水

450～700千克，用60%丁草胺乳油1500～2000毫升兑水600～700千克，用33%二甲戊灵乳油2250～3000毫升兑水225～300千克，或用43%拉索乳油3000～4500毫升兑水600～700千克均匀喷洒地面。

三、三大棉区棉花前期生产技术

（一）长江流域棉区

1. 直播棉花

在油菜、小麦、洋葱、大蒜、大麦等作物收获后进行直播的棉花，应落实好以下技术措施。

(1) 品种选择。选用通过审定且适合本区域种植的株型紧凑、对化学调控和脱叶催熟剂敏感、成铃性强且集中的优质高产抗虫棉品种。前茬是油菜、洋葱、大蒜、大麦等早茬作物的宜选用生育期115天内的品种，前茬是小麦等晚茬作物的宜选用生育期105天内的品种；滨海盐碱地宜选用耐盐碱品种。应选用脱绒包衣精加工的种子。

(2) 种肥同播。前茬收获后，采用种肥同播机一次性完成免耕浅旋灭茬、清理播种行秸秆杂草、精量播种、开沟起垄、侧深施肥、秸秆覆盖等作业。每穴播1～2粒棉种，每亩播种10000穴左右。施肥行距播种行10厘米，比播种行深10厘米。种肥同播施肥可亩施棉花专用控释肥料50千克左右，加硼砂1.0～1.5千克，结合喷施叶面水溶肥，全生育期可不再进行土壤施肥；或施用常规氮磷钾复合肥25～30千克，盛蕾初花期还需追肥1次。

(3) 苗前除草。播种后立即用草甘膦＋乙草胺或乙氧氟草醚兑水对杂草茎叶和土壤进行喷雾防除杂草。

(4) 清沟理墒。播种后应保持棉田内外“三沟”通畅，以防遇雨发生渍涝灾害，影响棉花出苗和棉苗生长。播后如遇旱应及时浇水，且速灌速排，不要大水漫灌。

(5) 苗后除草。安全防除油菜、小麦等再生苗及杂草是直播棉的关键环节。棉花出苗后现蕾前，以禾本科杂草为主时，用乙草胺或精异丙甲草胺等对杂草茎叶和土壤进行定向喷雾；在禾本科、阔叶和莎草科杂草混生时，用乙氧氟草醚等杀草谱较广的除草剂，或选择两种或多种除草剂进行混配使用，或使用氧氟·乙草胺等混剂；棉花现蕾后，株高30厘米以上且棉株下部茎秆转红变硬后，用草甘膦对杂草茎叶进行定向喷雾。可采用合适行距的中耕除草机进行机械除草和中耕。

(6) 病虫防控。可采取中耕散墒提温等措施防控立枯病、炭疽病等病害。虫害以防治蜗牛、地老虎、棉盲蝽、棉蓟马、棉蚜、棉叶螨等为主。

(7) 轻度化控。直播棉蕾期正常生长棉苗可不化控，旺长棉苗可轻控，每亩用甲哌鎓兑水进行喷施。

2. 麦(油)后移栽棉花

(1) 品种选择。选用通过审定且适合本区域种植的结铃性强、铃大、抗虫性好、高产优质棉花品种，生育期135天左右为宜。

(2) 培育壮苗。可采用营养钵育苗或轻简化基质穴盘育苗，提倡采用基质穴盘育苗方式。技术要点：一是建好苗床，播种前5～7天做好苗床，苗床幅宽1.2～1.3米，畦面整平拍实后铺无纺布。二是基质装盘，装盘前调节基质含水量，以手捏有水流出、30厘米高处落地即散为宜，基质装入穴盘后均匀浇足底水，以水不流出穴盘为宜。三是单粒精播，4月下旬“冷尾暖头”抢晴播种，1穴播1粒，播种深度1.5厘米，将穴盘排放在苗床上，均匀浇透水后用多菌灵等喷洒穴盘，覆盖无纺布。四是搭棚盖膜，棚高50～80厘米、宽1.8米左右，在棚架上盖棚膜并固定绷紧压实，苗床四周开好排水沟。五是出苗前管理，控制棚内温度不高于35℃、相对湿度75%～90%，棚内温度超过35℃时可加盖遮阳网降温。在棉苗基本出齐时揭去无纺布。六是苗后管理，苗床温度以20～30℃为宜，遇旱要及时喷水，出苗达到80%以上时进行通风，通风口大小要根据天气变化酌情调整，通风2～3天后，如最低气温高于15℃，可昼夜通风不盖膜；如遇阴雨、大风天气应注意防护；出苗后应根据基质湿度和苗情及时浇水，浇水时间以下午3时至7时为宜。七是移栽前管理，在棉苗2片真叶至移栽前，苗床温度应控制在25℃左右；移栽前5～7天揭膜炼苗。

(3) 移栽前除草。前茬作物收获后，板茬免耕移栽或翻耕前，用草甘膦对杂草茎叶定向喷雾，待杂草上药液干后，方可移栽棉花。

(4) 抢时移栽。前茬作物收获后，墒情适宜时抢时移栽，移栽时棉苗应达到2叶1心以上，基质苗的棉苗根系入土深度不小于7厘米，营养钵苗移栽好后应不露钵体，栽后应浇足水分，以提高成活率。移栽宜在晴好天气下进行，遇低温阴雨寒潮应停止移栽，做到“栽高温苗、不栽低温苗”。

(5) 减量施肥。常规施肥时，用氮磷钾复合肥在移栽时穴施，施用量为全生育期总施肥量的30%左右；中后期需追施2～3次；施用棉花专用控释肥料时，可按常规施肥全生育期总施肥量减量20%一次性施用(移栽后开沟条施，施肥行距棉苗行20厘米)，结合喷施叶面水溶肥，全生育期可不再进行土壤施肥。结合施肥同时进行中耕灭茬除草。

(6) 防渍抗旱。长江流域棉区棉花蕾期至初花期处于梅雨季节，要经常清理田间沟系，保证棉田内外“三沟”通畅，及时灌排。

(7) 化控和病虫草害防控措施同直播棉花。

(二) 黄河流域棉区

1. 一熟制棉花

(1) 品种选择。选用通过审定的高产优质抗病早中熟品种，加大主推品种推广力度，确保棉花品质一致性。

(2) 造墒保墒。水浇条件较便利地区，适播期前3～5天先灌水后旋耕，旋耕后耙耱2～3遍，随即播种；水浇条件不便利地区，适播期前20天内先旋耕后灌水，灌水后5～7天耙耱2～3遍，待适播期播种。滴灌棉田播种时随播种覆膜机一次性完成滴灌管铺设。盐碱地棉田应采用灌水压盐措施，轻度盐碱地亩灌水量80～100立方米，中度盐碱地亩灌水量100～150立方米，重度盐碱地提倡先起垄，在垄沟灌水，亩灌水量150立方米左右。

(3) 整地施肥。整地要求达到土细、土松、上虚下实，底墒足口墒好。提倡有机肥和化肥配合施用，酌减化肥用量。有机肥可选用腐熟干鸡粪、猪粪等(有机质含量不低于20%)，亩用量200～300千克(干重)，或商品有机肥(有机质含量不低于45%)，亩用量40～60千克。化肥可氮磷钾配合施用，棉田亩底施棉花专用复合肥或控释复混肥35～40千克，随旋耕一次底施。

(4) 精量播种。适播期为4月20日至5月5日，连续5天最低温高于12℃时，选择“冷尾暖头”播种。手采棉采用宽窄行配置，密度4500～6000株/亩；机采棉等行距76厘米配置，使用多功能精量播种机播种，精量半精量穴播、铺膜、滴灌带铺设、覆土等作业一次完成，密度5000～7000株/亩。播种深度2～3厘米。

(5) 田间管理。先播种后盖膜的，出苗后及时放苗，结合放苗完成定苗；先覆膜后播种的，自然出苗，不间苗、不定苗。出苗后至盛蕾期，用中耕机进行膜间中耕和雨后松土，破除土壤板结，灭除田间杂草。可采用氟乐灵、乙草胺等混土型或地表喷施型除草剂进行化学除草。要及时防治苗期病虫害，可选氟啶虫胺腈悬浮剂＋吡蚜酮可湿粉剂等药物进行喷雾防治蚜虫，打匀打透，也可轮换使用吡虫啉、啶虫脒等；喷施阿维菌素乳油等药物防治红蜘蛛；采用氟啶虫胺腈悬浮剂等药物防治盲蝽象。成方连片棉田，应统一用药时间，统一施药，喷药时先打外围，防止迁飞。

2. 两熟制育苗移栽棉花

黄河流域蒜(麦)棉套种等两熟制棉田宜采用育苗移栽，应抓好以下技术措施。

(1) 品种选择。选择高产优质抗逆性强的杂交棉品种或生产潜力大的常规棉花品种。

(2) 播前准备。利用小拱棚或温室大棚进行育苗。采用专用育苗基质进行无土育苗或穴盘育苗。

(3) 播种时间。按移栽期倒推苗床播种时间，一般蒜(洋葱)套棉3月底播种，5月初移栽；麦套棉4月初播种，5月中旬移栽。播种后及时检查，发现漏播露籽，要立即补种。

(4) 播后管理。播种到出苗期棚内温度控制在25～30℃，子叶平展后，及时除去后发的弱苗、矮苗。根据苗情补水，一般补水2～4次。移栽前5～7天，随灌水在苗床底部施用促根剂，此后苗床不再灌水，以方便起苗。在天气好的情况下要昼夜通风，使棉苗适应外界气候条件。

(5) 移栽棉苗。移栽时的棉苗苗龄25～30天，具有2～3片真叶，苗高10～15厘米，子叶完整，叶片无病斑，根多、根密、根粗壮，移栽时红茎比达70%。采用人工或机械开沟栽植或打洞栽植，棉苗根系入土深度不小于7厘米，栽植后及时浇足“安家水”。移栽宜在晴好天气下进行，遇到低温寒潮天气应停止移栽作业。

（三）西北内陆棉区

1. 播前管理

要提早做好春耕备耕，做好追施底肥、犁地整地和生产资料准备工作；选用纤维品质好、适宜机械化采收的良种。

2. 适时播种

根据气象部门预报，2023 年 4 月气温较常年偏高，建议适期早播，抢抓播种进度，实现一播全苗、壮苗早发。要密切关注实时气候过程，适时调整播期。北疆一般在 4 月 10—25 日，南疆在 4 月初至 4 月中旬播种。盐碱地植棉因地温回升慢，播种期可适当晚 7～10 天，以防烂种、烂芽、烂根、死苗。加强播种期水肥配套管理，土壤盐碱重、偏黏性的棉田，可采用先滴水后播种的滴水出苗和侧封土方式；土壤盐碱轻、偏沙性的棉田，可采用先播种后滴水的播种方式，并滴施腐殖酸肥料或微生物菌剂，以保障成苗率。预计今年棉花播种前后天气冷暖交替频繁，可能出现不同程度的大风、沙尘、倒春寒及阶段性低温天气，建议加强中耕，对地膜提前做好封孔和埋压工作，防止大风揭膜。

3. 苗期管理

据预测，今年棉蓟马、棉蚜虫和盲蝽象等偏重发生，要加强上述虫害管理，做到早防早治、点片防治。做好棉田杂草管理，科学用药，防止药害。加强棉花化学调控，蕾期用甲哌鎓化控 2～3 次，以协调营养与生殖生长，实现棉株生长稳健，塑造合理株型结构。

四、棉花田间管理技术

棉花田间管理的中心任务，是根据棉花各个生育时期的特点，运用看苗诊断技术，正确判断苗情，采取针对性技术措施，实行因苗管理，协调棉花生长发育过程中一系列关系，主要是棉株生长发育和外界环境条件的关系，地下部和地上部的关系，营养生长和生殖生长的关系，个体与群体的关系，做到趋利避害，以满足棉花正常生长发育所需的温、光、肥、水、气等条件，尽量使棉株沿着苗期壮苗早发，蕾期稳长增蕾，花铃期增蕾保铃，吐絮期早熟不早衰的生育进程发展，减少蕾、花、铃脱落，实现铃多、铃大，达到优质、高产、高效益的目的。

看苗诊断是根据棉株的长势、长相进行直观查看分析生育情况。所谓长势，是指棉株不同时期的生长发育速度，如主茎日生长量，主茎叶出生速度，果节增长速度等。长相是指棉株不同生育时期的外部形态特征，如棉花株型，高宽比例，茎秆颜色红绿比例，果枝和果节数，叶片大小，叶色，主茎节间长度和粗细等。这些生育性状之间及性状表现和产量高低之间都有直接的或间接的关系。

（一）苗期田间管理

棉花从出苗到现蕾40～45天，这段时间称为苗期。所积累的干物质占一生干物质总量的1.5%～2.0%，在产量构成因素中，是决定单位面积株数的关键时期。

1. 苗期的生育特点

苗期是以长根、长叶为主的营养生长阶段，并开始花芽分化。当棉株2～3片真叶展平时，主茎上已分化出8～10个叶原基(包括展开叶)，在较高节位幼叶的腋芽分化发育成果枝原基，其顶芽发育成花原基。苗期地上部生长缓慢，根生长较快，主根伸长比苗高增长快4～5倍；苗期对不良环境因素抵抗力弱，尤其是3片真叶前，如遇寒潮，就会影响棉苗的正常生理活动，导致幼苗迟发、僵苗或死苗；苗期对水分和养分的需求不多，但要求充足的光照，较高的温度和良好的土壤通气条件。

2. 苗期看苗诊断

(1) 壮苗标准。壮苗早发的长势长相为：子叶平展，地下根系健壮、白根多、扎得深、分布匀。地上部出叶快，株形矮壮，顶叶平齐，宽略大于高；茎粗节密，茎色红绿各半；4天左右长一片叶，叶色油绿，顶芽凹陷；株高日增长0.3～0.5厘米，现蕾时株高15～20厘米，真叶6～9片，叶面积指数在0.5以下。

(2) 弱苗标准。棉苗叶片小，叶色浅，出叶速度慢，根系入土浅，茎秆细长，红茎比例大于50%。

(3) 旺苗标准。棉苗叶片肥大，叶色浓绿，茎秆细长，呈绿色，顶芽肥嫩，容易招致病虫害和蕾期疯长。

3. 苗期管理技术

(1) 查苗补种。一般播种后 7～10 天出齐苗，在此期间深入田间逐厢(垄)查苗，发现缺苗断垄的，及时带种带水补种，覆盖好干细土。

(2) 间苗定苗。在齐苗后进行第一次间苗，以叶不互相遮挡为度。第二次间苗在 1～2 片真叶时进行，苗距以定苗株距的一半为宜。3～4 片真叶时可定苗。间苗、定苗要做到及时、留匀、留壮，拔除病苗、虫苗、弱苗和杂苗。如遇缺苗，在同行邻穴处留双苗。

(3) 中耕除草。当棉苗现行时，浅中耕 3～5 厘米深，干旱苗小浅中耕，雨后土壤板结宜深中耕，中耕同时锄净棉苗根际杂草。

(4) 追施苗肥。要早施、少施速效性氮肥。旱薄地、盐碱地或未施基肥的棉田，均应早施苗肥。

(5) 灌溉与排水。棉花苗期需水较少，在足墒播种条件下，可不浇水，北方棉区如遇干旱年份，可以顺厢(垄)沟灌水，随灌随排，灌水后及时中耕保墒提温。南方地区棉花苗期一般雨水偏多，常出现明涝暗渍，影响棉苗生育，且易发生病害和烂根死苗，必须做好清沟排渍，降低土壤湿度，使土壤 0～30 厘米土层含水量控制在田间持水量的 55%～70%，还有利于提高地温，促进棉苗生长。

(6) 防治病虫害。棉花苗期病害主要有炭疽病、立枯病、红腐病、茎枯病等。在多雨年份，猝倒病、角斑病会突然发生。应采取清沟排渍、勤中耕、早施苗肥等农业措施增强棉苗抵抗力，并配合药剂防治苗期病害。苗期的主要害虫是地老虎、蜗牛、蚜虫、蓟马、红蜘蛛等，可有针对性地防治，对低龄地老虎可采取毒土、毒饵诱杀，大龄地老虎可采取桐树叶诱杀，对危害较重的棉田，喷施化学农药防治，每亩可用氯氰菊酯 2.5%乳油兑水 15 千克进行均匀喷雾；棉蚜在棉苗 3 叶期前有蚜株率达到 30%，定苗后有蚜卷叶率达 5%以上时，可喷施吡虫啉防治。

(二) 蕾期田间管理

1. 棉花蕾期生长发育特点

棉苗现蕾后，开始进入营养生长与生殖生长并进时期，但仍以营养生长为主，根、茎、叶的增长仍为生长中心。从现蕾到开花需 25～30 天，这一段时期称为蕾期。蕾期棉苗根系体积达到最大，同时地上部分生长发育迅速，枝叶大量生长，叶片的光合作用和根系的吸收能力也都增强，为转化到以增果枝、增蕾数，开花结铃为主的生殖生长时期奠定基础，是搭好丰产架子的关键时期。

在这一时期主茎的生长量要完成 50%左右，果枝出生数要完成 70%左右，现蕾总数要完成 60%左右。

2. 棉花蕾期看苗诊断

(1) 壮苗标准。从现蕾至盛蕾期，株高日增长量在 1～1.5 厘米，盛蕾至初花期，株高日增长量达 2～2.5 厘米，至开花时，株高 50～60 厘米，达最终株高的一半；红茎比 60%～70%，节间长度在 3～5 厘米；叶色油绿发亮，现蕾后 2～4 天长 1 个果枝，每 1～1.5 天长 1 个蕾。

(2) 弱苗标准。棉株现蕾后，植株仍比较矮小，株高日增长量不足 1 厘米，茎秆细弱，红茎比例过大；果枝生长慢，一般 3 天以上才能仓储 1 个果枝，现蕾速度慢，2 天以上才能产生 1 个蕾，且蕾小、脱落较多。

(3) 旺苗标准。株体高大，松散，茎秆红茎少，节间长，一般都在 5 厘米以上；株高在现蕾至盛蕾期，日增长量超过 1.5 厘米，盛蕾至开花，株高日增长量超过 3 厘米；叶面肥大，向上窜；现蕾速度慢，蕾小，下部 1～2 个果枝，往往只长 1 个小蕾，且易脱落。

3. 棉花蕾期田间管理的主攻目标

棉花蕾期田间管理的主攻目标是调节好营养生长和生殖生长之间、地上部分与地下部分之间的关系，促使棉株营养生长和生殖生长协调并进。既要有发达根系、长好茎叶、增加果枝果节、搭好丰产架子，又要生长稳健，防止徒长、蕾多、蕾壮、开花早、减少蕾花脱落，使棉株壮而不旺，稳而不衰，为花铃期打好基础。高产棉花蕾期稳长的标志是根系深扎，茎粗节密，叶色油绿，棉株宽大于高，顶心凹陷，顶芽肥壮，向阳性强。

(1) 中耕培土。蕾期中耕能促进根系下扎、分布广，有利于发棵稳长。中耕可逐渐加深至 8～12 厘米，行中间深、株边浅。长势过旺的棉田，中耕深度到 12 厘米左右，可切断部分毛根，以控制旺长、促进稳长。结合进行清沟培土，以提高地温，减轻病害，有利于防涝防倒。培土要分次培高到 10～12

厘米，行间要锄松。

(2) 稳施蕾肥。蕾期追肥的时间和数量要根据苗情、土壤肥力和总追肥量来决定。土壤肥沃、基肥足、生长旺盛的棉田，不施或少施速效性氮肥；对生长稳健的棉田，一般在盛蕾期追施尿素5～8千克/亩；对土壤瘠薄、基肥不足、长势弱的棉田，要适当偏施氮肥，一般在现蕾初期追施尿素15千克/亩左右。北方特早熟棉区、南方两熟棉区，一般棉田瘠薄，蕾期追肥是关键措施之一，早追肥有利于壮苗发棵。高密度栽培的棉田，蕾期应少施或不施速效氮肥。缺硼、锌的棉田，可叶面喷硼、锌肥液。

(3) 清沟排渍与灌水。①排水。蕾期要求土壤持水量为60%，棉区这时正处于梅雨季节，雨水多易造成棉田渍害，形成"水控苗"；高地棉田因水足、温高，会造成棉苗疯长，形成"水发苗"。因此必须清理"三沟"，及时排除田间明水、滤除暗渍，保证棉苗正常生长。②灌水。如遇到干旱年份，土壤含水量降至田间持水量的55%以下，当棉苗上部3～4片叶叶色变暗，中午开始萎蔫，主茎红色部分达70%以上，要立即顺厢(垄)沟浇水，随灌随排，切忌大水漫灌，防止旺长或徒长，落蕾落花。

(4) 早去叶枝。一般在第一果枝出现，可以辨认叶枝和果枝时进行。去掉第一果枝以下的营养枝和幼芽，并去掉主茎基部的老叶，保留2～3片健叶，减少养分无效消耗，促进果枝的生长发育。在缺苗处对相邻植株，保留1～2个叶枝，使其生长果枝，充分利用空间，多结铃。

(5) 适时调控。通过喷施植物生长调节剂，促进营养生长与生殖生长协调发展。化调要掌握"早、轻、勤"和"前轻、后重"的原则，掌握根据"叶龄模式"和"全程化调"，实行控旺不控弱。一般在棉株主茎7～8片叶、15～16片叶和19～20片叶，对应的分别在盛蕾期、初花期和盛花期使用。对棉苗有旺长趋势的地块，一般每亩用98%的缩节胺2～3克，兑水30千克，或5%缩节胺水溶剂70～100毫升，兑水30千克叶面喷洒，可起到控制疯长、培养合理株型、壮蕾早花的效果。喷洒过程中对旺长苗适当多喷，弱小苗不喷或少喷，促进平衡生长。

(6) 防治病虫害。坚持"预防为主、综合防治"的植保方针，在田间调查的基础上采取以生物和物理防治方法，确保棉苗正常生长。针对蕾期发生的棉蚜、棉铃虫、盲椿象、玉米螟、斜纹夜蛾、红蜘蛛等，选用生物农药或植物源杀虫剂防治。对枯萎病、黄萎病要拔除病株带出田外烧毁，并对发病土壤进行处理。

（三）棉花花铃期田间管理

1. 棉花花铃期生长发育特点

从开花到棉铃吐絮的这一段时期称为花铃期，需 50～60 天。花铃期是棉株由营养生长与生殖生长并进而逐渐转向以生殖生长为主，是一生中生长最快的时期，也是决定棉花产量和品质的关键时期。其中初花期（现蕾到第四果枝第一果节开花）营养生长仍占优势，是长势最旺盛的高峰期，主茎、果枝、叶面积的增长都达到最快阶段；盛花结铃期后，棉株生殖生长开始占优势，营养生长逐渐减弱，营养物质主要供应到蕾、花、铃等生殖器官。主茎和根系的生长减慢，叶面积系数达最大值。

2. 棉花花铃期看苗诊断

（1）壮苗标准。开花时株高 50 厘米左右，初花期株高日增量 2～2.5 厘米，红茎比 70%～80%，单株果枝 10 台左右，果节 25～30 个，主茎展叶在 16～17 片。盛花结铃期后保持一定长势，主茎日增长量 1～1.5 厘米。打顶前主茎日增长量 0.5～1.0 厘米，红茎比例逐渐加大至 90%，最终株高 100～130 厘米，在 7 月 30 日至 8 月 30 日集中成铃，单株日增铃 0.3～0.5 个，成铃占总成铃数的 70%以上。株型呈宝塔形，7 月底至 8 月初带大铃封行。

（2）弱苗标准。植株矮小瘦弱，果枝细短，果节少，花蕾少而小，叶片发黄，株高日增长量初花期在 2 厘米以下，盛花期不足 1 厘米；红茎比在初花期达 80%以上，盛花期红茎到顶；后期早衰，产量低。

（3）旺苗标准。植株高大、松散，茎秆上下一般粗，节稀、节间长，红茎比例小，低于 60%；叶片肥厚，叶色深绿，花蕾小，脱落多；田间荫蔽，通风透光不良，极易遭受病虫危害。

3. 棉花花铃期田间管理主攻目标

促进棉株健壮，长出足够多的果枝和果节，增蕾保铃，早结铃、结大铃，充分延长结铃期，提高成铃率和铃重；控制棉株旺长，不贪青晚熟，达到早熟不早衰。

（1）重施花铃肥。花铃肥一般以棉株下部果枝坐住 1～2 个大铃时施用为宜。以速效氮肥为主，每亩用尿素10～15千克，并配合施用一定数量的磷钾肥。土壤瘠薄、长势弱的棉田，应早施，重施。土质肥、长势旺的棉田，可适当晚施、少施、深施。西北内陆棉区和北部特早熟棉区，花铃肥提早到初花期施用有利于促进早熟，后期如果脱肥，采取根外喷施。缺肥并有早衰趋势或中、下部蕾铃脱落严重的，可在立秋前施5千克/亩尿素。

(2) 化学调控。根据棉株长势分次调控，第一次在初花期，每亩用缩节胺2～3克，兑水30千克喷雾，控制棉株旺长，塑造理想株型，优化冠层结构，推迟封行，增加优质铃数量，简化中期整枝。第二次在盛花期，每亩用缩节胺3克左右，兑水30～40千克，重点喷株冠、果节顶部，防止上部节间过长。第三次在吐絮前，对有旺长趋势的每亩可用缩节胺3～4克，兑水30～40千克喷于顶部，缩短上部果节，防止无效果节增生和赘芽丛生。

(3) 打顶整枝。①打顶。适时打顶，可以打破棉株顶端生长优势，改变棉株体内养分运输和分配，使之多结蕾、铃，增加铃重；打顶还可有效控制棉株高度，改善通风透光条件，有利于增产和早熟。打顶时间一般在7月下旬至8月上旬，根据气候、地力、种植密度、棉株长势等情况而定。做到以密定枝，以枝定时，时到不等枝，枝到看长势。一般棉田每亩总果枝数达6万个左右时打顶较为适宜。打顶时只摘除顶心(1叶1心)，严禁一把揪。同块田分次进行，先高后矮，晴天打顶有利于伤口愈合。②去赘芽。果枝基部和果节上叶腋内生长的新芽即赘芽，随见随除去，减少养分消耗，减轻田间荫蔽，有利于蕾铃发育。③打边心。打掉各个果枝的生长点，改变果枝顶端优势，控制棉株横向生长，改善通风透光条件，使株型呈“宝塔状”，养分集中向铃供应，减少烂铃及病虫害。具体做法是下部果枝留2～4个果节、中部留3～4个果节、上部留4～5个果节，待果枝达到计划果节时，将其顶心摘除。④剪空枝。立秋后剪去无蕾铃的空果枝，摘除8月中旬以后长出的无效蕾。

知识链接

棉花化学封顶技术

棉花植株属于无限生长习性，条件适宜主茎和中下部果枝都会不停地生长，但后期长出的都是无效的果枝和果节。在生产上常采用人工打顶方法，控制主茎生长，促进营养物质向生殖器官转移，从而提高棉花产量和品质。但是在现代棉花生产过程中，人工打顶遇到劳动力短缺和投入劳动力成本过高的瓶颈问题，亟待需要轻简化的控制棉株顶端生长技术。

国内农业科技工作人员，不断探索棉花化学控制顶端生长优势的技术。通过多年的研究试验与示范，已成功地研究出了棉花化学控顶的药剂与使用技术。棉花使用化学控顶药剂，能有效控制棉花株高，控制果枝数及果节数，提高棉花产量和品质。

1. 控顶药剂

目前用于棉花化学控顶药剂主要有两种：第一种是以氟节胺为主要成分的产品，如25%、30%、40%的氟节胺悬浮剂，也就是抑芽剂，以及代表产品土优塔、智控先锋等，使用这类产品可以导致棉花上部顶尖枯死，达到去除顶端优势的作用。第二种是以缩节胺为主要成分的产品，如塑封宝等40多个产品，缩节胺具有抑制顶尖生长，促使营养向生殖器官转化，提高棉花产量。

2. 施药技术

(1) 喷药时间。根据棉花的长势、棉株高度、果枝数以及控顶时间确定施药时间，全生育期可使用2次。第一次在棉株高达到50～55厘米或果枝数达到4～5台，二者只要其中一个达到标准即可施药。第二次在棉株高达到65～70厘米或果枝数在7～8台时即可施药。

(2) 施用药量。第一次每亩用氟节胺80～100毫升，兑水量30～35千克，旺长的棉田加缩节胺3～5克；第二次每亩用氟节胺120～150毫升，加水35～40千克，旺长的棉田加缩节胺8～10克。

(3) 配药方法。先在喷雾器罐内加入半罐清水，然后将配好的药液倒入罐中，再加满清水搅拌均匀即可田间作业。

3. 注意事项

(1) 安全使用。按照农药安全使用规则用药，保护喷药安全。棉花化学控顶药剂最多使用两次，不可与激素类农药和叶面肥混用，可与微量元素硼、锰、锌混合使用。

(2) 规范操作。配好的药液，在一天内用完。喷药时喷头离棉株高度20～30厘米，均匀喷雾，不漏喷、重喷；若喷药后8小时内遇降雨，要减量重补喷；避开中午阳光强烈时段喷药；喷完药后，要将喷药器械的药罐清洗干净。

(3) 中耕松土、盖草。花铃期结合追肥进行中耕，可减轻草害，增强土壤透透性，防止根系早衰。中耕宜浅不能深，以免伤根太多，影响根系对水肥的吸收，造成蕾铃脱落。

盖草是在棉花行间覆盖秸秆，既可保墒、防止土壤板结，又可弥补棉田有机肥的不足，还可增加棉田二氧化碳的浓度，提高光合速率。

(4) 抗旱排渍。花铃期叶面积最大，适逢高温季节，叶面蒸腾强烈，此时是棉株一生中需水最多的时期，对缺水非常敏感，如遇干旱，会造成蕾铃大量脱落和棉株早衰。晴天中午顶部叶片萎蔫下垂，呈暗绿色，无光泽，至下午15～16时仍不能恢复正常状态等均为缺水的表现，要及时灌水抗旱，采取顺厢(垄)沟灌水；在遭遇大风、暴雨而发生渍涝的棉田，要及时排除棉田积水，护理倒伏棉株，补施速效肥，以利灾后恢复。

(5) 防治病虫。花铃期是棉花病虫害盛发期，此时以蛀食性害虫为主，对蕾铃威胁最大，要重点防治好二、三、四代棉铃虫，并注意红蜘蛛、甜菜夜蛾、棉叶蝉等害虫。棉花红叶茎枯病(凋枯病)是一种生理性病害，一般初花期开始发病，花铃期盛发，可通过改良土壤、增施钾肥，加强田间管理等进行防治。

(四) 棉花吐絮期田间管理

1. 棉花吐絮期生长发育特点

从棉铃开始吐絮到收花结束的这段时间称为吐絮期，持续60～70天。此期营养生长逐渐衰退，进入完全生殖生长时期，叶色由下而上陆续衰老变黄，光合能力降低，根系吸收能力减弱，对水分、养分的需求显著减少。这一时期棉株体内积累的有机养分大量地由营养器官向生殖器官转移，积累的干物质大部分输送到棉铃。棉株下部棉铃陆续吐絮，中上部棉铃继续发育，是增加铃重、提高衣分和纤维品质的重要时期。此期如逢阴雨天气常引起烂铃，如遇干旱则降低铃重和纤维品质。

2. 棉花吐絮期看苗诊断

(1) 壮苗标准。高产棉田吐絮期长势长相是顶部3台果枝平伸，果枝长度20～30厘米，长3～4个果节，现蕾3～4个，蕾大且成铃率高，上部主茎叶绿色，下部开始褪淡，叶绿脉黄不贪青，呈现“绿叶托白絮，上下见双花”的状态，棉株老健清秀，田间通风透光，棉铃充实吐絮顺畅。

(2) 弱苗标准。顶部果枝伸展不开，上部花弱、花少、铃小、脱落严重，叶色褪淡早，叶黄叶薄，落叶早；中部棉铃小，不充实，吐絮不畅。

(3) 旺苗标准。植株高大，茎秆青绿，节稀、节间长，赘芽丛生，上部蕾多花多，中部铃少，铃壳厚，铃期长，吐絮不畅，脱落和烂铃多。

3. 棉花吐絮期田间管理目标

促早熟防早衰，尽量延长根系和叶片功能期，实现伏桃满腰，秋桃盖顶，桃多、桃大，烂桃少，吐絮畅。每亩成铃 8 万个左右，平均铃重 5 克。

(1) 灌水与排水。当连续干旱 15 天左右，土壤含水量低于田间持水量的 55%时，应及时浇水，以水促肥，防止早衰，延长叶片功能期，增强光合产物积累，以利增秋桃、增铃重，提高种子成熟度和纤维品质。要小水浇透，防止大水漫灌，以免土壤水分过多，造成贪青晚熟。如遇秋雨较多，要及时清沟排渍，降低田间湿度，防止烂铃。

(2) 根外追肥。对早衰棉田宜喷施 2%的尿素液，或 2%的磷酸二氢钾。

(3) 化学催熟。促进棉铃加快成熟开裂、提早吐絮，提高霜前花的比重。对夏播棉、晚栽棉、套栽棉和盐碱地棉等贪青晚熟棉田，可喷洒乙烯利催熟。喷洒时间一般在当地枯霜来临之前 20 天左右，每亩喷洒 40%乙烯利 100～150 克，兑水 50 千克，能使铃期缩短 8～15 天，提早成熟吐絮。喷乙烯利的同时，加 0.1%硫脲一同喷施，能提高催熟效果。新疆大面积采用机械采收棉花，一般在 9 月初，上部棉铃生长达到 40 天以上，喷施叶片脱落剂，喷后 3～5 天最低气温不应低于 15℃。

(4) 防治病虫。棉花吐絮期主要虫害有四代棉铃虫，其次为棉盲蝽象、棉小造桥虫和棉大卷叶螟；病害主要有红腐病、黑果病等铃病。达到防治标准，采取农业防治与药剂防治相结合。

五、棉花病虫草害绿色防控技术

棉花从种到收都可能受到病虫害的困扰，抓好棉花各时期主要病、虫、草害综合治理，推进专业化防治工作，确保棉花生产安全，对于促进棉花增产、增收具有重要意义。

（一）主要病害防治

全球侵染性棉花病害有 260 多种，我国记载有 80 多种，其中常见约 20 种。棉花全生育期均可遭受病菌侵害，对生长发育造成不良影响，严重发生和危害时导致产量和品质的下降。科学防治病害有利于减轻危害，保障棉花产量和品质。

1. 棉花枯萎病与黄萎病

（1）发生与分布。棉花枯萎病和黄萎病是全球棉花危害最严重的两种病害，号称棉花的“癌症”。早在 1934—1939 年，在我国就发现了棉花枯萎病和黄萎病。20 世纪 50 年代初，棉花枯萎病、黄萎病仅在陕西、山西、江苏、湖北等 10 个省的局部地区零星发生。近 50 年以来，棉花枯萎病、黄萎病发生区域不断扩展，1997 年、2003 年、2005 年在长江流域和黄河流域棉区大暴发。近年来调查结果，枯萎病、黄萎病发病面积已遍及全国棉区，且呈日趋加重的态势，棉花产量和品质造成的损失，也日趋加重，成为制约棉花生产可持续发展的重大障碍因素。

（2）症状识别。①棉花枯萎病。病菌能在棉花整个生长期间侵染危害。在自然条件下，枯萎病一般在棉籽播种后 1 个月左右的苗期即出现病株。幼苗期枯萎病症状复杂多样，大致为黄色网纹型、黄化型、紫红型、青枯型、皱缩型五个类型。成株期常见的表现症状是矮缩型，株型矮小，主茎、果枝节间及叶柄均显著缩短弯曲，叶片深绿色，皱缩不平，较正常叶片增厚，叶缘略向下卷曲，有时中下部叶片叶脉变黄呈网纹状。有的病株症状表现为“半边枯”。有的病株突然失水，全株迅速凋萎，蕾铃大量脱落，整株枯死或者棉株顶端枯死。②棉花黄萎病。病菌能在棉花整个生长期间侵染。幼苗期黄萎病的症状是病叶边缘开始褪绿发软，呈失水状，叶脉间出现不规则淡黄色病斑，病斑逐渐扩大，变褐色干枯，维管束明显变色，严重时叶片脱落并枯死。成株期，棉花现蕾以后才逐渐发病，一般在 7—8 月开花结铃期发病达到高峰。症状呈多样化的趋势，常见的有病株由下部叶片开始发病逐渐向上发展，病叶边缘稍向上卷曲，叶脉间产生淡黄色不规则的斑块，叶脉附近仍保持绿色，呈掌状花斑，类似花西瓜皮状；有的病株叶片叶脉间出现紫红色失水萎蔫不规则的斑块，逐渐扩大变成褐色枯斑，甚至整个叶片枯焦，脱落成光秆；也有的在病株的茎部或落叶的叶腋里，可发出赘芽和枝叶。

(3) 棉花枯萎病、黄萎病的防治。棉花枯萎病、黄萎病是典型的土传病害(表6-15)，幼苗期病菌从根部侵入，整个生育期在棉株维管束内危害，造成发病，被称为棉花的“癌症”。当前，多数棉田有两大因素对预防病害不利，一是连年不进行棉田翻耕；二是不施用有机肥和平衡施肥。造成棉田耕层过浅，病菌大量聚集在土壤10～15厘米处，根系不能下扎，土壤结构变劣，有机质和钾素严重缺乏。这就为枯萎病发生埋下了隐患。一旦气候条件适合，必然会造成枯萎病暴发。目前，枯萎病、黄萎病田间发病后用化学药剂很难防治，至今尚无有效的防治药剂。因此，防治棉花枯萎病、黄萎病要立足于选用抗病品种、农业措施、化学防治和生物防治。①选用抗病品种。自21世纪以来，我国抗(耐)病棉花品种已陆续培育成功，如中植棉2号、邯5158、冀杂1号、中棉所41、中棉所49等。这些品种的推广应用对控制病害的蔓延起到了一定的作用。②农业措施。推广轮作倒茬、清洁田园、施用有机改良剂、地膜覆盖、无病土育苗移栽及加强田间管理等。③化学防治。棉花种子消毒，田间药剂处理，使用缩节胺等生长调节剂，生物防治等。

表6-15 棉花枯萎病和黄萎病症状比较

项目	枯萎病	黄萎病
株形	植株茎枝节间缩短弯曲，顶端有时枯死，导致株形矮化、丛生	一般植株不短缩，顶端不枯死，后期可整株凋枯，严重时整株落叶成光秆，枯死
枝条	有半边枯萎，半边无症状的现象	植株下部有时发出新的枝叶
叶片	顶端叶片先显病状，下部叶片有时反而呈健态，症状多样	下部叶片先显病状，逐渐向上发展，大部分呈西瓜皮状
叶脉	叶脉常变黄，呈现明显的黄色网纹	叶脉保持绿色，脉间叶肉及叶缘边黄，多呈斑状
叶形	常变小增厚，有时发生皱缩，呈深绿色，叶缘向下卷曲	大小、形状正常，叶缘稍向上卷曲
茎秆	褐色或黑褐色条纹	黄褐色条纹

2. 棉花苗期病害

(1) 种类与分布。棉花苗期病害种类繁多,国内已发现的有 20 多种。苗病的危害方式可分为根病与叶病两种类型。其中由立枯病、炭疽病、红腐病和猝倒病等引起的根病最为普遍,是造成棉田缺苗断垄的重要原因;由轮纹斑病、褐斑病和角斑病等引起的叶病,在某些年份也会突发流行,造成损失。一般而言,在北方棉区,苗期根病以立枯病和炭疽病为主,在多雨年份,猝倒病也比较突出,红腐病的出现率相当高,但致病力较弱;叶病主要是轮纹斑病。在南方棉区,苗期根病以炭疽病为主,其次是立枯病,红腐病较北方棉区少;叶病主要是褐斑病和轮纹斑病,近年来棉苗疫病和茎枯病在局部地区也曾造成严重损失。

(2) 症状识别。①立枯病。嫩茎处出现黄褐色病斑,逐渐环绕幼茎,形成蜂腰状、黑褐色凹陷,拔时易断,成丝状,叶部病症不常见。病症呈蛛网状,黑丝,常粘附有小土块。②炭疽病。地面下幼茎基部有红褐色、梭形条斑,稍下陷,组织硬化、开裂,严重时下部全成紫褐色、干缩,使地上部萎蔫。子叶边缘生半圆形病斑,中部褐色,边缘紫红色,后期病部易干枯脱落。症状呈粉红色、黏稠状分生孢子块。③红腐病。幼芽、嫩茎变黄褐色、水肿状腐烂。幼苗稍大时,嫩根部分产生成段的黄褐色、水浸状条斑。子叶及叶上有淡黄色、近圆形至不规则形病斑,易破碎。病症呈粉红色霉层。④黑斑病。于 1～2 片真叶期在子叶及真叶上出现大量紫红色小斑或不规则形、黄褐色大病斑,可环切叶柄,引起子叶脱落。病症呈黑绿色霉层。⑤角斑病。于子叶至成株期在子叶上产生圆至不规则形病斑。真叶上病斑受叶脉限制成多角形或沿叶脉成曲折长条。病斑水浸状,迎光有透明感。病脓潮湿时为黄褐色黏稠物,干燥后呈白色干痂状。⑥褐斑病。于子叶至成株期在子叶及叶片上产生黄褐色、圆形病斑,边缘紫红色。病部中央产生细小的黑色颗粒。⑦猝倒病。幼茎呈淡褐色水烫状,迅速萎倒,水烂很难拔出。子叶呈不规则水烂,湿度大时棉苗上出现纯白浓密菌丝。病症为浓密纯白色棉絮状菌丝。⑧疫病。苗期较少发病,病斑呈灰绿色或暗绿色不规则水浸斑,严重时子叶脱落。菌丝极稀少,偶见霉状物。

棉苗根病实际上是多种病原的复合性病害。根病的症状,按棉苗发育时期可分为出苗前的烂子和烂芽,出苗后的烂根和死苗。

(3) 苗期病害防治。苗期病害的发生和发展,决定于棉苗长势的强弱、病菌数量的多少及播种后的环境条件。防治措施的要点就是用人为的方法,减少病菌的数量,并采用各种农业技术,造成有利于棉苗生长发育而不利于病菌滋生繁殖的环境条件,从而保证苗全苗壮。①搞好农业防治。选用高质量的棉种适期播种;深耕冬灌,精细整地;深沟高垄(畦),降低田间湿度;合理轮作,降低病菌基数。②做好种子处理。苗期根病的传染途径主要是种子带菌和土壤传染,因而在防治上多采用种子处理和土壤消毒的办法保护种子和幼苗不受病菌的侵害。药剂拌种,目前登记的拌种剂主要有甲基立枯磷、多菌灵、福美双、甲霜灵等 10 多种;种衣剂包衣,目前通过登记的种衣剂达 30 多种。③苗期喷药保护。在棉花齐苗后,遇到寒潮阴雨,轮纹斑病和褐斑病等就会发生,要在寒潮来临前喷药保护。防治叶病的药剂有 1∶1∶200 波尔多液,65%代森锌可湿性粉剂 250～500 倍液,25%稻脚青可湿性粉剂 300～1000 倍液,50%克菌丹 200～500 倍液等。

3. 棉铃病害

棉铃病害是棉花常发的一类病害,全国各主要棉区均有发生,个别年份还相当严重,特别是夏、秋多雨的年份,棉田湿度大,有利于各种棉铃病菌的滋生与传播,常引起棉铃腐烂,造成减产降值,全国棉花由于棉铃病害所造成的减产损失为 10%～30%。

(1) 棉铃病害的种类。我国已发现引起棉铃病害的病菌有 20 多种,常见的棉铃病害病菌有疫病菌、红腐病菌、炭疽病菌、印度炭疽病菌、角斑病菌、红粉病菌、丝核菌、焦斑病菌、链格孢菌、黑果病菌、蠕子菌、根霉菌、曲霉菌等。

(2) 棉铃病害的症状。我国常见的主要棉铃病害病菌,按其致病方式可分为两类。一类是可以直接侵害棉铃的,有角斑病、炭疽病、疫病和黑果病等病菌;另一类属于伤口侵染,有些为半腐生性,如红腐病、红粉病和印度炭疽病等病菌,多从伤口、铃缝或病斑下侵入而引起棉铃病害。①棉疫病。受害棉铃软腐,潮湿天气全铃表面生黄白色棉毛状霉。多在青铃期开始发病。受病铃自铃基部沿瓣缝呈水渍状,逐渐扩展及全铃,呈深绿色及黑色油光状。

②棉角斑病。开始时为水渍状绿色小点，后逐渐扩大变黑色，下陷成圆形病斑，或数个相连成不规则形病斑。③棉炭疽病。初为暗红色小点，后扩大成褐色病斑，病部下陷，边缘暗红色，湿度大时，表面生橘红色粉状物。病菌侵入铃室后，纤维成为灰黑色的僵瓣，病菌并可侵入棉籽。④棉红腐病。病斑不定型，常扩及全铃，面上满布红白色粉状物，较炭疽病的黏质物为松散，较红粉病的粉状物为紧贴。病铃不能正常开裂，纤维腐烂成为僵瓣，种子被毁。⑤棉红粉病。棉铃上布满粉红色的松散绒状粉，厚而紧密，天气潮湿时，变成绒毛状。棉铃不能正常开裂，纤维粘结成僵瓣。⑥棉黑果病。全铃受害，开始铃壳变淡褐色，全铃发软，继而成棕褐色，铃壳僵硬，多不开裂，铃壳表面密生许多突起黑点，后期外表呈煤烟状。棉絮腐烂，成黑色僵瓣。⑦棉软腐病（黑霉病）。病铃软腐，潮湿天气全铃表面产生黄白色棉毛状的疏松霉层和黑色头状物，故又名黑霉病。

（3）棉铃病害的防治。防治棉铃病害，主要是选择地势平坦、排灌方便的地块种植棉花；选用抗病性较强的品种；实行轮作、间作套种；科学施肥与排水；合理密植、及时整枝；抢摘黄熟铃、早剥病铃；及时进行药剂防治，棉田出现零星铃病时，选用波尔多液 1∶1∶200 倍喷施，在烂铃病原较复杂的棉区选用 65%代森锌可湿性粉剂 500 倍液，或 50%多菌灵 800～1000 倍液。将波尔多液加入上述药剂混合施用可提高防治效果。

（二）主要虫害防治

1. 棉花害虫

危害棉花苗期的主要害虫有地老虎、金针虫、金龟子（蛴螬）、蝼蛄等地下害虫，以及棉蚜、棉叶螨、蓟马、棉盲蝽等危害叶片的害虫，以苗蚜危害最重，一年可繁殖 20～30 代，常造成棉苗形成“龙头”和卷缩。蕾铃期主要害虫有棉铃虫、红铃虫、棉盲蝽、棉蚜、玉米螟、美洲斑潜蝇、棉蓟马、造桥虫、金刚钻、象鼻虫、烟粉虱、甜菜夜蛾、斜纹夜蛾等。随着抗虫棉的推广应用，棉铃虫得到遏制，棉盲蝽、蚜虫、红蜘蛛和烟飞虱等害虫逐渐上升为棉花蕾铃期的主要害虫。

2. 棉花害虫防治

（1）生态控制害虫。在生态系统中，寄主—害虫—天敌及其与周围环境相互作用，相互制约，通过物质、能量、信息和价值的流动构成一个有序的整体。农田要进行害虫的防治及其管理，必须从能流平衡和生态系统的复杂性、可逆性等角度整体出发，根据生态学、经济学和生态调控理论的基本原理，强调充分发挥系统内所有可以利用的能量，综合使用包括害虫防治在内的各种生态调控技术、手段，对生态系统及其作物—害虫—天敌食物链进行合理的调节和控制。由于大量化学农药的使用，棉田害虫的抗药性呈逐年上升的趋势。因此，在棉花害虫防治方面，应以生态防控技术为主，关键时刻精准施药为辅，做到减药、增效、增天敌和丰产的目的。

(2) 选用抗虫品种。认真搞好选种、晒种、温汤浸种、药剂拌种等进行种子阶段的害虫源头斩断和防治，同时监控处理好苗床和土壤中的害虫基数。

(3) 种植诱虫作物。在棉田周围或棉田中种植诱虫作物，从物理特性和化学特性两个方面，通过对害虫的视觉、嗅觉、触觉、味觉等感觉器官的影响，形成比主栽作物更强的引诱力。如种植玉米、高粱、绿豆、芝麻等诱集作物，一是可诱集害虫，二是明显增加天敌数量，增强对棉花害虫的控制。实践表明，在棉田种植玉米诱集带，具有诱蛾、灭卵及保护天敌的作用。据调查，凡种有玉米诱集带的棉田，棉铃虫落卵量比没种玉米的减少25%～50%，天敌数量增加40%左右。

(4) 合理轮作。轮作可以改变农田生态条件，改善土壤理化特性，增加生物多样性，可以免除和减少连作所特有的虫害，有利于农作物生长。坚持冬翻冬灌，将土壤中的害虫幼虫和蛹翻到地面，经过严寒或者暴晒，可清除田间土壤害虫。冬春季节清除田边杂草，恶化害虫越冬环境条件，降低害虫越冬虫口基数，减少危害。

(5) 物理防治。利用害虫趋光性、趋化性、趋色性的特点，设置一定的诱源，如安装频振式杀虫灯、黄板诱蚜、杨树把诱虫等，将害虫集中消灭。

(6) 生物防治。①利用天敌。如瓢虫、蜘蛛、草蛉，释放赤眼蜂等。②生物类制剂。如农用抗生素、植物源农药、昆虫生长调节剂等。生物防治具有高度的选择性，可丰富自然资源、不污染环境、对人畜安全。

(7) 精准化学防治。棉花生长的周期中，要遭受多种棉田害虫的危害，在发生量较轻的情况下，可用生态调控中多种防治技术复合防治。但是一旦发生量较大、生态调控方式无法控制时，必须启动化学防治方法。

防治棉铃虫:抗虫棉品种,可以有效控制一至三代棉铃虫。防治四代棉铃虫可用2.5%多杀霉素悬浮剂1000倍液、5%氟铃脲乳油1000倍液、1%甲氨基阿维菌素苯甲酸盐乳油1000倍液、24%甲氧虫酰肼悬浮剂750倍液、15%茚虫威悬浮剂3500倍液喷雾防治,用药时注意交替、轮换用药,以提高防效,延缓棉铃虫抗药性上升。

防治棉盲蝽:可在低龄若虫期用40%毒死蜱乳油100毫升/亩、1%甲氨基阿维菌素苯甲酸盐乳油50毫升/亩、45%马拉硫磷乳油600倍液等药剂进行喷雾防治。

防治烟飞虱:每亩可用5%锐劲特20毫升、25%吡虫啉可湿性粉剂10克或20%啶虫脒乳油20毫升,于早晨或傍晚喷于叶背,间隔5～7天再防1次。

防治棉叶螨:可选用10%浏阳霉素、0.9%阿维菌素、73%克螨特等药剂,按2000倍液定点定株喷雾防治;还可选用生物防治,如瓢虫、捕食螨、小花蝽、蜘蛛等。

防治棉蚜:保护利用天敌,充分发挥生物防治作用;化学防控可用吡虫啉、啶虫脒、吡蚜酮、噻虫嗪等药剂进行防治。

（三）主要草害防治

我国棉田常见杂草有60多种,其中优势杂草20种左右,每年因杂草危害损失皮棉约25.5万吨,平均减产15%,严重地块可达50%。目前,我国在棉田杂草防除中主要采取农业防除、化学防除、物理防除、人工防除、生物防除和植物检疫等。

1. 农业防治

主要有中耕除草、轮作倒茬、深翻耕作、高温堆肥、秸秆还田、水源管理、精选良种等措施。

2. 化学防治

(1) 苗床土壤处理。在播种覆土后、出苗前喷药,对苗床上大多数杂草都有效,施药量为40千克/亩。药剂有25%恶草酮乳油70～90毫升、25%敌草隆可湿性粉剂110～150克、25%绿麦隆可湿性粉剂100克＋50%扑草净可湿性粉剂40克。

(2) 苗床茎叶处理。可选用12.5%稀禾定机油乳剂70～100毫升、15%

精吡氟禾草灵 40～60 毫升，兑水 40～50 千克，杂草 2～5 叶期茎叶喷雾，只能防禾本科杂草，对其他杂草无效。

(3) 露地直播棉田化除。①土壤处理。可选用 50%乙草胺乳油 70～120 毫升、25%敌草隆可湿性粉剂 120～150 克、24%果尔乳油 40 毫升，于播种后出苗前喷雾，对棉田大多数杂草有效。②茎叶处理。在棉花中后期可定向喷雾防治各种杂草，可选用 25%氟磺胺草醚水剂 70～100 毫升、24%果尔乳油 40～60 毫升、10%草甘膦水剂 250～300 毫升、20%百草枯水剂 100～150 毫升。均兑水 40～50 千克，于棉苗 20～30 厘米高时，用扇形喷头加防护罩在行间对杂草茎叶定向喷雾。

六、棉花收获与质量

(一) 棉花产量调查预测

1. 调查基点的确定

根据棉花种植面积，田间长势，划分为一、二、三类，在每一类按面积比例大小，地理分布，确定调查测产田块数量、位置，以及调查时间、取样方法。

(1) 调查时间。一般在棉株结铃基本完成、下部 1～2 个棉铃吐絮时较为适宜。棉花的有效铃数，到 9 月 10—15 日已基本定型，可在 9 月下旬进行调查测产。

(2) 测产方法。一般情况下，一块棉田调查 5 个样点。取样点的具体位置要根据地形而定，方形田块采取“梅花”形取样法，长方形田块采取“S”形取样法，不规则田块可把二者取样法结合起来。

(3) 田间调查。主要是调查收获株数、单株铃数、单铃重，计算产量。

测定收获株数：先测定行距，在行距大体相同的情况下，用软尺横向连续量取 11 行的宽度，除于 10 求出平均行距；再纵向连续量取 31～51 株的距离，求出平均株距，计算出每亩的收获株数。

测定单株铃数：每个点随机取 1 行，连续数 20～30 株的结铃数，分别统计每个单株的吐絮铃、大铃、烂铃、小铃、白花和红花数量，计算单株平均结铃数。

单株成铃数(个/株)＝吐絮铃个数＋大铃个数＋(烂铃数＋小铃数＋红

花数)+白花数

测定单铃重:每点摘取20个正常吐絮铃的花朵,晒干后称重。或者采用该种植品种前3年的铃重数据进行计算。

测定单产:每亩籽棉产量(千克)=(每亩株数×平均单株铃数×平均单铃籽棉重)÷1000

测定衣分率:将测定铃重的籽棉样品,用皮辊轧花机轧花,称取皮棉的重量,计算出衣分率。

每亩皮棉产量(千克)=每亩籽棉产量×衣分

(二)棉花采收

棉花采收是生产中最后一个环节,是保证获得高产、优质棉纤维的重要环节。我国主要棉区从8月中、下旬开始吐絮,一直要延续到11月才能收花完毕。在大约3个月的吐絮、收花时间,各地的气候条件大体表现为北方降雨渐少、日照较充足,但低温降霜限制了棉铃的生长;南方在棉铃吐絮前期温度较高,有利于棉铃的生长,但往往会遇到秋雨连绵,给收花带来困难。因此要做到适时收花,提高棉花产量、质量和品级,确保丰产丰收。

1. 掌握采收时间

棉铃开裂后须经3~4天,种子和纤维才能完全成熟,棉铃从开始开裂到完全成熟,一般需要6~7天。每隔7~10天采摘1次,若采摘过早,铃壳内养分不能完全转移到纤维中,棉花纤维(图6-11)尚未充分成熟,细胞壁加厚不充分,强度变弱;采摘过晚,棉纤维组织是多糖结构,受光氧化时间过长,加之风吹日晒,纤维则收缩变短、变脆,强度变弱,降低纤维拉力,色泽受到污染,也会降低棉花质量。所以棉花吐絮阶段,要适时精收细收,提高棉纤维质量和品级。当棉田大部分棉株有1~2个棉铃吐絮,铃壳出现翻卷变干,棉絮干燥,用手一抓就掉,这便是采摘的最佳时期,即可开始采收。以后每隔7天左右采收1次,收摘时还应注意天气变化,做到晴天露水干后进行,降雨前抢摘。

2. 严格采收质量

做到“四分、四净、六不带、两不收、一防止”收花。

(1) 四分。①分收。对不同部位的棉花要实行分期、分批采收。棉株底

1. 顶端 2. 中端 3. 基部 4. 成熟纤维 5. 半成熟纤维 6. 未成熟纤维

图 6-11 棉纤维三部分、横切面及侧面图

部果枝的棉纤维粗短，称为根花或头花，铃位靠近地面，受日照少，吐絮不畅，棉绒易为雨露、泥土及微生物污染侵害，所以僵瓣、污棉较多，色暗而强力弱，质量较差；棉株中部铃纤维品质最好，称为腰花或中花，籽棉纤维成熟度好，棉铃室多而重，棉绒色泽好，是各期采收籽棉中质量最好的；棉株顶部的铃成于开花末期，称为梢花或末花，有些是在枯霜后开裂的，称为霜后花，成熟度不够，质量较差，有时因受铃壳染色变黄成为黄花，质量更低。棉花拔秆时从棉株上摘下的棉铃，晒干后剥取的籽棉，称为剥桃花，成熟度最差，质量最低。在分次收花时，做到不同品种分收，好花与僵瓣花分收，霜前花与霜后花分收，正常成熟的花与剥桃花分收。②分晒。分次采收的棉花要分晒，提倡用帘架晒花，既可避免混杂，又利于籽棉干燥。晒花标准以口咬棉籽有清脆响声、手摸纤维干燥为度。③分存。不同时间采收的棉花应标明时间，分别存放。④分售。不同品级的籽棉要分别出售，以利优棉优价和满足纺织工业对原棉品级不同的需要。

(2) 四净。棉株上的花摘净，棉铃壳内的花瓣摘净，落地花捡净，棉絮上的叶屑杂物去净。

(3) 六不带。捡花不带草籽、不带棉铃壳、不带发丝、不带化纤丝、不带动物毛、不带杂物。

(4) 两不收。未成熟的花不收，有露水的花不收。

(5) 一防止。即严防“三丝”，是指混入原棉中的对棉花及其制品质量有严重影响的非棉纤维和有色纤维，如化纤、麻丝、塑料丝、塑料膜、线绳、布块、纸片及人、狗、鼠、鸡、鸭等动物毛发羽绒类等。棉株吐絮前将田间“三丝”源清理干净，摘花、晒花时戴安全帽，摘花、储花、送花不用塑料编织袋、塑料包、塑料苫布、塑料绳等，吐絮和晾晒棉花期间不准鸡、狗、猫等动物进入田间和晒场。

知识链接

棉花收获机械化技术

棉花采摘投工多与劳动力不足，生产成本高与经济效益低的问题，已成为严重制约棉花产业发展的瓶颈。实施棉花现代机械化收获，对提高棉花质量，降低生产成本，增加经济效益显著。

美国早在 1850 年开始采棉机的研究与应用，目前 100%实现机采。苏联自 1924 年开始研制采棉机械，1970 年机采棉达 31.6%。我国从 1952 年新疆生产建设兵团购进苏联单行采棉机算起，至今也有 70 多年的发展历史，目前已经探索出一套较为成熟的适合机械采收的优质高产栽培模式。

机采棉是一项综合技术应用的系统工程，包括机采棉品种的选择、栽培管理、化学脱叶催熟、采棉机的选用等。

1. 机采棉品种要求

(1) 棉株。机采棉要求棉株株型紧凑，茎秆坚硬不倒伏，叶片和茎秆绒毛少，叶片较小，第一台果枝离地面高度大于 20 厘米且果枝长度适中。

(2) 棉铃。结铃快、结铃和吐絮集中，成熟度好。含絮力适中，一般只需一下即可把整朵棉花摘下，有助于提高采收效率、采净率和棉花等级。

(3) 脱叶剂敏感度。对脱叶剂敏感的品种，脱叶速度快，能够加快吐絮进度，机采后的棉花杂质含量低。

2. 机采棉农艺要求

(1) 行株距配置。依据目前使用的几种主要采棉机型的作业要求，棉花种植行距基本为 66 厘米+10 厘米，平均行距 38 厘米，穴距可根据各地种植密度而定。棉株高 65～85 厘米。

(2) 化学脱叶。一般是通过施用具有抗生长素性能的化合物、促进棉株体内乙烯发生，叶柄基部产生离层而达到使棉叶自行脱落。①脱叶剂的品种与用量。当前脱叶剂应用面积较大的剂型主要有54%噻苯隆·敌草隆悬浮剂(脱吐隆),每亩用量13~15毫升+1∶4助剂伴宝+乙烯利70~100毫升;80%噻苯隆可湿性粉剂(瑞脱龙)每亩用量20克+专用助剂20毫升+乙烯利70~100毫升、50%噻苯隆悬浮剂(逸采)每亩用量30~40毫升+50%敌草隆粉剂4~5克+植物油助剂30~40克+乙烯利70~100毫升,均兑水量40~50千克喷施。②喷施脱叶剂的时间。一是棉田棉铃吐絮率达到40%以上,二是上部棉铃铃期达到35天以上,当地日平均气温稳定在16℃以上,夜间最低气温12℃以上,施药后3~7天无大幅度降温和降雨过程。③喷施脱叶剂的要求。根据棉花长势、气候条件、种植模式等决定使用次数和用药量,对密度小、早熟棉田喷施一次,用药量适当偏少;长势偏旺的棉田、晚熟品种、密度大的棉田喷施2次,在第一次喷施后5~7天喷施第二次,用药量适当偏多。脱叶剂是接触起作用,施药时必须使棉株上下叶片都喷到,施药均匀。④药械选择。为使药液能均匀地喷洒在全部叶片上,最好选用袖筒式喷雾器或类似的具有鼓风功能的喷雾器。

3. 机械采收

(1) 适时采收。当棉田脱叶率达到90%以上,吐絮率达到95%以上,即可进行机械采收。

(2) 采收前的准备。拔净棉田里的杂草,收捡棉田铺设的滴灌带、残膜、树枝等杂物,平好棉田里的渠埂。采收作业安全管理知识培训等。

(3) 采棉机械。目前推广使用的滚筒式水平摘锭采棉机的主要机型是约翰迪尔9970型自走式(4~5行)采棉机,7660型自走式(6行)棉箱采棉机,7760型自走式打包采棉机,凯斯620自走式采棉机,凯斯635自走打包式采棉机,贵航水平(4MZ-5)自走式采棉机。

(4) 采收质量。在无露水条件下采收,一般在11—19时进行采棉作业,籽棉回潮率>12%时应停止作业。采净率≥95%,总损失率<5%,其中挂枝损失0.8%,遗留棉1.6%,撞落棉2.6%;含杂率≤12%,含水率≤11%,作业速度每小时3~4公顷。严禁混入残膜、化学纤维等非棉纤维物质。

(5) 清田。机械采收完后,要进行人工清田,回收落地花、挂枝花和机械采收时尚未完全吐絮的花;回收残膜;棉秆粉碎还田。

（三）棉花品质主要指标

棉花品质主要考核指标包括品级、颜色、长度、马克隆值、回潮率、含杂率等。

1. 品级

品级是指棉花品质的级别。根据棉花的成熟程度、色泽特征和轧工质量，分为 7 个级，七级以下为级外。品级标准是三级。

2. 颜色级

颜色级是用以评判棉花颜色的类型和级别的指标。依据棉花黄色深度将棉花划分为白棉、淡点污棉、淡黄染棉、黄染棉四种，依据棉花明暗程度分为：白棉一至五级，淡点污棉一至三级，淡黄染棉一至三级，黄染棉一至二级，共 13 个级别。其中白棉三级为标准级。

3. 纤维长度

棉花纤维长度是指棉纤维伸直后的长度。国家标准规定：以 1 毫米为级距，采用“保证长度”的原则，分为 7 个级。分级标准如下。

25 毫米，包括 25.9 毫米及以下。

26 毫米，包括 26.0～26.9 毫米。

27 毫米，包括 27.0～27.9 毫米。

28 毫米，包括 28.0～28.9 毫米。

29 毫米，包括 29.0～29.9 毫米。

30 毫米，包括 30.0～30.9 毫米。

31 毫米，包括 31.0 毫米及以上。

五级棉花长度大于 27 毫米时，按 27 毫米计；六、七级棉花长度均按 25 毫米计。长度标准级是 28 毫米。

4. 马克隆值

这是反映棉花成熟度和细度的综合指标，国家标准规定分为 A、B、C 三个级，标准级是 B 级。各级的范围如下。

A 级：3.7～4.2。

B 级：3.5～3.6，4.3～4.9。

C 级：3.4 及以下，5.0 及以上。

5. 回潮率

这是表示纺织材料吸湿程度的指标。以材料中所含水分重量占干燥材料重量的百分数表示。国家标准规定，棉花回潮率为 8.5%，回潮率最高限度为 10.5%。

6. 含杂率

棉花含杂率是指人工或机械采收棉花时，棉花中难免“混入”沙土、枝叶、铃壳、软籽表皮等非危害性杂物，这些物质与棉花本身之比就称之为含杂率。国家标准规定，棉花标准含杂率：锯齿棉为 2.5%，皮辊棉为 3.0%。

7. 短纤维率

限量规定：品级标准级以上（即一、二级）的棉花应小于等于 12%，最高不得超过 18%；品级标准级及下一级（即三、四级）的棉花应小于等于 15%，最高不得超过 20%；其他品级棉花不做要求。

8. 棉结

棉花中的棉结是由棉纤维紧密地缠绕在一起的纤维结，大的称为丝团，小的称为白星。限量要求：锯齿棉标准级以上每百克不超过 500 粒，标准级每百克不超过 700 粒，标准级以下不做要求。超量处理：棉结超过限量要求的棉花，品级顺降一级。

参考文献

［1］中华农业科教基金会.农业物种及文化传承[M].北京:中国农业科学技术出版社,2016.

［2］农业部种植业管理司.主要农作物起源与发展[M].北京:中国农业出版社,2003.

［3］国家统计局农村社会经济调查司.中国农村统计年鉴 2020[M].北京:中国统计出版社,2022.

［4］农业部农产品贸易办公室,农业部农业贸易促进中心.2016 年中国农产品贸易发展报告[M].北京:中国农业出版社,2016.

［5］国务院第三次全国农业普查领导办公室,国家统计局.中国第三次全国农业普查综合资料[M].北京:中国统计出版社,2019.

［6］湖北农村统计年鉴编辑委员会.湖北农村统计年鉴 2020[M].北京:中国统计出版社,2022.

［7］湖北省地方志编纂委员会.湖北省志:农业(上)[M].武汉:湖北人民出版社,1994.

［8］湖北农业农村厅.湖北省自然灾害防灾减灾技术手册[M].武汉:湖北科学技术出版社,2022.

［9］王维金,朱旭彤,余德谦,等.作物栽培学[M].北京:科学技术文献出版社,1998.

［10］蔡明历,王满困,高广金,等.粮棉油栽培与病虫防治新技术[M].武汉:湖北科学技术出版社,2011.

［11］高广金.一年农时农事农技早知道[M].武汉:湖北科学技术出版社,2007.

［12］傅廷栋.杂交油菜的育种与应用[M].武汉:湖北科学技术出版社,2000.

［13］陈爱武.油菜高产高效栽培技术[M].武汉:湖北人民出版社,2010.

［14］廖庆喜.油菜生产机械化技术[M].北京:科学出版社,2018.

［15］万书波,郭洪海,杨丽萍,等.中国花生品质区划[M].北京:科学出版社,2012.

［16］皇甫自.花生无公害标准化生产技术[M].北京:中国农业出版社,2014.

［17］全国农业技术推广服务中心.花生测土配方施肥技术[M].北京:中国农业出

版社,2011.
[18] 张翔,司贤宗,毛家伟,等.花生高产高效施肥技术[M].北京:中国农业科学技术出版社,2015.
[19] 范永强.现代中国花生栽培[M].济南:山东科学技术出版社,2014.
[20] 万书波.花生品种改良与高产栽培技术[M].北京:中国农业出版社,2008.
[21] 崔凤高.花生高产种植新技术[M].北京:金盾出版社,2009.
[22] 王迪轩.花生优质高产问答[M].北京:化学工业出版社,2012.
[23] 李欣,于景华.花生高产栽培实用技术[M].北京:科学技术文献出版社,2013.
[24] 黄文召,吴继华,殷冬梅,等.花生轻简化栽培技术[M].郑州:中原农民出版社,2016.
[25] 罗鹏,刘璐.优质花生高产栽培技术[M].郑州:中原农民出版社,2018.
[26] 卫双玲.芝麻高产与防灾减灾技术[M].郑州:中原农民出版社,2016.
[27] 卫双玲,高桐梅,吴寅,等.一本书明白芝麻绿色高效生产技术[M].郑州:中原农民出版社,2017.
[28] 王迪轩.芝麻优质高产问答[M].北京:化学工业出版社,2013.
[29] 胡庆华.黑芝麻高产种植与加工利用技术[M].北京:科学技术文献出版社,2012.
[30] 中国农业科学院棉花研究所.中国棉花栽培学[M].3版.上海:上海科学技术出版社,2013.
[31] 全国农业技术推广服务中心.实用绿色轻简化植棉技术[M].北京:中国农业科学技术出版社,2019.
[32] 肖君泽,李益锋.农作物生产技术(南方本)[M].北京:高等教育出版社,2016.
[33] 杨宝林,史培华.作物生产技术[M].北京:中国农业出版社,2019.
[34] 束剑华,李振陆.作物栽培[M].4版.北京:中国农业出版社,2019.
[35] 毛树春,韩迎春.图说棉花基质育苗技术[M].北京:金盾出版社.2014.
[36] 邹奎.棉花生产百问百答[M].北京:中国农业出版社.2010.
[37] 王迪轩,棉花优质高产问答[M].北京:化学工业出版社,2013.
[38] 董合忠、李维江,张旺锋,等.轻简化植棉[M].北京:中国农业出版社,2018.
[39] 石磊.棉花生产机械化技术[M].镇江:江苏大学出版社,2017.
[40] 陈洪章.机采棉优质高产新技术[M].北京:中国农业科学技术出版社,2019.
[41] 吴茗云,熊格生.棉花轻简化栽培技术[M].长沙:湖南科学技术出版社,2016.

[42] 车艳芳. 现代棉花高产优质栽培技术[M]. 石家庄:河北科学技术出版社,2013.
[43] 王学德,袁淑娜. 彩色棉[M]. 北京:科学技术出版社,2013.
[44] 中国农业大学食品与营养工程学院. 揭开转基因的面纱[M]. 北京:中国农业出版社,2013.
[45] 张帅,崔金杰,马艳. 转基因棉花环境安全性研究[M]. 北京:中国农业科学技术出版社,2018.
[46] 农业农村部转基因生物安全管理办公室. 转基因大家谈[M]. 北京:中国农业出版社,2015.
[47] 农业农村部转基因生物安全管理办公室. 农业转基因科普知识百问百答:政策法规篇[M]. 北京:中国农业出版社,2017.12
[48] 湖北省农业转基因生物安全管理办公室组. 农业转基因知识问答[M]. 北京:中国农业出版社,2018.
[49] 王冀川,徐崇志,高山. 新疆棉花种植技术问答[M]. 北京:中国农业科学技术出版社,2013.
[50] 冀彩萍. 粮油作物生产新技术[M]. 北京:中国农业出版社,2017.
[51] 杨艳斌,高广金. 湖北农事旬历指导手册[M]. 武汉:湖北科学技术出版社,2019.
[52] 周琼峰,周晓舟. 作物生产技术(南方本)[M]. 北京:化学工业出版社,2011.
[53] 黄善香,中国种植养殖技术百科全书(第一卷)[M]. 海口:南方出版社,1999.
[54] 杨本鹏. 现代甘蔗栽培技术[M]. 北京:中国农业出版社,2019.
[55] 周建朝. 甜菜科学种植[M]. 北京:中国农业出版社,2009.